低功耗蓝牙/智能硬件技术丛书

低功耗蓝牙 5.0 开发与应用

——基于 nRF52 系列处理器

(进阶篇)

万 青 编著

北京航空航天大学出版社

内容简介

本书主要讲解 Nordic 公司开发的 nRF52 系列处理器的蓝牙低功耗开发与应用。在理论上分析了 BLE 蓝牙 5.0 协议栈的基本结构，包括协议栈初始化、通用访问规范 GAP、蓝牙连接参数及蓝牙广播等内容。在应用上从 BLE 蓝牙的工程搭建、蓝牙从机服务的建立完成，到蓝牙数据如何进行通信，都进行了详细的介绍与总结，同时通过代码编程带领读者进入实际的工程中。本书是作者多年应用经验的总结，实例多，有很强的实用性。

本书既可作为高等院校电子信息、物联网、计算机、自动化等相关专业的单片机、嵌入式、物联网技术等课程的教材，也可作为 BLE 蓝牙技术的研发人员、软硬件工程师的开发、学习的参考用书。

图书在版编目(CIP)数据

低功耗蓝牙 5.0 开发与应用：基于 nRF52 系列处理器. 进阶篇 / 万青编著. -- 北京：北京航空航天大学出版社，2021.9
　　ISBN 978 - 7 - 5124 - 3517 - 9

Ⅰ. ①低… Ⅱ. ①万… Ⅲ. ①蓝牙技术－技术开发
Ⅳ. ①TN926

中国版本图书馆 CIP 数据核字(2021)第 103890 号

版权所有，侵权必究。

低功耗蓝牙 5.0 开发与应用——基于 nRF52 系列处理器
(进阶篇)
万　青　编著
策划编辑　董立娟　　责任编辑　张军香

*

北京航空航天大学出版社出版发行

北京市海淀区学院路 37 号(邮编 100191)　　http://www.buaapress.com.cn
发行部电话：(010)82317024　　传真：(010)82328026
读者信箱：emsbook@buaacm.com.cn　　邮购电话：(010)82316936
北京九州迅驰传媒文化有限公司印装　　各地书店经销

*

开本：710×1 000　1/16　印张：23.75　字数：534 千字
2021 年 9 月第 1 版　2023 年 12 月第 2 次印刷　印数：2 001～2 500 册
ISBN 978 - 7 - 5124 - 3517 - 9　　定价：79.00 元

若本书有倒页、脱页、缺页等印装质量问题，请与本社发行部联系调换。联系电话：(010)82317024

套书前言

笔者自 2014 年开始从事低功耗蓝牙技术方面的开发以来,遇到了很多问题,但市面上相关方面的书籍却很少,只能通过阅读英文资料和 Nordic 公司的技术文档去一点点琢磨。于是,多年的沉积让我产生了与读者分享的念头,论坛中与网友的互动更加支持了我的这个想法,所以就有了这套书。

全套书分为 3 册,分别为《低功耗蓝牙 5.0 开发与应用——基础篇》《低功耗蓝牙 5.0 开发与应用——提高篇》《低功耗蓝牙 5.0 开发与应用——进阶篇》。它们全面地介绍了低功耗蓝牙 5.0 技术的基本概念、蓝牙协议栈的基本原理、蓝牙服务的搭建与编程以及相关应用。内容由浅入深,手把手教读者学会如何实现通信、如何达到通信的目的。

本套书基于 Nordic 公司的低功耗蓝牙芯片 nRF52 系列处理器,与其他蓝牙芯片的不同之处是,其以 ARM Cortex-M4 为内核,具有十分强悍的处理能力。因此,在完成蓝牙通信的过程中,还能够实现单片机的控制功能。这就代替了传统的 MCU+BLE 双芯片的使用模式,一颗 nRF52 系列处理器就能够完成蓝牙传输和设备控制功能,因此,它的应用范围得到了极大的扩展。

基础篇:首先介绍了 nRF52 系列的基础开发过程,对其 SDK 资源包进行了详细分析与介绍,然后以其芯片的控制外设为基础进行讲解,为连接传感器、驱动外部设备打下基础。因此,本书可以称为外设基础应用篇,主要目的是为了使读者能够熟练使用 nRF52 系列处理器进行硬件开发。本书适合没有单片机基础,未接触嵌入式开发的读者参考学习。

提高篇:本书主要讲解低功耗蓝牙的基础知识,包括协议栈初始、通用访问规范 GAP、蓝牙连接参数以及蓝牙广播等内容。从搭建一个基础的蓝牙从机框架工程入手,再慢慢建立蓝牙服务配置文件。蓝牙服务建立成功后,再来打通数据传输的通道。因此,本书核心在于帮助读者建立蓝牙通信的基本概念,并且实现在 nRF52 系列处理器下的蓝牙服务,以及服务下的数据传输功能,进而可以在数据传输功能下延伸出很多其他应用。本书适合不了解低功耗蓝牙的协议、不清楚低功耗蓝牙的通信过程的读者参考。

进阶篇:在对蓝牙基础有一定了解的基础上,本书深入介绍蓝牙的开发。本书主要讲述了低功耗蓝牙的一些参数与安全配置、蓝牙的从机综合应用、主机搭建与发起连接、主机数据传输以及主从组网应用等内容。在蓝牙开发中,基础参数的修改和通信的安全问题是在实现通信后需要进一步考虑的问题,因此本书首先描述了蓝牙参数的修改以及绑定配对的应用。同时,大部分的蓝牙设备开发都是与手持设备进行对接,比如手机、平板等设备,但是如果读者要开发的两端设备互相接入,就需要考虑主机和从机的互联问题,本书进一步深入探讨了主机设备的配置,以及主从设备的组网。

在成书的过程中,笔者得到了家人、单位、出版社各方面的支持与帮助,在此感谢家人对自己的鼓励、支持和理解,感谢北京航空航天大学出版社对出版本套书的长期关心与支持。

万 青

2021 年 2 月

本书前言

随着通信技术的进一步发展,物联网技术成为当前最火热的技术之一。物联网技术越来越多地改变着我们的生活。其中物与物、物与人的互联相关技术成为关注的焦点,而蓝牙BLE技术正是其中的一员。手持设备增多,短距离通信的应用场合急速扩展,以及对低功耗的要求越来越高,将使蓝牙BLE的应用范围更加广泛。同时蓝牙BLE 5.0技术的出现,将进一步扩大蓝牙BLE的应用范围。从简单的设备间数据传输,到最新的室内导航和基于位置的服务,再到楼宇、工厂和城市的互联与自动化,蓝牙持续改变着我们的互联方式。

许多开发人员在深入蓝牙开发后,都不得不面对很多问题,比如蓝牙资料比较零散,理论过多无法结合实战,等等。随着蓝牙学习的深入,开发者不得不面对诸如蓝牙安全配置、蓝牙实战应用、蓝牙主从设备互联、蓝牙组网等实际的问题,本书正是在这种背景下诞生的。

本书共23章,阐述了BLE蓝牙的参数与安全连接、蓝牙从机综合应用、主机搭建与发起连接、主机数据传输及主从组网应用。同时通过代码编程使读者深入理解实际的工程应用。

本书分为4篇:

第1篇:第1～4章,首先讲解了蓝牙MAC地址的分类,以及nRF52系列蓝牙设备的MAC地址设置;然后讲解了蓝牙发射功率和接收信号强度的概念;最后分析了蓝牙安全连接下的静态密钥和动态密钥,以及绑定配对的设置。

第2篇:第5～9章,这部分列举了多个蓝牙的从机应用实例,包括蓝牙动态广播、蓝牙iBeacon、蓝牙防丢器的应用;最后探讨了蓝牙固件如何升级,包括OTG空中升级和串口升级。

第3篇:第10～18章,主要讲解了蓝牙主机是如何搭建的,包含了主机扫描及主机过滤的基本方法;同时对主机发起连接,并深入探讨了主从设备如何稳定连接。

第4篇:第19～23章,这部分从主机设备发现服务并且解析服务、完成数据通道的搭建开始,继续深入讲解主从设备之间如何进行1拖多的组网;最后介绍蓝牙最新的mesh技术,以及mesh实例的测试。

由于作者写作时间仓促,知识水平有限,出现不足与错误在所难免。如果读者发现错误和问题,可以发邮件到wanqin_002@126.com或者在青风电子社区www.qfv8.com发帖或者留言,作者会尽快回复与解答。再次恳请读者及专家指正。

本书在写作过程中得到了各方面的支持与帮助。在此,感谢家人的鼓励、支持和理解。同时感谢朋友、同事的支持与帮助。最后要感谢北京航空航天大学出版社对出版本书的长期的关心与支持。

万　青
2020 年 11 月

目 录

第1篇 蓝牙参数及安全

第1章 蓝牙 MAC 地址 ········ 2
1.1 蓝牙 BLE 设备的 MAC 地址分类 ········ 2
1.2 公共设备地址(Public Device Address) ········ 3
1.3 随机设备地址(Random Device Address) ········ 3
1.3.1 静态设备地址(Static Device Address) ········ 4
1.3.2 私有设备地址(Private Device Address) ········ 4
1.4 nRF52832 地址配置 ········ 5
1.4.1 MAC 地址配置原理 ········ 5
1.4.2 API 编程 ········ 8
1.5 本章小结 ········ 9

第2章 接收信号强度和蓝牙发射功率 ········ 10
2.1 nRF52832 蓝牙 BLE 的 RSSI 获取 ········ 10
2.1.1 BLE 定时器配置 ········ 11
2.1.2 主函数编写 ········ 13
2.1.3 应用与调试 ········ 13
2.2 蓝牙 BLE 的发射功率设置 ········ 14
2.2.1 发射功率控制 ········ 14
2.2.2 应用与调试 ········ 16
2.3 本章小结 ········ 17

第3章 蓝牙静态密钥和动态密钥配对 ········ 18
3.1 蓝牙配对与绑定的概念 ········ 18
3.2 蓝牙的配对 ········ 19
3.2.1 配对信息交换 ········ 19
3.2.2 链路认证 ········ 23
3.2.3 密钥分配 ········ 23
3.3 静态密钥设置 ········ 24
3.3.1 设置静态密钥 ········ 24
3.3.2 配对事件配置 ········ 26

3.3.3　下载与测试 ·· 27
3.3.4　任务安全设置 ·· 28
3.4　随机密钥设置 ··· 31

第 4 章　蓝牙绑定配对 ··· 35
4.1　蓝牙的绑定 ··· 35
4.2　设备管理与 FDS 文件添加 ··· 35
4.2.1　设备管理需要使能的选项 ·· 35
4.2.2　Peer 绑定功能支持文件的添加 ·· 35
4.2.3　FDS 和 CRC 支持文件的添加 ·· 38
4.3　设备管理代码的实现 ··· 39
4.3.1　头文件的添加 ·· 39
4.3.2　配对管理函数的添加 ·· 39
4.3.3　安全定时器的添加 ·· 44
4.3.4　蓝牙事件处理函数与剔除绑定函数 ·· 45
4.3.5　蓝牙任务安全等级设置 ··· 48
4.4　配对绑定实现原理分析 ·· 50
4.4.1　设备管理初始化 ··· 50
4.4.2　发起连接 ··· 51
4.4.3　申请安全认证 ·· 55
4.4.4　配对与配对信息绑定 ·· 57
4.4.5　第二次连接 ·· 64
4.5　应用与调试 ··· 66

第 2 篇　蓝牙从机综合应用

第 5 章　自定义广播与动态广播 ··· 70
5.1　nRF52xx 蓝牙 BLE 广播内容参数 ··· 70
5.2　自定义广播的实现 ·· 72
5.2.1　广播包中包含 UUID 的值 ··· 72
5.2.2　广播包中包含从机的连接间隔参数 ·· 76
5.2.3　广播包中包含制造商的自定义参数 ·· 78
5.2.4　广播包中包含蓝牙设备地址 ·· 79
5.3　动态广播的切换 ·· 80
5.3.1　广播包中包含服务数据 ··· 80
5.3.2　服务数据的更新 ··· 82
5.4　本章小结 ·· 83

第 6 章　蓝牙 iBeacon 的应用 ·· 85
6.1　蓝牙 iBeacon 的基本介绍 ··· 85

目 录

- 6.2 蓝牙 iBeacon 代码解析 …………………………………………………… 86
  - 6.2.1 iBeacon 广播编码 …………………………………………………… 86
  - 6.2.2 广播中添加信息 …………………………………………………… 90
- 6.3 蓝牙 iBeacon 的应用 …………………………………………………… 92
  - 6.3.1 蓝牙 iBeacon 的微信摇一摇 …………………………………………………… 92
  - 6.3.2 蓝牙测距 …………………………………………………… 96
- 6.4 本章小结 …………………………………………………… 100

第 7 章 蓝牙防丢器详解 …………………………………………………… 101
- 7.1 蓝牙防丢器原理分析 …………………………………………………… 101
- 7.2 蓝牙防丢器程序解析 …………………………………………………… 102
  - 7.2.1 即时报警服务（从机报警）…………………………………………………… 105
  - 7.2.2 链接丢失服务 …………………………………………………… 113
  - 7.2.3 双向报警之主机报警 …………………………………………………… 120
- 7.3 蓝牙防丢器调试 …………………………………………………… 123
- 7.4 本章小结 …………………………………………………… 126

第 8 章 DFU 升级实现详解 …………………………………………………… 127
- 8.1 DFU 的功能介绍 …………………………………………………… 127
  - 8.1.1 DFU 的原理 …………………………………………………… 127
  - 8.1.2 DFU 升级工具 …………………………………………………… 132
- 8.2 DFU 文件制作步骤 …………………………………………………… 133
  - 8.2.1 GCC 编译环境的安装 …………………………………………………… 133
  - 8.2.2 MinGW 平台的安装 …………………………………………………… 135
  - 8.2.3 micro-ecc-master 源码的添加 …………………………………………………… 140
  - 8.2.4 micro_ecc_lib_nrf52.lib 文件的生成 …………………………………………………… 141
  - 8.2.5 python 软件的安装 …………………………………………………… 143
  - 8.2.6 pc-nrfutil 的安装与密钥的生成 …………………………………………………… 146
  - 8.2.7 boot 工程和应用工程的 hex 生成 …………………………………………………… 149
- 8.3 程序烧录与升级 …………………………………………………… 152
  - 8.3.1 程序的烧录与升级 …………………………………………………… 152
  - 8.3.2 hex 的烧录与合并 …………………………………………………… 155
- 8.4 串口 DFU 升级 …………………………………………………… 158
  - 8.4.1 boot 工程的 hex 生成 …………………………………………………… 158
  - 8.4.2 应用工程的 hex 生成 …………………………………………………… 159
  - 8.4.3 应用工程的 ZIP 生成 …………………………………………………… 159
  - 8.4.4 程序的烧录步骤 …………………………………………………… 160
- 8.5 本章小结 …………………………………………………… 161

第 9 章 空中升级 DFU 程序的移植 …………………………………………………… 162

9.1 配置文件使能 ·· 162
9.1.1 配置文件使能方法 ·· 162
9.1.2 DFU 需要使能的选项 ·· 162
9.2 工程文件的添加 ··· 166
9.2.1 DFU 功能支持文件的添加 ·· 166
9.2.2 Peer 绑定功能支持文件的添加 ··· 167
9.2.3 FDS 和 CRC 支持文件的添加 ·· 169
9.3 主函数代码的添加 ·· 171
9.3.1 头文件的添加 ··· 171
9.3.2 服务初始化 DFU 服务的声明 ·· 172
9.3.3 配对函数的添加 ·· 175
9.3.4 主函数的修改和宏的声明 ·· 179

第 3 篇 蓝牙主机搭建

第 10 章 主机工程的搭建 ·· 182
10.1 样例工程的搭建 ·· 182
10.1.1 工程文件目录的分配 ··· 182
10.1.2 工程选项卡的设置 ·· 183
10.2 样例工程文件的添加 ·· 190
10.3 主函数的搭建 ··· 196

第 11 章 蓝牙主机扫描详解 ·· 198
11.1 主机扫描的概念 ·· 198
11.1.1 被动扫描状态 ·· 198
11.1.2 主动扫描状态 ·· 198
11.1.3 扫描参数配置命令 ·· 200
11.2 主机扫描器设计 ·· 201
11.2.1 扫描参数配置 ·· 202
11.2.2 扫描报告事件 ·· 208
11.3 被动扫描和主动扫描实验 ·· 213
11.3.1 扫描参数的设置 ··· 213
11.3.2 启动与关闭扫描 ··· 214
11.3.3 扫描报告 ·· 215

第 12 章 主机解析广播数据 ·· 218
12.1 广播数据包格式 ·· 218
12.2 广播数据包内容解析 ·· 219
12.2.1 UUID 解析 ·· 219
12.2.2 广播名称解析 ·· 222

| 12.2.3　信号强度解析 | 224 |
| 12.2.4　其他数据 | 225 |

第 13 章　白名单过滤策略 226
13.1　过滤策略的概念 226
13.2　白名单的配置 227
13.3　白名单扫描实验 228
13.3.1　白名单的添加 228
13.3.2　多个白名单的添加 230

第 14 章　主机扫描过滤器 233
14.1　扫描过滤器原理 233
14.1.1　过滤策略对比 233
14.1.2　扫描事件派发 233
14.2　过滤器的配置过程 236
14.3　过滤器的编写 239
14.3.1　名称过滤器 239
14.3.2　设备地址过滤器 241
14.3.3　UUID 过滤器 243
14.3.4　外观过滤器 245
14.3.5　过滤器组合模式 247

第 15 章　主机发起连接 250
15.1　连接发起 250
15.1.1　发起连接函数介绍 250
15.1.2　调用连接函数 251
15.2　连接事件处理 254
15.3　主机静态密钥的连接 256
15.4　本章小结 262

第 16 章　主机 MTU 参数协商 263
16.1　MTU 参数协商原理 263
16.2　MTU 参数协商编程 264
16.2.1　MTU 协商协议栈接口 264
16.2.2　GATT 初始化 265
16.2.3　GATT 事件派发 266
16.3　本章小结 269

第 17 章　主机连接参数更新 271
17.1　连接参数更新原理 271
17.2　主机参数更新编程 273
17.2.1　连接参数更新函数 273

17.2.2 连接参数更新应答 ··· 274
17.3 本章小结 ·· 276

第 18 章 主机 PHY 物理层配置 ··· 278
18.1 PHY 物理层的概念 ·· 278
18.2 PHY 参数更新原理 ·· 279
  18.2.1 PHY 参数更新指令 ·· 279
  18.2.2 PHY 参数更新过程 ·· 280
18.3 PHY 更新的编程 ··· 282
  18.3.1 PHY 更新协议栈接口 ·· 282
  18.3.2 PHY 更新配置 ·· 283
18.4 本章小结 ·· 287

第 4 篇 主机服务及组网

第 19 章 主机服务发现 ·· 289
19.1 主机对服务的发现启动 ·· 289
  19.1.1 主服务的发现 ·· 289
  19.1.2 服务特性(特征)的发现 ·· 293
  19.1.3 服务描述符的发现 ·· 294
19.2 主机客户端配置文件的搭建 ·· 297
  19.2.1 客户端初始化配置 ·· 297
  19.2.2 数据发现初始化及回调 ·· 299
19.3 本章小结 ·· 301

第 20 章 主机蓝牙串口数据交换 ··· 302
20.1 蓝牙串口数据交换原理 ·· 302
20.2 从机到主机的数据流向 ·· 303
  20.2.1 使能从机通知 ·· 304
  20.2.2 接收从机数据 ·· 306
  20.2.3 接收数据串口打印 ·· 308
20.3 主机发送到从机的数据流向 ·· 310
  20.3.1 串口中断处理 ·· 311
  20.3.2 数据写入从机 ·· 312
20.4 测试与小结 ·· 313

第 21 章 蓝牙主机 1 拖 8 组网详解 ··· 315
21.1 连接句柄概念 ··· 315
  21.1.1 连接句柄的分配 ··· 315
  21.1.2 从机设备的识别 ··· 317
21.2 多从机设备的区分 ··· 320

21.2.1 观察者函数的添加 ··· 320
21.2.2 多服务发现和句柄分配 ··· 321
21.3 主从通信信道的搭建 ·· 323
21.3.1 主机到从机通信信道 ·· 323
21.3.2 从机到主机通信信道 ·· 325
21.4 测试与小结 ·· 326

第22章 蓝牙主从一体 ·· 327
22.1 设计目标的分析 ··· 327
22.2 nRF52832 蓝牙主从一体工程的搭建 ·· 327
22.2.1 工程服务文件的添加 ·· 327
22.2.2 工程文件路径的添加 ·· 329
22.3 从机服务和主机服务的共存 ··· 331
22.3.1 协议栈参数的配置 ··· 335
22.3.2 服务的使能和 RAM 空间的设置 ·· 337
22.4 主从一体数据传输流向 ··· 339
22.4.1 从机设备传输数据到主从一体设备 ······································· 339
22.4.2 主从一体设备传输数据到从机设备 ······································· 340
22.5 下载与调试 ·· 342

第23章 蓝牙 MESH 组网 ··· 343
23.1 蓝牙 MESH 开发平台的搭建 ·· 343
23.1.1 软硬件平台的搭建 ··· 343
23.1.2 MESH 工程文件的编译 ·· 345
23.2 MESH 网络的实例测试 ·· 347
23.2.1 MESH 网络角色 ·· 347
23.2.2 MESH 实例测试 ·· 348
23.2.3 代理节点的加入 ·· 356

参考文献 ·· 364

第 1 篇　蓝牙参数及安全

第 1 章 蓝牙 MAC 地址

本章主要探讨蓝牙 BLE 设备的 MAC 地址，MAC 地址是英文 Media Access Control Address 的缩写，表示设备的媒体存取控制地址。BLE 设备有多种类型的设备 MAC 地址，如 Public Device Address、Random Device Address、Static Device Address、Private Device Address，等等。这些地址实际上反映了 BLE 设备的设计思路及所针对的应用场景。

我们通过一个简单的例子：BLE 蓝牙串口，进行简单的思路验证。注意本例在蓝牙串口的基础上修改。

1.1 蓝牙 BLE 设备的 MAC 地址分类

蓝牙 BLE 设备的地址类型，可以分为两种（一个 BLE 设备可同时具备两种类型地址），分别为：Public Device Address（公共设备地址）和 Random Device Address（随机设备地址）。

Random Device Address 又分为 Static Device Address（静态设备地址）和 Private Device Address（私密设备地址）两类。其中 Private Device Address 又可以分为 Non-resolvable Private Address（不可解析私密地址）和 Resolvable Private Address（可解析私密地址）。其关系如图 1.1 所示。

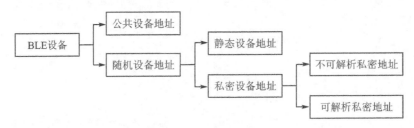

图 1.1 MAC 地址分类

图中地址类型的定义、编码、使用场合以及 nRF52xx 蓝牙设备的配置方法是本章讲解的重点。

1.2 公共设备地址(Public Device Address)

在一个通信系统中,MAC 地址是识别一个设备的唯一的物理地址,如计算机网络中的 MAC 地址、WIFI 设备的 MAC 地址等。对于网络设备来说,设备的物理地址是唯一的(或者说一定范围内是唯一的),这个唯一性,可以从根本上区分通信系统的设备,以避免造成系统冲突。在蓝牙通信中也遵循这个规则。

在早期的传统蓝牙中,所谓的公共设备地址就是 IEEE 发布的地址形式,这种地址格式只能由 IEEE 提供,以此保证其唯一性。公共设备地址格式是一个 48 bit 的数字,称作 48-bit universal LAN MAC addresses(和计算机的 MAC 地址一样)。因此需要向 IEEE 购买该地址。如果没有出钱购买,是不能使用这个格式的。

BLE 蓝牙方式由传统蓝牙发展而来,这种地址分配方式在 BLE 蓝牙中保留下来,如果需要使用这种方式作为 MAC 地址,需要向 IEEE 申请购买。Public Device Address 地址格式由 24 位 company_id 和 24 位 company_assigned 组成,格式如图 1.2 所示。

图 1.2 公共设备地址格式

高 24 位是公司标识,由 IEEE 分配,低 24 位由公司内部自行定义。这样就可保证公司使用的 MAC 地址的唯一性。

1.3 随机设备地址(Random Device Address)

随着物联网时代的来临,物联网的设备越来越多,如果每种蓝牙设备只使用 Public Device Address 地址,那么在数量上是明显不够用的,因此需要解决如下几个问题:

(1) Public Device Address 格式固定,其编码数量很有限,和 IPV4 地址一样总会分配完,因此已经无法适应现在物联网急速扩大的局面了。

(2) Public Device Address 需要向 IEEE 购买。相比于 BLE 芯片的成本,这是一笔额外的开销,成本因素影响大。

(3) Public Device Address 作为一个固定的设备地址,一旦被获知,就有可能被监听与利用。对于 BLE 蓝牙设备很大一部分广播应用场景,通过地址就可以进行扫描广播,信息很容易被监听,其安全性因素影响大。

为了解决上述问题,BLE 协议新增了一种地址类型:随机设备地址(Random Device Address)。这种类型设备地址不是固定分配的,而是在设备启动后随机生成的。根据不同的目标又分成 Static Device Address 和 Private Device Address 两种类型。

1.3.1 静态设备地址(Static Device Address)

Static Device Address 是设备在上电时随机生成的地址,nRF52xx 芯片官方默认都是使用静态地址,其格式如图 1.3 所示。

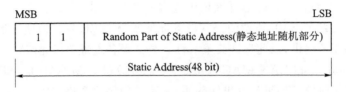

图 1.3 静态设备地址

图中,最高两位 bit 为"11";剩余的 46 位是一个随机数,不能全部为 0,也不能全部为 1。这 46 位随机数在一个上电周期内保持不变。下一次上电时可以改变,但不是强制的,因此也可以保持不变。如果随机数发生了改变,那么,上次保存的连接信息,比如绑定信息,将不再有效,这个方法可以用于解除设备绑定。

因此 Static Device Address 的使用场景可总结为:

(1) 46 位的随机数,可以很好地解决"设备地址唯一性"问题,因为两个相同地址相遇的概率很小,同时相比于公共设备地址,其分配数量有较大的增加,可分配位数从 24 位增加到 46 位。

(2) 地址可随机生成,可以解决 Public Device Address 申请所带来的费用。

因此这种方式在 BLE 设备里较为常用。

1.3.2 私有设备地址(Private Device Address)

Static Device Address 通过地址随机生成的方式,解决了数量上的问题。Private Device Address 则更进一步,通过定时更新和地址加密两种方法,提高蓝牙地址的可靠性和安全性。根据地址是否加密,Private Device Address 又分为两类:Non-Resolvable Private Address 和 Resolvable Private Address。

1. 不需解析的私有设备地址(Non-Resolvable Private Address)

Non-resolvable private address 和 Static Device Address 类似。它们的不同之处在于,不需解析的私有设备地址会定时更新。更新周期由 GAP 规定,称作 T_GAP (private_addr_int),一般情况下的建议值是 15 分钟。其格式如图 1.4 所示。

不需解析的私有设备地址的地址格式:最高两位为"00";剩余的 46 位是个随机数,不能全部为 0,也不能全部为 1。以 T_GAP(private_addr_int)为周期,定时更新。这种方式没有加密,不需要解析,但地址会不停变换,确实对设备的连接有影响。因此这种模式下不仅可以甩开监听者,合法的授权设备也可被甩开,但是安全性有较大保障。在

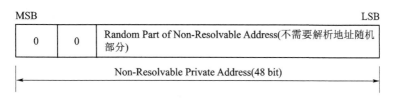

图 1.4　不需解析的私有设备地址

实际产品中,手机的机载蓝牙 MAC 地址一般属于这种类型。

2. 需解析的私有设备地址(Resolvable Private Address)

Resolvable Private Address 通过一个随机数和一个称作 Identity Resolving Key (IRK)的密码生成地址,对地址进行加密,因此只能被拥有相同 IRK 的设备扫描到,可以防止被未知设备扫描和追踪。其格式如图 1.5 所示。

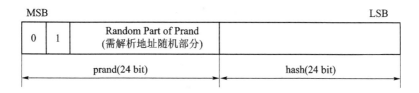

图 1.5　需解析的私有设备地址

需解析的私有设备地址的地址格式由两部分组成:高 24 位是随机数部分,其中最高两位为"10",用于标识地址类型;低 24 位是随机数和 IRK 经过 hash 运算得到的 hash 值,运算公式为 hash=ah(IRK,prand)。

当对端 BLE 设备扫描到该类型的蓝牙地址后,会使用保存在本机的 IRK 和该地址中的 prand,进行同样的 hash 运算,并将运算结果和地址中的 hash 字段比较,如果相同,才进行后续的操作,这个过程称作 resolve(解析);如果不同则继续用下一个 IRK 重复上面的过程,直到找到一个关联的 IRK 或一个也找不到。

该模式以 T_GAP(private_addr_int)为周期,定时更新。即使在广播、扫描、已连接等过程中,也可以改变。需解析的私有设备地址 Resolvable Private Address 不能单独使用,如果需要使用该类型的地址,设备需要同时拥有 Public Device Address 或者 Static Device Address 中的一种地址。

1.4　nRF52832 地址配置

1.4.1　MAC 地址配置原理

通过上面对地址的分析,我们基本清楚了 BLE 的地址类型。下面以蓝牙芯片 nRF52832 为基础分析设备地址是如何设置的。

《nRF52xx 蓝牙系列书籍》中册第二十二章"nRF52xx 蓝牙通信包解析"里提到过蓝牙设备地址的问题,可以看广播数据包的 PDU 头,如图 1.6 所示。

其中 TxAdd 表示发送方的地址类型(0 为 public,1 为 random)。RxAdd 表示接收方的地址类型。对于普通广播来说,只有 TxAdd 的指示有效,表示广播发送者的地址类型。对于定向广播来说,TxAdd 和 RxAdd 都有效,TxAdd 表示广播发送者的地址类型,RxAdd 表示广播接收者的地址类型。通过抓取 nRF52832 蓝牙设备的广播包,可知其地址属于随机设备地址(Random Device Address),那么属于随机设置地址的哪一种呢?

查看随机设备地址的最高两位:
11:表示静态随机地址,地址类型确定。
00:表示不需解析的私有地址,地址类型确定。
01:表示需解析的私有地址,并执行 1.3.2 所述 hash 方法进行解析。
如图 1.7 所示,广播地址为 0xE11D2123261C,最高 2 位为 11,表示静态随机地址。这是 nRF 官方芯片代码默认的设置。

Adv PDU Header				AdvA
Type	TxAdd	RxAdd	PDU-Length	0xE11D2123261C
0	1	0	21	

图 1.6 广播包 PDU 头   图 1.7 广播地址

如何设置需要的地址方式呢?芯片有两个地址用于存储设备地址,如表 1.1 和表 1.2 所列,nRF52xx 处理器分配两个地址寄存器即 DEVICEADDR[0]和 DEVICEADDR[1]用于存储 MAC 地址。

表 1.1 设备 ID 寄存器 DEVICEID[0]

位 数	域	ID 值	值	描 述
第 1~31 位	DEVICEADDR			64 位唯一设备标识符 DEVICEID[0]包含唯一设备标识符的低 32 位有效位

表 1.2 设备 ID 寄存器 DEVICEID[1]

位 数	域	ID 值	值	描 述
第 1~31 位	DEVICEADDR			64 位唯一设备标识符 DEVICEID[1]包含唯一设备标识符的高 16 位有效位 DEVICEID[1]寄存器仅仅[0~15]位被使用

同时,协议栈提供了一个封装函数可修改地址类型:
uint32_tsd_ble_gap_addr_set(ble_gap_addr_t const * p_addr)
这个函数的形式参数为一个 ble_gap_addr_t 类型的结构体指针,该结构体在 ble_

gap.h 中定义如下：

1. typedef struct
2. {
3.   uint8_t addr_id_peer : 1; //配对地址
4.   uint8_t addr_type   : 7; //地址类型
5.   uint8_t addr[BLE_GAP_ADDR_LEN]; //地址
6. }ble_gap_addr_t;

其中 uint8_t addr_type 定义了 MAC 地址的类型，称为 BLE_GAP_ADDR_TYPES，使用 7 位定义，配置如下：

7. #define BLE_GAP_ADDR_TYPE_PUBLIC   0x00 //公共地址类型
8. #define BLE_GAP_ADDR_TYPE_RANDOM_STATIC   0x01 //静态设备地址
9. #define BLE_GAP_ADDR_TYPE_RANDOM_PRIVATE_RESOLVABLE 0x02 //需解析的私有设备地址
10. #define BLE_GAP_ADDR_TYPE_RANDOM_PRIVATE_NON_RESOLVABLE 0x03 //不需解析的私有设备地址
11. #define BLE_GAP_ADDR_TYPE_ANONYMOUS   0x7F //匿名广播地址

如果地址类型设置为静态设备地址类型，则 addr 中存放的地址的最高 2 位必须为 1，否则这个地址会被认为无效并自动替换，nRF52832 芯片自动用存储在寄存器 DEVICEADDR[0]和 DEVICEADDR[1]的值替换为蓝牙 MAC 地址。跟没有调用 sd_ble_gap_address_set 函数的效果是一样的，下面来讲解没有调用时默认状态的效果。

Nordic 公司官方提供的工程中，没有主动调用 sd_ble_gap_address_set 函数设置设备地址，工程中使用的是默认静态设备地址。这个默认地址在芯片出厂时直接烧写在设备地址寄存器中。

蓝牙芯片启动后，如果未主动调用 sd_ble_gap_address_set 函数设置地址，协议栈就会使用寄存器 DEVICEADDR 中的值设置 BLE 地址。但是并不直接使用 DEVICEADDR 中的值，因为静态设备地址的最高两位必须设置为"11"，所以协议栈会使用该寄存器中的地址，但会将最高两位的值都设置为 1。如抓包抓到的设备地址如图 1.8 所示。

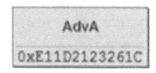

图 1.8 广播地址

读取寄存器 DEVICEADDR 中的值号分别为：
DEVICEADDR[0]=0x2123261C
DEVICEADDR[1]=0x691CA11D

有用部分如图 1.9 所示的长框中，DEVICEADDR[0]取 32 位，DEVICEADDR[1]取低 16 位，组成 48 位的有限参数值，则厂家存放在寄存器 DEVICEADDR 内的地址是 A11D2123261C，将最高两位都置 1，就变成了 E11D2123261C，同抓取的地址包的效果一致。

寄存器	DEVICEADDR[1]		DEVICEADDR[0]	
数据(十六进制)	691C	A11D	2123	261C

图 1.9 设备地址寄存器有用部分

1.4.2 API 编程

在实际应用中，连接指定设备时，可直接调用协议栈封装函数实现 MAC 地址的配置。通过下列过程可简单地验证如何设置：

打开蓝牙串口工程，下载协议栈后，下载程序，打开 nRF connect APP，找到服务，查看设置的 MAC 地址，如图 1.10 所示。

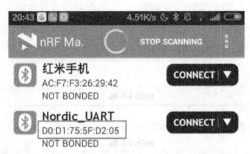

图 1.10 设备的 MAC 地址

打开 BLE 工程实验：蓝牙 MAC 地址设置。这个工程在蓝牙串口基础上进行修改，加入如下代码：

```
1.  void mac_set(void)
2.  {
3.    ble_gap_addr_t addr;
4.    uint32_t err_code = sd_ble_gap_address_get(&addr);//获取本设备的 MAC 地址
5.    APP_ERROR_CHECK(err_code);
6.    addr.addr[0] += 1;//修改 MAC 地址
7.  
8.    err_code = sd_ble_gap_addr_set(&addr);//把修改后的 MAC 地址作为新的地址
9.    APP_ERROR_CHECK(err_code);
10. }
```

该代码实现了两个功能，首先使用函数 sd_ble_gap_address_get 读取官方默认的 MAC 地址，然后默认地址+1 进行修改，把修改后的新 MAC 地址使用 API 函数 sd_ble_gap_address_set 写入到设备中，验证设备写入 MAC 是否成功。

注意：主函数中调用该函数，一定要在开始广播前修改 MAC 地址函数，这样，下次广播后新的 MAC 地址就设置成功了。

```
1.  int main(void)
2.  {
```

```
3.  ................
4.  ................
5.  ble_stack_init();
6.  gap_params_init();
7.  services_init();
8.  advertising_init();
9.  mac_set();//放在广播初始化后,开始广播前
10. conn_params_init();
11. printf("%s",start_string);
12. err_code = ble_advertising_start(BLE_ADV_MODE_FAST);
13. APP_ERROR_CHECK(err_code);
14. // Enter main loop.
15. for(;;)
16. {
17.   power_manage();
18. }
19. }
```

编译后,重新下载代码。广播 LED 灯开始闪烁。

打开 APP nRF connect 搜索广播,发现 MAC 已经发生变化。如图 1.11 所示,新的 MAC 地址加 1,表示设置成功。

图 1.11 修改 MAC 地址成功

1.5 本章小结

本章主要总结了蓝牙 BLE 设备的 MAC 地址类型,讨论了各种 MAC 地址类型的编码格式,以及它们各自的优缺点,为读者选择适合自己的 MAC 地址打下基础。同时深入到 nRF52xx 系列处理器中,提出了关键的 MAC 地址操作的协议栈 API 函数,并且编写了一个演示实例,演示了如何修改静态设备地址值,使读者对蓝牙 BLE 的 MAC 地址有一个全面了解。

第 2 章
接收信号强度和蓝牙发射功率

无线通信设备的发射功率和对等设备发送过来的信号强度的获取都是设计时必须考虑的问题。无线设备信号的好坏,直接影响到通信质量和通信距离。因此本章将针对这两个问题展开讨论。其中接收信号强度 RSSI(Received Signal Strength Indication)可用来判断通信双方互相接收信号的能力,表示通信中实际接收到的信号质量。发射功率则是由信号发射端配置的信号功率强度,对最后接收的信号强度有直接影响。

2.1 nRF52832 蓝牙 BLE 的 RSSI 获取

RSSI 这个参数指示无线发送层的接收信号强度,用来判定链接质量,以及是否增大广播发射的功率。RSSI 的常见应用是通过接收到的信号强弱判断信号点与接收点的距离,进而根据相应数据进行定位计算。

信号强度的单位用 dBm 表示,为分贝毫瓦(全写为"decibel relative to one milliwatt"),是指代功率的绝对值,其计算公式为:

$$RSSI = 10\lg \frac{P}{1\ mW} = 10\lg P$$

只需将接收到的信号功率 P(单位 mW)代入就是信号强度。

如果发射功率 P 为 1 mW,则折算后为 0 dBm。

对于 40 W 的功率,折算后的值为:

$10\lg(40\ W/1mw) = 10\lg(40\ 000) = 10\lg 4 + 10\lg 10 + 10\lg 1\ 000 = 46\ dBm$。

首先,在发射功率为 1 mW 情况下,接收的无线信号强度都是负数,最大为 0,因此测量出来的值肯定都是负数。信号强度值只在理想状态下为 0,此时传输链路没有信号损失,意味着接收方把发射方发射的所有无线信号都接收到了,即无线路由器发射多少功率,接收的一端就获得多少功率。这是理想状态,在实际中无线接收设备即使紧挨着发射天线也不会达到信号强度为 0 的效果。因此,测量出来的信号强度值都是负数,不要盲目地认为负数就是信号不好。

本节将演示从机设备如何接收主机设备的信号。在匹配的 SDK15.0 的蓝牙串口例子基础上编写程序,目的是通过从机获取连接的主机的信号强度。

2.1.1 BLE 定时器配置

(1) 定时器初始化

本例在 SDK15 下的串口蓝牙例子中修改,采用定时器在协议栈下定时读取接收到的信号强度。因此首先设置一个定时器,定时器 ID 声明为 m_rssi_timer_id,注册一个定时器超时回调函数 rssi_timeout_handler。具体代码如下:

```
1.  //定时器初始化
2.  static void timers_init(void)
3.  {
4.    uint32_t err_code;
5.    // 初始化定时器,给一个定时器空间
6.    APP_TIMER_INIT(APP_TIMER_PRESCALER,APP_TIMER_OP_QUEUE_SIZE, false);
7.    //创建一个定时,设置定时器模式为重复定时,注册超时回调函数:
8.    err_code = app_timer_create(&m_rssi_timer_id, APP_TIMER_MODE_REPEATED,
9.                                rssi_timeout_handler);
10.   APP_ERROR_CHECK(err_code);
11. }
```

(2) 定时超时回调

在 app_timer_create() 函数中,注册的 rssi_timeout_handler() 作为定时器函数创建的一个定时器超时中断处理函数,需要执行 RSSI 更新或打印:

```
1.  static void rssi_timeout_handler(void)
2.  {
3.    int8_t rssi = 0;
4.    uint8_t p_ch_index;
5.    //开始向应用程序报告接收信号的强度
6.    sd_ble_gap_rssi_start(m_conn_handle,BLE_GAP_RSSI_THRESHOLD_INVALID,0);
7.    //获取最后一个连接事件接收到的信号强度报告
8.    sd_ble_gap_rssi_get(m_conn_handle, &rssi,&p_ch_index);
9.    NRF_LOG_INFO("rssi: %d\r\n",rssi);//打印接收信号强度
10.   NRF_LOG_INFO("Channel: %d\r\n",p_ch_index);//打印信号的广播频道
11. }
```

在上面的代码中,调用两个协议栈函数,开始收集接收信号强度 RSSI 的信号报告。协议栈函数是以 sd 开头命名的、未开源的函数,两个函数定义如下:

◎ sd_ble_gap_rssi_start(m_conn_handle, BLE_GAP_RSSI_THRESHOLD_INVALID,0);

◎ sd_ble_gap_rssi_get(m_conn_handle, &rssi, &p_ch_index);

这两个函数的功能和参数如表 2.1 和表 2.2 所列。

表 2.1　sd_ble_gap_rssi_start( )函数

函数:sd_ble_gap_rssi_start(uint16_t conn_handle, uint8_t threshold_dbm, uint8_t skip_count)	
功能:开始向应用程序报告接收到的信号强度。当 RSSI 值发生变化时,将报告一个新的事件,直到函数 sd_ble_gap_rssi_stop 被调用。产生事件 BLE_GAP_EVT_RSSI_CHANGED 时,新的 RSSI 数据就可以用了。事件的生成频率取决于形参 threshold_dbm 和形参 skip_count 输入参数	
参数:[in]conn_handle　　表示连接句柄 参数:[in]threshold_dbm　　表示在触发 BLE_GAP_EVT_RSSI_CHANGED 事件之前最小的变化 dBm 值。如果 threshold_dbm 等于参数 BLE_GAP_RSSI_THRESHOLD_INVALID,事件将会被关闭 参数:[in]skip_count　　表示在发送一个新的参数 BLE_GAP_EVT_RSSI_CHANGED 事件之前,更改了一个或多个 threshold_dbm 的 RSSI 样本的数量值	
返回值:NRF_SUCCESS	成功激活 RSSI 报告
返回值:NRF_ERROR_INVALID_STATE	RSSI 报告已经在进行中
返回值:BLE_ERROR_INVALID_CONN_HANDLE	提供的连接句柄无效

表 2.2　sd_ble_gap_rssi_get( )函数

函数:uint32_t sd_ble_gap_rssi_get(uint16_t conn_handle, int8_t * p_rssi, uint8_t * p_ch_index)	
功能:获取最后一个连接事件的接收信号强度。在使用这个函数之前,必须调用 sd_ble_gap_rssi_start 开始报告 RSSI。调用函数 sd_ble_gap_rssi_start 之后第一次采样 RSSI,将返回 NRF_ERROR_NOT_FOUND	
参数:[in]conn_handle　　连接句柄 参数:[out] p_rssi　　指向应该存储 RSSI 测量值的位置的指针 参数:[out] p_ch_index　　指向 RSSI 测量通道索引的存储位置的指针	
返回值:NRF_SUCCESS	成功读取 RSSI
返回值:NRF_ERROR_NOT_FOUND	没有发现例子
返回值:NRF_ERROR_INVALID_ADDR	提供的指针无效
返回值:BLE_ERROR_INVALID_CONN_HANDLE	提供的连接句柄无效
返回值:NRF_ERROR_INVALID_STATE	未进行 RSSI 报告

调用这两个函数使主机设备和从机设备连接后,可直接通过串口 LOG 打印主机信号强度 RSSI 的值:NRF_LOG_INFO("rssi:%d\r\n",rssi);同时打印 RSSI 测量通道 NRF_LOG_INFO("Channel:%d\r\n",p_ch_index);

或者可以反向告知手机,在手机上显示从机接收到的主机信号强度。可直接使用串口蓝牙的上传函数 ble_nus_string_send(),因为上传属性被定义了通知类型,所以数据会被上传到手机通知中,当手机通知使能时就可以观察到变化的数字了。

(3) 开始定时

前面的工作完成后,可启动定时器定时。启动的定时器 ID 为初始化定义的定时器 m_timer_rssi_id。同时启动定时器函数内的定时时间间隔设置为 TIME_LEVEL_MEAS_INTERVAL,当定时器超时后会触发中断事件,来更新获取的 RSSI 强度。具

体代码如下:

```
1.  //开始定时开始定时
2.  static void application_timers_start(void)
3.  {
4.      //定时时间间隔
5.      uint32_t err_code;
6.      //开始定时
7.      err_code = app_timer_start(m_timer_rssi_id, TIME_LEVEL_MEAS_INTERVAL, NULL);
8.          APP_ERROR_CHECK(err_code);
9.  }
```

2.1.2 主函数编写

在主函数内写一个测试函数,主要是加入定时器初始化和定时器开始定时函数,以更新获得的 RSSI 信号强度,编写代码如下:

```
1.  int main(void)
2.  {
3.      bool erase_bonds;
4.
5.      // 初始化过程
6.      log_init();
7.      timers_init();//初始化定时器
8.      ................
9.      ................
10.     application_timers_start();//添加定时器开始定时
11.     advertising_start(erase_bonds);
12.     // 进入主循环
13.     for (;;)
14.     {
15.         idle_state_handle();
16.     }
```

修改后进行编译,编译通过会提示 OK。

2.1.3 应用与调试

首先用 nrfgo studio 软件下载协议栈,然后使用 keil 软件直接下载应用程序。应用程序下载成功后,程序开始运行,同时开发板上广播 LED 开始广播。本实验需要连接开发板的串口转 USB 接口。同时需要打开串口调试助手,串口调试助手设置如图 2.1 所示,波特率为 115 200,单击"打开串口"。当使用手机 APP NRF CONNECT 和开发板连接时,会观察到输出的接收机 RSSI 信号强度和测试频道,如图 2.1 所示。

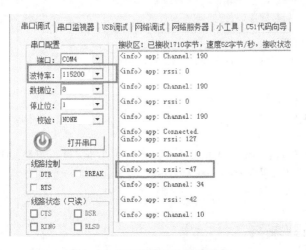

图 2.1　从机输出接收信号强度

2.2　蓝牙 BLE 的发射功率设置

蓝牙接收信号强度 RSSI 的直接影响因素是蓝牙信号的发射功率。发射功率就是所使用的设备(开发板、手机)发射给主机或从机设备的信号强度。实际应用中,时常需要修改蓝牙的发射功率,以达到省电的目的。本节主要内容是蓝牙发射功率 power 的设置。

本例在匹配的 SDK15.0 的蓝牙串口例子基础上编写,使用的协议栈为 s132。

2.2.1　发射功率控制

在 nRF52832 中可以设置 9 个发射等级,分别是 −40 dBm、−20 dBm、−16 dBm、−12 dBm、−8 dBm、−4 dBm、0 dBm、+3 dBm 和 +4 dBm。nRF52840 可以设置 10 个发射等级,比 nRF52832 多一个 +8 dBm。如果代码中未设置发射功率,则默认值为 0 dBm。设置的发射功率越高,设备功耗越高,信号强度越大。本例在 SDK15.0 的串口蓝牙例子下添加如下几处发射功率,相关内容如下:

① 首先设置广播的 tx_power_level,即初始化广播的发射功率。代码如下:

```
1.  static void advertising_init(void)
2.  {
3.      uint32_t    err_code;
4.      ble_advertising_init_t init;
5.      int8_t  tx_power_level = TX_POWER_LEVEL;//设置发射功率
6.      memset(&init, 0, sizeof(init));
7.
8.      init.advdata.name_type = BLE_ADVDATA_FULL_NAME;
9.      init.advdata.include_appearance = false;
```

```
10.     init.advdata.flags = BLE_GAP_ADV_FLAGS_LE_ONLY_LIMITED_DISC_MODE;
11.     init.advdata.p_tx_power_level = &tx_power_level;
12.
13.     init.srdata.uuids_complete.uuid_cnt = sizeof(m_adv_uuids)/sizeof(m_adv_uuids[0]);
14.     init.srdata.uuids_complete.p_uuids = m_adv_uuids;
15.
16.     init.config.ble_adv_fast_enabled = true;
17.     init.config.ble_adv_fast_interval = APP_ADV_INTERVAL;
18.     init.config.ble_adv_fast_timeout = APP_ADV_DURATION;
19.     init.evt_handler = on_adv_evt;
20.
21.     err_code = ble_advertising_init(&m_advertising, &init);
22.     APP_ERROR_CHECK(err_code);
23.
24.     ble_advertising_conn_cfg_tag_set(&m_advertising, APP_BLE_CONN_CFG_TAG);
25. }
```

② 在 GAP 初始化时,调用协议栈函数 sd_ble_gap_tx_power_set(),设置功率等级 tx_power_level,可动态修改发射功率。函数的具体定义如表 2.3 所列。

表 2.3 sd_ble_gap_tx_power_se( )函数

函数:sd_ble_gap_tx_power_set(uint8_t role, uint16_t handle, int8_t tx_power)	
功能:设置设备的发射功率	
参数:role 由结构体 BLE_GAP_TX_POWER_ROLES 设置信号传输的角色 参数:handle 句柄参数根据角色进行解释 如果角色是@ref BLE_GAP_TX_POWER_ROLE_CONN,则为特定的连接句柄 如果角色是@ref BLE_GAP_TX_POWER_ROLE_ADV,则使用广播句柄标识的广播集,使用指定的传输功率,如果设置了参数 ble_gap_adv_properties_t::include_tx_power,则将其包含在广播包头中 对于所有其他角色,句柄将被忽略 参数:tx_power 无线电传输功率(有关可接受的值,请参阅相关说明)。支持的 tx_power 值:−40 dBm、−20 dBm、−16 dBm、−12 dBm、−8 dBm、−4 dBm、0 dBm、+3 dBm 和+4 dBm 注意:当一个连接被创建时,它将从连接的发起者或广播者那里继承传输能力。发起者将具有与扫描者相同的传输功率	
返回值:NRF_SUCCESS	成功改变了发射功率
返回值:NRF_ERROR_INVALID_PARAM	提供的参数无效
返回值:BLE_ERROR_INVALID_ADV_HANDLE	找不到广播句柄
返回值:BLE_ERROR_INVALID_CONN_HANDLE	提供的连接句柄无效

对应设备的角色定义,函数库中提供了结构体参数 BLE_GAP_TX_POWER_ROLES 的定义,其代码如下:

```
1.  enum BLE_GAP_TX_POWER_ROLES
2.  {
```

```
3.    BLE_GAP_TX_POWER_ROLE_ADV        = 1,    /*广播角色*/
4.    BLE_GAP_TX_POWER_ROLE_SCAN_INIT  = 2,    /*扫描和发起角色*/
5.    BLE_GAP_TX_POWER_ROLE_CONN       = 3,    /*连接角色*/
6.    };
```

开始广播时,从机设备属于广播角色,因此选择 BLE_GAP_TX_POWER_ROLE_ADV 作为角色定义。形式参数 tx_power 定义为 TX_POWER_LEVEL,是一个可变值,可通过此参数采用串口 AT 指令方式或软件定时方式动态控制发射功率。

```
1.    static void tx_power_set(void)
2.    {
3.        ret_code_t err_code = sd_ble_gap_tx_power_set(BLE_GAP_TX_POWER_ROLE_ADV,
4.                                                      m_advertising.adv_handle,
5.                                                      TX_POWER_LEVEL);
6.        APP_ERROR_CHECK(err_code);
7.    }
```

比如在主函数开头的宏定义中,定义发射功率的大小为:

#define   TX_POWER_LEVEL   (0)

如果不需要动态地修改发射功率,则可以在主函数中直接调用 tx_power_set()函数。调用该函数后,工程编译通过,提示 OK。

2.2.2 应用与调试

首先使用 nrfgo studio 软件下载协议栈,然后使用 keil 软件下载应用程序。下载成功后,程序开始运行,同时开发板上广播 LED 开始广播。本实验用于手机 NRF CONNECT APP 软件,返回服务应用名为 QFDZ_power。如图 2.2 所示,打开广播参数内容,查看设置的发射功率值。

图 2.2 发射功率设置

2.3　本章小结

　　本章结合 nRF52xx 系列蓝牙 BLE 设备的应用,通过获取接收信号的强度 RSSI,可以获知发射端发送到接收端的信号,在接收端最终的接收强度。发射端的信号强度由发射功率设置函数直接控制。发射信号最终在传输途中会有损耗,也就是说发射的信号功率会在发送途中衰减,这种损耗受到很多因素的影响,其中距离是一个主要因素。因此接收信号强度 RSSI 的大小可用于简单判断接收和发射双方之间的距离。

　　本章详细地讨论了接收信号强度 RSSI 的获取方法和发射功率的配置。

第3章
蓝牙静态密钥和动态密钥配对

很多朋友和客户希望设备在连接时验证密钥,以保障连接的安全。为了保证低功耗蓝牙的绝大多数安全特征,必须完成两件事情:首先是设备必须互相配对;其次,第一次连接时,设备必须分配用于加密、保障隐私并对消息进行验证的密钥。分配的密钥若在 flash 中存储下来,设备就可处于绑定状态,则两个设备第二次重连时的安全启动会更快,而不需要像第一次一样再启动整个配对过程。因此,想要了解安全运行是如何进行的,关键在于理解配对和密钥分配系统的工作原理。同样,明确两个设备间的初始化连接不同于二者之间的后续连接也很重要。

3.1 蓝牙配对与绑定的概念

对于低功耗蓝牙来说,配对和绑定是两个截然不同的概念。简单来说,配对是蓝牙主从设备加密特性的交换,并创建临时密钥。绑定则是在配对之后交换和保存长期密钥,用于以后的连接。配对不是永久的安全机制,绑定才是。

1. 配对的概念

配对是加密结构的交换,包括 I/O 能力、是否需要中间人保护等。形象一些,客户端发起交换,客户端说:"我支持这些功能。"服务器端回答说"嗯,收到,我支持这些功能。"一旦执行了交换,主从设备间的加密机制就会确定并生效。比如,如果一个服务器端在 I/O 能力上仅支持 NoInput/NoOutput,那么双方就会采用"Just Works"的连接方式。

配对完成后,一个临时的密钥就已经被生成和交换,连接已经被加密,但是仅使用一个临时的加密密钥。但是这个加密连接中,长期密钥已经产生和交换。长期密钥类似于一个数字签名。具体交换哪些密钥、密钥长短还取决于配对双方设备所支持的加密结构。

配对仅仅是为了在连接的基础上加密(通信数据经过加密为密文),提高蓝牙链路传输的安全性。不配对也能连接进行通信。

2. 绑定的概念

绑定才是真正意味着在加密结构交换和连接加密后(配对完成),双方的长期密钥交换完成,双方已经存储并将在下次连接时使用该密钥。密钥可以通过绑定程序交换,但是如果它们没有成功被保存和使用,仍然不能说已经绑定。

如果一个设备和另一个设备已经成功绑定,比如一个心率检测手环和一个手机,不必交换密钥就可以加密连接,手机向手环发起连接时仅需要请手环"开启加密",双方即可使用已经存储的加密密钥通信,这样就不会发生密钥交换而被第三方窃听的问题,因为密钥交换已经在配对时完成。

绑定是配对发起时的一个可选配置。把配对信息记录下来,下次不用配对即可自动进入加密的连接;所以没在 bonding 列表里的设备不影响连接,照连不误,只是每次需要输入配对密码。

下面通过一个简单的例子——蓝牙 BLE 之静态密钥配对和动态密钥配对,验证如何配对的思路,下一章再结合配对探讨绑定问题。注意本例在 SDK15 的例子基础上进行编写,使用 s132 协议栈。

3.2 蓝牙的配对

起初未提供安全性的两个设备,如果希望做一些需要安全性的工作,就必须先配对。配对涉及两个设备的身份认证,链路加密及随后的密钥分配,身份解析密钥等。如果配对时设置了绑定,则用户可将分配的密钥存储在 flash 中,这样两个设备第二次重连时的安全启动会更快。而不需要像第一次一样再启动整个配对过程。

总的来说配对有三个阶段:

第一阶段:配对信息交换。(主要是两端设备的 I/O 能力,设置绑定标志,链路是否需要 MITM 保护,如果设置绑定分配哪些密钥等信息。)

第二阶段:链路认证。(以前的静态密码,动态密码,输入密码的过程就是认证的一种方式。)

第三阶段:密钥分配(绑定可选)。

3.2.1 配对信息交换

配对的第一阶段涉及配对信息的交换,该信息用于确定设备的配对方式,以及确定在最后的阶段将会分配哪些密钥。两台设备间配对信息的交换是通过配对请求(Pairing Request)和配对响应(Pairing Response)数据包实现的。

在 SDK 中的 gap.h 文件中,提供了 ble_gap_sec_params_t 结构体,表示安全参数,这个安全参数就是配对的基础组成,如图 3.1 所示。

在蓝牙 5.0 协议基础规范第 2340 页的配对请求包描述如图 3.2 所示。

配对请求包是从机向主机提交的配对请求信息,图中 octet 表示一字节,这个配对请求包各字节说明如下:

第 0 字节:code 代码字段,当 code=0x01 时,表示为配对请求包

当 code=0x00 时,表示为配对响应包

```
ble_gap.h
953   /**@brief GAP security parameters. */
954   typedef struct
955   {
956       uint8_t               bond      : 1;
957       uint8_t               mitm      : 1;
958       uint8_t               lesc      : 1;
959       uint8_t               keypress  : 1;
960       uint8_t               io_caps   : 3;
961       uint8_t               oob       : 1;
962
963
964
965
966       uint8_t               min_key_size;
967       uint8_t               max_key_size;
968       ble_gap_sec_kdist_t   kdist_own;
969       ble_gap_sec_kdist_t   kdist_peer;
970   } ble_gap_sec_params_t;
971
```

图 3.1 ble_gap_sec_params_t 结构体

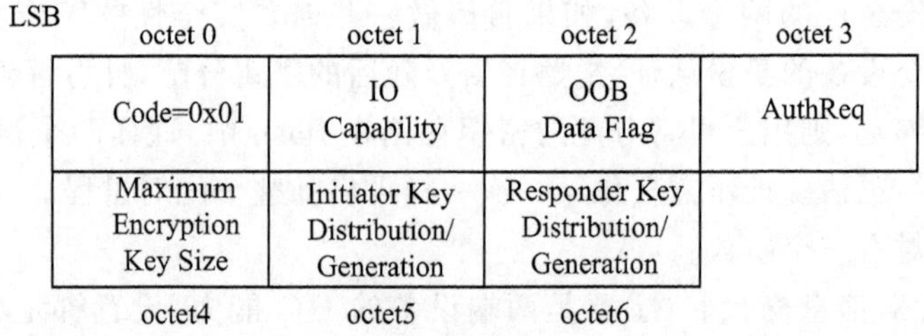

LSB				MSB
octet 0	octet 1	octet 2	octet 3	
Code=0x01	IO Capability	OOB Data Flag	AuthReq	
Maximum Encryption Key Size	Initiator Key Distribution/ Generation	Responder Key Distribution/ Generation		
octet4	octet5	octet6		

图 3.2 配对请求包

第 1 字节：IO Capability 字段，表示 I/O 能力，即两端设备的输入/输出能力，如：是否有显示屏、键盘等。协议栈定义的 I/O 口能力如表 3.1 所列。

表 3.1 I/O 口能力

Value	Description
0x00	DisplayOnly
0x01	DisplayYesNo
0x02	KeyboardOnly
0x03	NoInputNoOutput
0x04	KeyboardDisplay
0x05 – 0xFF	Reserved for future use

gap.h 的文件代码中，对该能力进行了定义，如图 3.3 所示。

0x00 表示仅仅显示。0x01 表示显示屏选择 YES 和 No。0x02 表示仅有键盘。0x03 表示没有 I/O 能力。0x04 表示有键盘和显示屏。设备编码可以归纳为表 3.2 所列。

```
463  **@defgroup BLE_GAP_IO_CAPS GAP IO Capabilities
464   * @{
465  #define BLE_GAP_IO_CAPS_DISPLAY_ONLY       0x00   /**< Display Only. */
466  #define BLE_GAP_IO_CAPS_DISPLAY_YESNO      0x01   /**< Display and Yes/No entry. */
467  #define BLE_GAP_IO_CAPS_KEYBOARD_ONLY      0x02   /**< Keyboard Only. */
468  #define BLE_GAP_IO_CAPS_NONE               0x03   /**< No I/O capabilities. */
469  #define BLE_GAP_IO_CAPS_KEYBOARD_DISPLAY   0x04   /**< Keyboard and Display. */
470  /**@}
```

图 3.3　IO 口能力宏定义

表 3.2　设备编码

类别	显示屏	键盘
有输出		0x02
无输出	0x00	
选择 YES 和 No	0x01	
同时都没有	0x03	0x03
同时具有	0x04	0x04

上面的 5 个设备的输入和输出能力通过使用配对请求（Pairing Request）数据在设备之间进行通信。

第 2 字节：OOB DF（OOB Data Flag），OOB 即 Out-of-Band 的缩写，意为"带外"，采用外部通信方法交换一些配对过程中使用的信息。OOB 媒体可能是任何一种能够传输相应信息的其他无线通信标准，如 NFC 或二维码。核心规范如表 3.3 所列。

表 3.3　带外参数

参数值	描　　述
0x00	OOB 身份验证数据不存在
0x01	来自远程设备的 OOB 身份验证数据
0x02－0xFF	保留未使用

第 3 字节：AuthReq 授权请求，这个授权请求可以展开，8 位展示如图 3.4 所示。

LSB					MSB
Bonding_Flags (2 bit)	MITM (1 bit)	SC (1 bit)	Keypress (1 bit)	CT2 (1 bit)	RFU (2 bit)

图 3.4　授权请求数据格式

Bonding Flags：绑定标志位，2 位。01 绑定中（Bonding），表示绑定是配对发生之后的长期密钥交换，并将这些密钥储存起来以供日后使用——在设备间创建永久的安全连结。配对机制是绑定的前提。00 表示没有绑定。绑定标志如表 3.4 所列。

MITM：1 位，MITM 是 Man-In-The-Middle（中间人）的缩写。如果设备需要 MITM 保护，需要输入密码，则设置为 1。

表 3.4　绑定标志定义

Bonding Flags b1b0	Bonding Type
00	没有绑定
01	绑定中
10	保留未使用
11	保留未使用

SC：1 位，SC 是"Enable LE Secure Connection pairing(LESC)"的缩写。设置为 1，以请求低功耗安全连接配对。可能的配对机制结果是：如果两台设备均支持低功耗安全连接，则采用低功耗安全连接；否则采用传统连接。因此这一标识是决定第二阶段配对方法的一项指标。

Keypress：1 位，表示使能启用键盘按键通知。

CT2：1 位标志。在传输时设置为 1，则表示支持 h7 功能，该功能在 BR/EDR 蓝牙模式下使用，nRF52832 不支持该模式，默认配置就行。

RFU：2 位，Reserved for Future Use 的缩写，保留部分。

第 4 字节：Maximum Encryption Key Size，意为"最大加密密钥规模"，用于定义设备能够支持的最大密钥长度，最大密钥规模范围为 7~16 字节。

第 5 字节：Initiator Key Distribution/Generation，"发起者密钥分配"。意为设置发起配对者的密钥分配机制。

第 6 字节：Responder Key Distribution/Generation，"响应者密钥分配"。意为设置响应者的密钥分配机制。

密钥的分配机制主要有 5 种：
- 临时密钥(TK)；
- 短期密钥(STK)；
- 长期密钥(LTK)(包含 EDIV 和 Rand 的值)；
- 身份解析密钥(IRK)；
- 连接签名解析密钥(CSRK)。

临时密钥(TK)和短期密钥(STK)是在密钥配对过程中必须产生的两个步骤中的验证密钥。第三步验证可以通过短期密钥(STK)根据程序选择的分配机制产生诸如长期密钥(LTK)、身份解析密钥(IRK)、连接签名解析密钥(CSRK)、从 LTK 中导出链接密钥(LTKlink)等加密机制。

ble_gap_sec_params_t 结构体中，最后两行，对发起者和响应者的分配机制通过 ble_gap_sec_kdist_t 定义，如：

```
01.  ble_gap_sec_kdist_t    kdist_own;
02.  ble_gap_sec_kdist_t    kdist_peer;
```

ble_gap_sec_kdist_t 结构体在 ble_gap.h 文件中定义。该结构体展开如下所示：

```
03.    typedef struct
04.    {
05.        uint8_t enc    : 1;      /*长期密钥和主标识*/
06.        uint8_t id     : 1;      /*标识解析密钥和标识地址信息*/
07.        uint8_t sign   : 1;      /*连接签名解析密钥*/
08.        uint8_t link   : 1;      /*从LTK派生的设备链接密钥*/
09.    } ble_gap_sec_kdist_t;
```

其中 enc 表示长期密钥认证方式，id 表示解析密钥方式，sign 表示连接签名解析密钥方式，link 表示从 LTK 中导出链接密钥方式。

程序中，使用结构体 ble_gap_sec_params_t 配置配对信息。第一步实现主从设备的配对信息交换。从机设备发出的第一个安全请求消息即为配对请求消息。这个配对消息包含了安全参数结构体所包含的安全参数。

主机为了响应配对请求，向从机发送配对响应或者配对失败消息，配对响应消息所包含的内容和配对请求消息基本相同，如果不相同，或者不匹配，则会发生匹配失败，主设备则中止配对。

一旦配对请求和配对响应完成，主从设备将会进入下一个阶段。

3.2.2 链路认证

通过配对请求和配对响应所携带的消息，主从设备可以对比确定合适的配对算法。表 3.5 是根据两者的输入和输出能力来确定的使用算法。

表 3.5 配对算法表

配对响应 配对请求	只有显示屏	只有键盘	显示屏+选择 Yes 和 No	显示屏+键盘	无键盘与显示屏
只有显示屏	正常连接	输入密码	正常连接	输入密码	正常连接
只有键盘	输入密码	输入密码	输入密码	输入密码	正常连接
显示屏+选择 Yes 和 No	正常连接	输入密码	正常连接	输入密码	正常连接
显示屏+键盘	输入密码	输入密码	输入密码	输入密码	正常连接
无键盘与显示屏	正常连接	正常连接	正常连接	正常连接	正常连接

3.2.3 密钥分配

密钥分配是一个复杂的过程。

第一步：配对过程中，首先需要用到临时密钥，也就是 TK。临时密钥通过认证时选择的配对算法生成，主要用以计算后面的短期密钥。临时密钥有下面几种：

◎ 立即工作模式(Just Work)，这种模式是当有限的用户界面使得用户不方便输入验证密钥时,用来连接低功耗蓝牙设备的。该模式下 TK 的值设为 0,因此该方式并没有执行认证。建立在这种方式之上的分配密钥很容易受到中间人 MITM 的攻击。

◎ 万能钥匙进入(Passkey Entry),这种模式是当用户的设备界面支持数值显示或输入按键时使用的。当使用万能钥匙进入方式时,TK 的值设为两个设备的数字输入值,取值范围为 0～999 999,因此,入侵者猜对当前连接使用的值的概率只有百万分之一。因此认为这种方式生成密钥是一种有限的防止攻击的可认证密钥。

◎ 带外算法(Out of Band),这种模式是主从设备通过蓝牙外的另一种技术获取认证信息。比如 nRF52832 所带的 NFC 在两个设备之间输入一个值,这个值就可以作为认证的 TK 值。

一旦临时密钥 TK 的值确定后,则会使用该 TK 值、已知的配对值、配对请求和响应请求、主从设备产生的随机数这几个参数,计算一个确认值。这时,主从设备就开始交换随机数和确认值,主从双方开始检查确认值是否匹配随机数和所有其他共享信息。如果确认值不匹配,则说明配对过程不正确,设备将发送配对失败消息终止配对。如果确认值匹配,则说明主从设备具有相同的配对请求和配对响应参数、相同的地址信息、相同的 TK 值和正确的随机数。如果一切都确认无误,则认证中交互的随机数将用来计算 STK。

第二步:当两个设备首次配对时,需要使用短期密钥 STK。STK 由三部分信息计算:临时密钥 TK 和两个随机数。这两个随机数由主从设备发送配对请求时提供,也就是第一步的过程。临时密钥的公式如下:

$$STK = E_{TK}(S_{rand} \mid M_{rand})$$

式中,E_{TK} 是通过 AES 算法对 TK 加密的密文,S_{rand} 和 M_{rand} 为两个随机数。

第三步:一旦 STK 加密配对过程完成后,设备将会分配到所需的密钥机制,如:LTK、IRK、CSR 等。如果没有分配,则默认使用长期密钥 LTK 机制,一般 LTK 是存储在设备中的安全数据库中的一个随机数,由于蓝牙设备资源有限,一般难以维护一个安全数据库。为了解决这个问题,从设备向主设备分配两个值:EDIV 和 Rand。这两个值存储在主设备上,当从设备重新连接时再发回给主设备。这时,从设备通过 LTK 加密链接。

3.3 静态密钥设置

3.3.1 设置静态密钥

所谓的静态密钥连接,是在配对过程中使用万能钥匙进入(passkey entry)的方式,是通过键盘输入的方式输入临时密钥 TK。下面通过一个简单案例验证,在串口蓝牙的例子上加上静态密钥来讲解如何实现静态密钥的设置。

按照 3.2 小节讲的配对的三个阶段,首先要设置配对信息,编写一个配对请求 pairng_request 函数,这个函数里包含了配对请求(pairing request)的所有信息。

第3章　蓝牙静态密钥和动态密钥配对

设置信息如下：

```
1.  #define IO_CAPS         BLE_GAP_IO_CAPS_DISPLAY_ONLY   //只有显示装置
2.  #define BOND            0         //不绑定
3.  #define OOB             0         //没有带外
4.  #define MITM            1         //中间人保护
5.  #define MIN_KEY_SIZE    7         //最小的密钥长度
6.  #define MAX_KEY_SIZE    16        //最大的密钥长度
7.
8.  void pairng_request()
9.  {
10.     ble_gap_sec_params_t sec_params;
11.     uint32_t              err_code;
12.
13.     memset(&sec_params,0,sizeof(ble_gap_sec_params_t));
14.
15.     sec_params.bond = BOND;
16.     sec_params.io_caps = IO_CAPS;
17.     sec_params.max_key_size = MAX_KEY_SIZE;
18.     sec_params.min_key_size = MIN_KEY_SIZE;
19.     sec_params.oob = OOB ;
20.     sec_params.mitm = MITM;
21.     //提交配对请求回应
22.     err_code = sd_ble_gap_sec_params_reply
23.            (m_conn_handle,BLE_GAP_SEC_STATUS_SUCCESS,&sec_params,NULL);
24.     APP_ERROR_CHECK(err_code);
25. }
```

链路认证：可使用手机作为主机，手机具有键盘和显示功能，认证算法可选择输入密码。

设置密码临时密钥 TK：

由于手机的配对密码只能是 6 位 ASCII 字符串，因此定义宏如下：

```
#define STATIC_PASSKEY   "123456"  /**< Static pin. */
static ble_opt_tm_static_pin_option;
```

定义了这两个参数后，需要设置静态密码。设置静态密码的操作在协议栈初始化之后，所以将设置密码操作放在 gap_params_init() 函数的最后，使用 API 函数 sd_ble_opt_set() 实现密钥设置，其中第一个形参 BLE_GAP_OPT_PASSKEY 表示万能钥匙存放区，第二个形参就是手机配对密钥，该函数把设置好的手机配对密钥存放到万能钥匙存放区：

```
1.  static void gap_params_init(void)
2.  {
3.      uint32_t              err_code;
```

```
4.      ble_gap_conn_params_t    gap_conn_params;
5.      ble_gap_conn_sec_mode_t sec_mode;
6.
7.      ............................
8.      ............................
9.      err_code = sd_ble_gap_ppcp_set(&gap_conn_params);
10.     APP_ERROR_CHECK(err_code);
11.
12.     uint8_t passkey[] = STATIC_PASSKEY;
13.     m_static_pin_option.gap_opt.passkey.p_passkey = passkey;
14.     err_code = sd_ble_opt_set(BLE_GAP_OPT_PASSKEY,&m_static_pin_option);
15.     APP_ERROR_CHECK(err_code);
16. }
```

3.3.2 配对事件配置

当对端设备(如手机)向开发板发起连接时,如果从机设备(开发板)设置了安全参数要求,手机会发来配对请求,开发板回复配对信息。手机发来的配对请求对开发板来说是一个事件,即配对事件,最终由回调函数交给各个服务或模块的事件处理函数。从机设备(开发板)在收到配对请求事件后回复第二步中设置的配对信息。main.c 文件中的 ble_evt_handler 处理事件可以完成这个过程,代码如下所示:

```
26. static void ble_evt_handler(ble_evt_t const * p_ble_evt, void * p_context)
                                                                //蓝牙处理事件
27. {
28.     uint32_t err_code;
29.
30.     switch (p_ble_evt->header.evt_id)
31.     {
32.         case BLE_GAP_EVT_CONNECTED:
33.             NRF_LOG_INFO("Connected");
34.             err_code = bsp_indication_set(BSP_INDICATE_CONNECTED);
35.             APP_ERROR_CHECK(err_code);
36.             m_conn_handle = p_ble_evt->evt.gap_evt.conn_handle;
37.             err_code = nrf_ble_qwr_conn_handle_assign(&m_qwr, m_conn_handle);
38.             APP_ERROR_CHECK(err_code);
39.             //发生连接事件时
40.             ble_gap_sec_params_t params;
41.             params.bond = 1;
42.             params.mitm = 1;
43.             //初始化 GAP 验证过程
44.             sd_ble_gap_authenticate(m_conn_handle,&params);
```

```
45.              break;
46.              ……………
47.              ……………
48.
49.          case BLE_GAP_EVT_SEC_PARAMS_REQUEST:
50.          //发生安全参数应答事件时,发起配对请求,交换配对信息
51.              pairng_request();
52.              break;
53.              ……………
54.              ……………
55.
56.          case BLE_GAP_EVT_AUTH_STATUS:
57.          //GAP 链路认证状态,如果认证不成功,则断开链接
58.              if(p_ble_evt->evt.gap_evt.params.auth_status.auth_status ==
59.              BLE_GAP_SEC_STATUS_SUCCESS){ }
60.              else{ sd_ble_gap_disconnect(m_conn_handle,
61.                   BLE_HCI_REMOTE_USER_TERMINATED_CONNECTION);
62.              }
63.          default:
64.              // No implementation needed.
65.              break;
66.      }
67. }
```

上述代码里处理事件分为3个步骤:

① 发生连接事件时,初始化 GAP 验证过程,在连接时进行配对认证。

设置的安全参数的值并不能发起主机和从机的配对认证。配对认证时主机需要调用函数 sd_ble_gap_authenticate(m_conn_handle,&params)发起 GAP 链路认证。这个调用位置决定发起认证的时间,一般在主机发起连接时申请认证,因此该函数在事件 BLE_GAP_EVT_CONNECTED 下调用。同时注意安全参数初始化时设置 MITM 为1,发起需要密钥的认证申请。

② 发生安全参数应答事件时,首先发起配对请求,交换配对信息,同时主机决定认证算法,会调用第一步编写的配对请求 pairng_request()函数。

③ 在 GAP 链路认证状态,如果认证不成功,则断开链接;认证成功,则正常连接。

3.3.3　下载与测试

打开 nRFgo studio 软件下载协议栈:先整片擦除,再下载协议栈。再下载应用工程:先编译工程,编译通过后单击 KEIL 上的下载按键。下载成功后程序开始运行,同时开发板上广播 LED 开始广播。打开手机 APP 软件 nRF CONNECT 或者 nRF UART,搜索到蓝牙信号,单击连接广播,因为已经加密,此时会弹出配对请求,如图3.5所示。

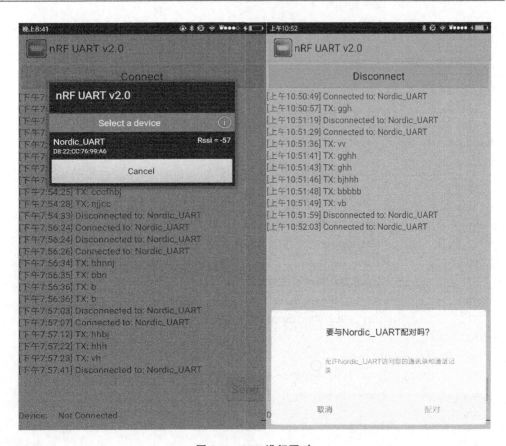

图 3.5 APP 进行配对

输入密码:123456。如密码正确,就可以成功连接了。如果密码错误,则断开连接,如图 3.6 所示。

3.3.4 任务安全设置

按照 3.3.3 小节的配置,能够正确防止错误密钥连接,达到保护链路的目的。但存在小 BUG,即安全认证一段时间后,不输入密码,也可以接入到链路中发送数据;认证时间结束,没有输入密钥,链路会自动断开。因此,中间这一段时间,也需在链接中加入安全认证,即对服务任务加入安全认证。

修改私有服务代码 ble_nus.c 文件,首先对串口 RX 特征值进行安全设置。RX 特征为"写",因此安全属性中"写"设置为需要验证,如 BLE_GAP_CONN_SEC_MODE_SET_ENC_NO_MITM(&attr_md.write_perm),具体代码如下:

```
01.  static uint32_t rx_char_add(ble_nus_t * p_nus, const ble_nus_init_t * p_nus_init)
02.  {
03.      ble_gatts_char_md_t char_md;
04.      ble_gatts_attr_t    attr_char_value;
```

第 3 章　蓝牙静态密钥和动态密钥配对

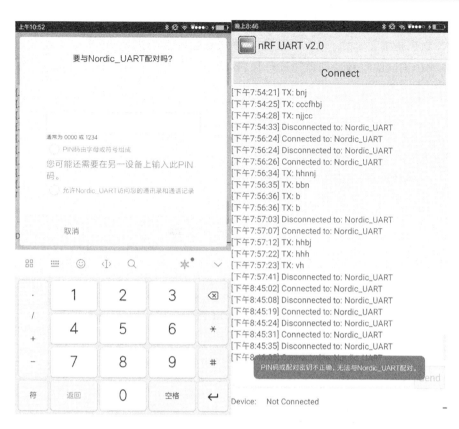

图 3.6　提示输入密码错误

```
05.     ble_uuid_t              ble_uuid;
06. ble_gatts_attr_md_t attr_md;
07.
08. char_md.char_props.write            = 1;
09. char_md.char_props.write_wo_resp    = 1;
10. char_md.p_char_user_desc            = NULL;
11. char_md.p_char_pf                   = NULL;
12. char_md.p_user_desc_md              = NULL;
13. char_md.p_cccd_md                   = NULL;
14. char_md.p_sccd_md                   = NULL;
15. .......................................
16.     BLE_GAP_CONN_SEC_MODE_SET_OPEN(&attr_md.read_perm);
17.     BLE_GAP_CONN_SEC_MODE_SET_ENC_NO_MITM(&attr_md.write_perm);
18. .......................................
19.     return sd_ble_gatts_characteristic_add(p_nus->service_handle,
20.                                 &char_md,
21.                                 &attr_char_value,
22.                                 &p_nus->rx_handles);
```

23. }
```

TX 链路也需要加密。TX 链接属于通知属性，包含 CCCD 使能和从机数据写，因此需要对 CCCD 的写和特征值写进行加密认证，代码如下：

```
01.  static uint32_t tx_char_add(ble_nus_t * p_nus, ble_nus_init_t const * p_nus_init)
02.  {
03.      /** @snippet [Adding proprietary characteristic to the SoftDevice] */
04.      ble_gatts_char_md_t char_md;
05.      ble_gatts_attr_md_t cccd_md;
06.      ble_gatts_attr_t    attr_char_value;
07.      ble_uuid_t          ble_uuid;
08.      ble_gatts_attr_md_t attr_md;
09.      ……
10.
11.      BLE_GAP_CONN_SEC_MODE_SET_OPEN(&cccd_md.read_perm);
12.      BLE_GAP_CONN_SEC_MODE_SET_ENC_NO_MITM(&cccd_md.write_perm);
13.      ……
14.      char_md.char_props.notify = 1;
15.      char_md.p_char_user_desc  = NULL;
16.      char_md.p_char_pf         = NULL;
17.      char_md.p_user_desc_md    = NULL;
18.      char_md.p_cccd_md         = &cccd_md;
19.      char_md.p_sccd_md         = NULL;
20.      ……
21.
22.      BLE_GAP_CONN_SEC_MODE_SET_OPEN(&attr_md.read_perm);
23.      BLE_GAP_CONN_SEC_MODE_SET_ENC_NO_MITM(&attr_md.write_perm);
24.      ……
25.
26.      return sd_ble_gatts_characteristic_add(p_nus->service_handle,
27.                                             &char_md,
28.                                             &attr_char_value,
29.                                             &p_nus->tx_handles);
30.      /** @snippet [Adding proprietary characteristic to the SoftDevice] */
31.  }
```

对服务属性链接加密后，使用 APP 测试。连接时弹出密钥输入，如不输入，则会发现无法对服务进行读/写，如图 3.7 所示。

正确输入密钥后，APP 上就可以正确读/写和处理通知，如图 3.8 所示。
```

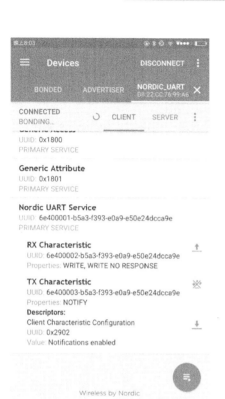
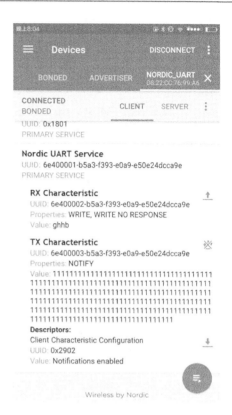

图 3.7　服务的属性加密　　　　　　　图 3.8　密码正确

3.4　随机密钥设置

　　3.3 节讲过所谓的输入密钥仅仅是临时密钥,带键盘和显示器的普通手机用万能钥匙(passkey entry)的方式进入,万能钥匙可具有随机性。在协议栈底层可以通过触发事件 BLE_GAP_EVT_PASSKEY_DISPLAY 自动产生一个 6 位的随机密码(配对码)。当主机请求配对时,从机就可以将自己的配对信息发送给主机,决定算法后,默认不设置固定的密码,则触发 BLE_GAP_EVT_PASSKEY_DISPLAY 事件,协议栈向从机发出一个随机的 6 位密码,如果从机没有显示设备,则可通过串口打印输出。这就是所谓的动态随机密钥的原理。根据这个原理,需对静态密钥代码修改如下,首先注释掉 GAP 初始化对应静态密钥的配置:

```
01. //#define STATIC_PASSKEY "123456"
02. //static ble_opt_t m_static_pin_option;注释掉静态密码
03.
04. static void gap_params_init(void)//GAP 初始化
05. {
06.     uint32_t              err_code;
```

```
07.     ble_gap_conn_params_t    gap_conn_params;
08.     ble_gap_conn_sec_mode_t sec_mode;
09.
10.     BLE_GAP_CONN_SEC_MODE_SET_OPEN(&sec_mode);
11.
12.     err_code = sd_ble_gap_device_name_set(&sec_mode,
13.                                     (const uint8_t *) DEVICE_NAME,
14.                                     strlen(DEVICE_NAME));
15.     APP_ERROR_CHECK(err_code);
16.
17.     memset(&gap_conn_params, 0, sizeof(gap_conn_params));
18.
19.     gap_conn_params.min_conn_interval = MIN_CONN_INTERVAL;
20.     gap_conn_params.max_conn_interval = MAX_CONN_INTERVAL;
21.     gap_conn_params.slave_latency     = SLAVE_LATENCY;
22.     gap_conn_params.conn_sup_timeout  = CONN_SUP_TIMEOUT;
23.
24.     err_code = sd_ble_gap_ppcp_set(&gap_conn_params);
25.     APP_ERROR_CHECK(err_code);
26.
27. //  uint8_t passkey[] = STATIC_PASSKEY;
28. //  m_static_pin_option.gap_opt.passkey.p_passkey = passkey;
29. //  err_code = sd_ble_opt_set(BLE_GAP_OPT_PASSKEY, &m_static_pin_option);
30. //  APP_ERROR_CHECK(err_code);
31. }
```

在蓝牙事件回调中,加入随机密钥的输出,代码如下所示:

```
32. static void ble_evt_handler(ble_evt_t const * p_ble_evt, void * p_context)
                                                                    //蓝牙处理事件
33. {
34.     uint32_t err_code;
35.
36.     switch (p_ble_evt->header.evt_id)
37.     {
38.         case BLE_GAP_EVT_CONNECTED:
39.             NRF_LOG_INFO("Connected");
40.             err_code = bsp_indication_set(BSP_INDICATE_CONNECTED);
41.             APP_ERROR_CHECK(err_code);
42.             m_conn_handle = p_ble_evt->evt.gap_evt.conn_handle;
43.             err_code = nrf_ble_qwr_conn_handle_assign(&m_qwr, m_conn_handle);
44.             APP_ERROR_CHECK(err_code);
45.
46.             ble_gap_sec_params_t params;
```

```
47.        params.bond = 0;
48.        params.mitm = 1;
49.        sd_ble_gap_authenticate(m_conn_handle,&params);
50.        break;
24.        ......
25.        ......
51.
52.        case BLE_GAP_EVT_PASSKEY_DISPLAY:
53.          printf("show passkey: ");
54.          for ( int i = 0; i < 6; i++ )
55.          {
56.              printf("%c",p_ble_evt->evt.gap_evt.params.passkey_display.
                         passkey[i]);
57.          }
58.          break;
26.        ......
27.        ......
59. }
```

在 ble_evt_handler 蓝牙函数中，配置 BLE_GAP_EVT_PASSKEY_DISPLAY 事件，再用串口输出协议栈自动产生的随机密钥 evt.gap_evt.params.passkey_display.passkey[i]。程序修改后编译下载，单击 APP 连接，弹出配对密钥框，如图 3.9 所示。

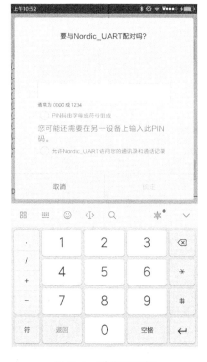

图 3.9 弹出配对框

同时打开串口调试助手,设置波特率为 115 200,此时,会弹出随机密码,把随机密码输入到配对框中就可以正确连接,如图 3.10 所示。

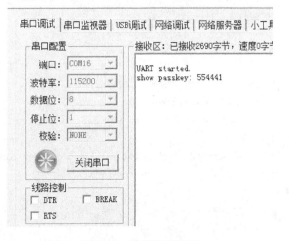

图 3.10 输出随机密钥

第 4 章

蓝牙绑定配对

4.1 蓝牙的绑定

通过前面一章的密钥配对例子可知,每一次连接设备都必须分配一次用于加密、保障隐私并对消息进行验证的密钥,设备连接比较麻烦。为了解决这个问题,可把分配的密钥存储在 flash 中,使设备处于绑定状态,两个设备第二次重连时不需要重新输入密码,安全启动会更快。这种把第一次分配的密钥在 flash 中存储下来的过程就是绑定过程,这个过程需要与配对一起使用,称为配对绑定。

本章将详细解读如何实现主从设备的绑定。首先演示如何在官方蓝牙串口代码中添加设备管理函数及设备绑定和安全认证功能。再通过一小节内容分析整个配对绑定过程原理。

4.2 设备管理与 FDS 文件添加

4.2.1 设备管理需要使能的选项

(1) 需要添加绑定功能。

绑定功能实际上和内存及设备管理相关,如图 4.1 所示,将 nRF_BLE 选项下的 PEER_MANAGER_ENABLE - peer_manager - Peer Manager 勾选。

(2) 需要添加 FDS 存储功能和 CRC 功能。

FDS 存储功能是存储固件时必须使能的功能。CRC 功能是错误校验必须具备的功能。在 sdk_config.h 配置文件中,将 nRF_Libraries 选项下的 FDS_ENABLED - fds - Flash data storage module 和 CRC16_ENABLED - crc16 - CRC16 calculation routines 勾选,如图 4.2 所示。

4.2.2 Peer 绑定功能支持文件的添加

(1) 在 nRF_BLE 文件夹中新添加工程路径 Components\ble\peer_manager 中的所有文件,这些文件主要负责安全管理和配对管理。添加后单击 OK 按钮,形成的工程目录树如图 4.3 所示。

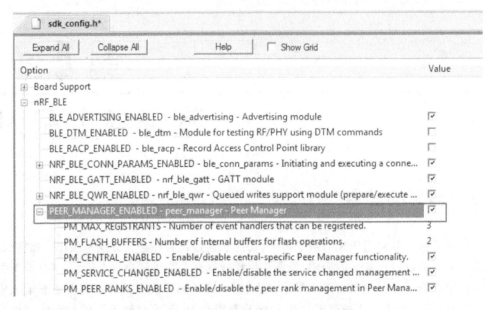

图 4.1 PEER_MANAGER_ENABLE 使能

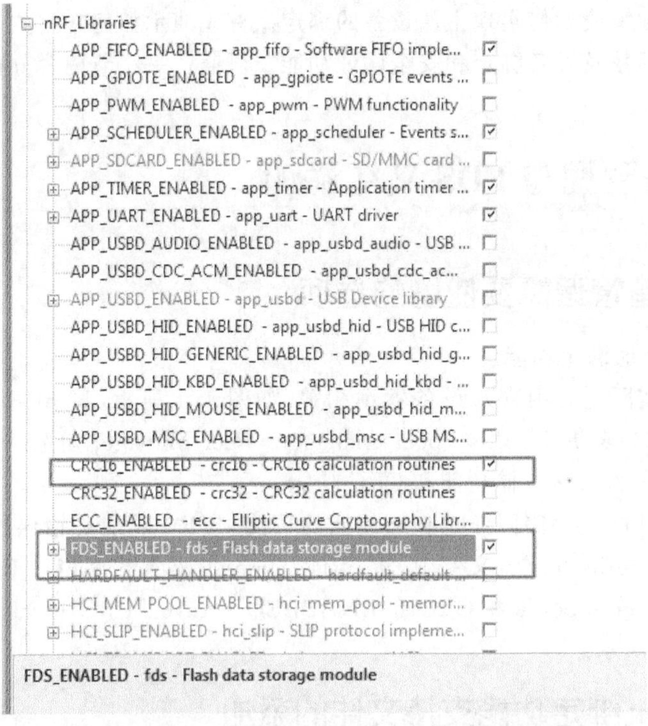

图 4.2 FDS_ENABLE 和 CRC16_ENABLE 的勾选

(2) 在工程中添加工程路径 Components\ble\peer_manager，如图 4.4 所示，添加后单击 OK 按钮：

第 4 章 蓝牙绑定配对

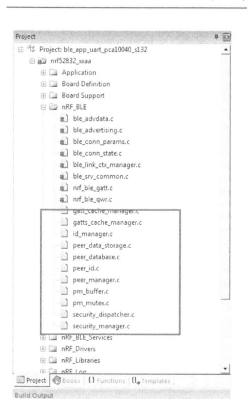

图 4.3　peer_manager 文件的添加

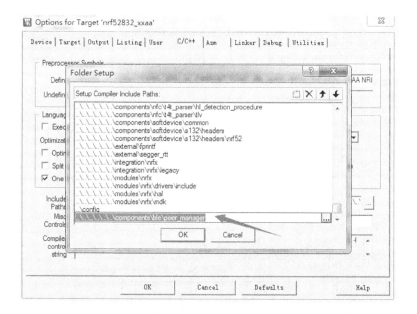

图 4.4　peer_manager 文件路径添加

4.2.3 FDS 和 CRC 支持文件的添加

（1）在 nRF_Libraries 文件夹中新添加工程路径 Components\libraries\fds 里的文件，这些文件主要负责片内 flash 的存储，同时添加工程路径 Components\libraries\crc16 里的文件，这些文件主要负责 CRC 校验。添加后单击 OK 按钮，形成的工程目录树如图 4.5 所示。

图 4.5　FDS 和 CRC 文件添加

（2）在工程的"C/C++"配置中添加工程路径 Components\libraries\fds 和 Components\libraries\crc16，如图 4.6 所示，添加后单击 OK 按钮。

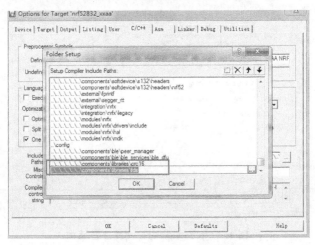

图 4.6　添加 FDS 和 CRC 文件路径

4.3 设备管理代码的实现

本节主要演示如何在官方蓝牙串口代码中添加设备管理函数、设备绑定和安全认证功能。在 4.2 节添加设备管理文件和 FDS 存储文件的基础上,在串口蓝牙主程序 main.c 中,添加如下内容。

4.3.1 头文件的添加

在主函数 main.c 文件最开头,添加如下的头文件,主要包含配对管理和 FDS 存储的驱动模块:

```
01. #include "ble_srv_common.h"
02. #include "peer_manager.h"
03. #include "fds.h"
04. #include "ble_conn_state.h"
05. #include "ble.h"
```

4.3.2 配对管理函数的添加

nRF5x 处理器提供的 SDK 驱动启动库里,专门提供了一个设备匹配管理功能函数 peer_manager_init(),该函数专门用于处理设备匹配和绑定等安全验证操作。相当于第 3 章所讲的设置配对信息,具体函数如下:

```
01. #define SEC_PARAM_BOND              1       //是否绑定
02. #define SEC_PARAM_MITM              1       //是否 MITM 验证
03. #define SEC_PARAM_LESC              0       //是否启动安全链接
04. #define SEC_PARAM_KEYPRESS          0       //是否启用键盘按键通知
05. #define SEC_PARAM_IO_CAPABILITIES   BLE_GAP_IO_CAPS_DISPLAY_ONLY
06. #define SEC_PARAM_OOB               0       //是否需要带外
07. #define SEC_PARAM_MIN_KEY_SIZE      7       //密码的最小长度
08. #define SEC_PARAM_MAX_KEY_SIZE      16      //密码的最大长度
09.
10. //对配对设备初始化
11. static void peer_manager_init(void)
12. {
13.     ble_gap_sec_params_t sec_param;
14.     ret_code_t           err_code;
15.     //初始化 Peer 管理器
16.     err_code = pm_init();
17.     APP_ERROR_CHECK(err_code);
18.
19.     memset(&sec_param, 0, sizeof(ble_gap_sec_params_t));
```

```
20.
21.     //安全配对过程中使用的安全参数
22.     sec_param.bond          = SEC_PARAM_BOND;
23.     sec_param.mitm          = SEC_PARAM_MITM;
24.     sec_param.lesc          = SEC_PARAM_LESC;
25.     sec_param.keypress      = SEC_PARAM_KEYPRESS;
26.     sec_param.io_caps       = SEC_PARAM_IO_CAPABILITIES;
27.     sec_param.oob           = SEC_PARAM_OOB;
28.     sec_param.min_key_size  = SEC_PARAM_MIN_KEY_SIZE;
29.     sec_param.max_key_size  = SEC_PARAM_MAX_KEY_SIZE;
30.     sec_param.kdist_own.enc  = 1;
31.     sec_param.kdist_own.id   = 1;
32.     sec_param.kdist_peer.enc = 1;
33.     sec_param.kdist_peer.id  = 1;
34.     //安全参数设置函数
35.     err_code = pm_sec_params_set(&sec_param);
36.     APP_ERROR_CHECK(err_code);
37.     //Peer 管理器注册 Peer 管理回调处理
38.     err_code = pm_register(pm_evt_handler);
39.     APP_ERROR_CHECK(err_code);
40. }
```

peer_manager_init()函数称为主从对等设备管理初始化函数。该函数的主要功能是设置配对信息，申请对等管理处理回调函数等。设置配对信息具体内容已经在第 3 章详细描述过，这里就不再赘述。下面主要说明初始化对等设备时调用的几个 API 函数，函数的具体介绍如表 4.1～表 4.3 所列。

表 4.1 pm_init()函数

ret_code_t pm_init(void);	
/* 用于初始化对等设备管理的函数 * 在调用任何其他对等管理器函数之前，必须初始化对等管理器	
* 返回值 NRF_SUCCESS	如果初始化成功
* 返回值 NRF_ERROR_INTERNAL	如果发生内部错误

表 4.2 pm_sec_params_set()函数

ret_code_t pm_sec_params_set(ble_gap_sec_params_t * p_sec_params);
/* 函数提供配对和绑定参数，用于配对过程。在调用此函数前，由对方发起的所有绑定过程都将被拒绝。这个函数可以用不同的参数多次调用，但是当 p_sec_params 值为 NULL 时，对等管理器将再次拒绝所有过程
* 参数[in]   p_sec_params 用于后续安全过程的安全参数

续表 4.2

* @retval NRF_SUCCESS	参数设置成功
* @retval NRF_ERROR_INVALID_PARAM	参数组合无效
* @retval NRF_ERROR_INVALID_STATE	没有初始化对等管理器
* @retval NRF_ERROR_INTERNAL	发生内部错误

表 4.3 pm_register() 函数

ret_code_t pm_register(pm_evt_handler_t event_handler);	
/* 该函数用于向 Peer 管理器注册事件处理函数	
* 参数 [in] event_handler peer_manager 模块的事件回调。调用此函数后，Peer 管理器发送每个事件后都会调用 event_handler	
* 返回值 NRF_SUCCESS	初始化成功
* 返回值 NRF_ERROR_NULL	event_handler 为空
* 返回值 NRF_ERROR_NO_MEM	没有更多的注册可以发生
* 返回值 NRF_ERROR_INVALID_STATE	没有初始化 peer 管理器

这 3 个 API 函数完成了 Peer 管理器的初始化、配对安全参数的设置、Peer 管理器回调处理函数的注册。当发生安全验证和配对事件后，事件所触发的操作就交给 Peer 管理器回调处理函数 pm_evt_handler 来处理。Peer 管理器回调处理函数 pm_evt_handler() 通过 pm_register() 函数注册，代码如下：

```
err_code = pm_register(pm_evt_handler);
```

继续在主函数文件代码段里添加 Peer 管理器回调处理函数，代码如下：

```
01. static void pm_evt_handler(pm_evt_t const * p_evt)
02. {
03.     ret_code_t err_code;
04.
05.     switch (p_evt->evt_id)
06.     {   //1.当发生绑定配对连接时
07.         case PM_EVT_BONDED_PEER_CONNECTED:
08.         {
09.             NRF_LOG_INFO("Connected to a previously bonded device.");
10.             // 开始安全配对定时器
11.             err_code = app_timer_start(m_sec_req_timer_id, SECURITY_REQUEST_DELAY,
12.                             NULL);
13.             APP_ERROR_CHECK(err_code);
14.         } break;
15.         //2.当安全连接成功事件发生时
16.         case PM_EVT_CONN_SEC_SUCCEEDED:
17.         {
```

```c
18.     pm_conn_sec_status_t conn_sec_status;
19.     // 检查链接是否经过验证(至少是 MITM)。
20.     err_code = pm_conn_sec_status_get(p_evt->conn_handle, &conn_sec_status);
21.     APP_ERROR_CHECK(err_code);
22.     //如果验证状态上 MITM 保护成功
23.     if (conn_sec_status.mitm_protected)
24.     {
25.         NRF_LOG_INFO("Link secured. Role: %d. conn_handle: %d, Procedure: %d",
26.                      ble_conn_state_role(p_evt->conn_handle),
27.                      p_evt->conn_handle,
28.                      p_evt->params.conn_sec_succeeded.procedure);
29.     }
30.     else
31.     {
32.         // 对等点没有使用 MITM,断开连接
33.         NRF_LOG_INFO("Collector did not use MITM, disconnecting");
34.         //用于检索给定连接句柄的对等点的 ID。
35.         err_code = pm_peer_id_get(m_conn_handle, &m_peer_to_be_deleted);
36.         APP_ERROR_CHECK(err_code);
37.         err_code = sd_ble_gap_disconnect(m_conn_handle,
38.                                         BLE_HCI_REMOTE_USER_TERMINATED_CONNECTION);
39.         APP_ERROR_CHECK(err_code);
40.     }
41. } break;
42. //3.配对安全连接失败,也会断开连接
43. case PM_EVT_CONN_SEC_FAILED:
44. {
45.     NRF_LOG_INFO("Failed to secure connection. Disconnecting.");
46.     err_code = sd_ble_gap_disconnect(m_conn_handle,
47.                                     BLE_HCI_REMOTE_USER_TERMINATED_CONNECTION);
48.     if (err_code != NRF_ERROR_INVALID_STATE)
49.     {
50.         APP_ERROR_CHECK(err_code);
51.     }
52.     m_conn_handle = BLE_CONN_HANDLE_INVALID;
53. } break;
54. //4.产生链接安全配置应答
55. case PM_EVT_CONN_SEC_CONFIG_REQ:
56. {   //拒绝来自已绑定设备的配对请求,避免第二次输入密钥
57.     pm_conn_sec_config_t conn_sec_config = {.allow_repairing = false};
58.     pm_conn_sec_config_reply(p_evt->conn_handle, &conn_sec_config);
59. } break;
60. //5.当 Peer 设备存储失败
```

```
61.        case PM_EVT_STORAGE_FULL:
62.        {
63.            // 在flash上搜集碎片垃圾
64.            err_code = fds_gc();
65.            if (err_code == FDS_ERR_NO_SPACE_IN_QUEUES)
66.            {
67.                // Retry.
68.            }
69.            else
70.            {
71.                APP_ERROR_CHECK(err_code);
72.            }
73.        } break;
74.        //6.当配对剔除成功,重新广播
75.        case PM_EVT_PEERS_DELETE_SUCCEEDED:
76.        {
77.            advertising_start(false);
78.        } break;
79.        .........................................
80.        .........................................
81.        .........................................
82.        case PM_EVT_LOCAL_DB_CACHE_APPLY_FAILED:
83.        case PM_EVT_SERVICE_CHANGED_IND_SENT:
84.        case PM_EVT_SERVICE_CHANGED_IND_CONFIRMED:
85.        default:
86.            break;
87.    }
88. }
```

pm_evt_handler 称为 Peer 管理器回调处理函数,该函数的主要工作是处理 Peer 的管理事件,比如以上代码中:

第 7 行:当发生 PM_EVT_BONDED_PEER_CONNECTED 事件后,会启动一个软件定时器,定时进行时间延迟。

第 16 行:当发生 PM_EVT_CONN_SEC_SUCCEEDED 配对连接成功事件后,检测是否进行了 MITM 安全验证,如果没有验证成功,则断开连接。

第 42 行:当发生 PM_EVT_CONN_SEC_FAILED 配对连接失败事件后,断开连接。

第 55 行:当发生 PM_EVT_CONN_SEC_CONFIG_REQ 事件后,拒绝来自已经绑定设备的配对请求,避免第二次输入密钥。

第 61 行:当发生 PM_EVT_STORAGE_FULL Peer 设备存储失败事件后,在 flash 上搜集碎片垃圾。

第74行：当发生 PM_EVT_PEERS_DELETE_SUCCEEDED 配对剔除绑定事件后，设备重新开始广播。

以上的事件由 peer_manager.c 文件里的设备管理派发函数触发，后面会详细讲述。

4.3.3 安全定时器的添加

配对管理函数添加完成后继续添加代码，因使用安全定时器，需要初始化一个指定ID为 m_sec_req_timer_id 的定时器，代码如下：

```
01. /*设置安全认证的定时器
02.  */
03. static void timers_init(void)//定时器初始化
04. {
05.     ret_code_t err_code = app_timer_init();
06.     APP_ERROR_CHECK(err_code);
07. 
08.     //新增加一个安全定时器
09.     err_code = app_timer_create(&m_sec_req_timer_id,
10.                                 APP_TIMER_MODE_SINGLE_SHOT,
11.                                 sec_req_timeout_handler);
12.     APP_ERROR_CHECK(err_code);
13. }
```

如果定时器定时时间超时，则启动安全认证，安全认证会分配密钥。编写定时器超时函数如下所示：

```
01. static void sec_req_timeout_handler(void * p_context)
02. {
03.     ret_code_t err_code;
04. 
05.     if (m_conn_handle != BLE_CONN_HANDLE_INVALID)
06.     {
07.         //初始化绑定
08.         NRF_LOG_DEBUG("Start encryption");
09.         err_code = pm_conn_secure(m_conn_handle, false);
10.         if (err_code != NRF_ERROR_INVALID_STATE)
11.         {
12.             APP_ERROR_CHECK(err_code);
13.         }
14.     }
15. }
```

上述代码中的 API 函数 pm_conn_secure()是安全认证分配密钥函数。如果第一次绑定,该函数可以根据安全参数设置算法,分配密钥进行配对;如果已经绑定,则调用已存在的密钥进行加密认证。函数介绍如表 4.4 所列。

表 4.4 pm_conn_secure()函数

ret_code_t pm_conn_secure(uint16_t conn_handle, bool force_repairing);	
/* 功能:用于在连接上建立加密的函数,在可选的功能上建立绑定 这个函数对参数 conn_handle 指定的链接进行保护。使用结构 pm_sec_params_set 中设置的参数 * 如果是主设备连接,调用此函数将启动链接上的安全过程。如果从之前的绑定过程中获得的密钥满足当前活动的安全参数中的要求,那么函数将尝试使用已存在的密钥加密。如果不存在保存的密钥,那么函数将尝试根据当前活动的安全参数配对和绑定。如果函数成功加密,则返回 PM_EVT_CONN_SEC_START 事件。这个认证过程可能会排队,在这种情况下,PM_EVT_CONN_SEC_START 事件会延迟,直到在协议栈中启动这个认证过程 * 如果是从设备连接,函数将向对等端(主)发送安全请求,由对等端开始配对或加密。如果对等端忽略请求,状态 BLE_GAP_EVT_AUTH_STATUS 事件将与状态 BLE_GAP_SEC_STATUS_TIMEOUT 事件一起发生。否则,对等端就会启动安全性,在这种情况下,事情的发生就好像对等端自己启动了安全性一样 * 有关 peer-initiated 安全性的信息,请参考 PM_EVT_CONN_SEC_START	
* 参数[in]　conn_handle	协议栈提供的链路的连接句柄
* 参数[in]　force_repairing	是否强制执行配对过程,即使存在加密密钥。只与中心角色有关。推荐值:false
* 返回值 NRF_SUCCESS	操作成功完成
* 返回值 NRF_ERROR_BUSY	链接上的安全过程已经在进行中,或者该链接正在断开连接
* 返回值 NRF_ERROR_TIMEOUT	存在 SMP 超时,则在此链接上不能执行更多的安全操作
* 返回值 BLE_ERROR_INVALID_CONN_HANDLE	连接句柄无效
* 返回值 NRF_ERROR_NOT_FOUND	没有设置安全参数,可以通过参数 pm_sec_params_set 或 @ref pm_conn_sec_params_reply 设置
* 返回值 NRF_ERROR_INVALID_DATA	对等连接,但是在存储的绑定数据中没有发现 LTK。请求不被接受
* 返回值 NRF_ERROR_STORAGE_FULL	在存储中没有更多的空间
* 返回值 NRF_ERROR_NO_MEM	不能为给定的角色并行运行更多的身份验证过程。请参考函数 sd_ble_gap_authenticate
* 返回值 NRF_ERROR_INVALID_STATE	没有初始化 Peer 管理器
* 返回值 NRF_ERROR_INTERNAL	发生内部错误

4.3.4　蓝牙事件处理函数与剔除绑定函数

修改 main.c 文件中的蓝牙处理事件,代码如下所示:

```
01. static void ble_evt_handler(ble_evt_t const * p_ble_evt, void * p_context)
                                                                //蓝牙处理事件
02. {
03.     uint32_t err_code;
```

```
04.
05.     switch(p_ble_evt->header.evt_id)
06.     {                   //GAP 连接事件时
07.         case BLE_GAP_EVT_CONNECTED:
08.             NRF_LOG_INFO("Connected");
09.             err_code = bsp_indication_set(BSP_INDICATE_CONNECTED);
10.             APP_ERROR_CHECK(err_code);
11.             m_conn_handle = p_ble_evt->evt.gap_evt.conn_handle;
12.             err_code = nrf_ble_qwr_conn_handle_assign(&m_qwr, m_conn_handle);
13.             APP_ERROR_CHECK(err_code);
14.             // 新增加启动安全请求计时器
15.             err_code = app_timer_start(m_sec_req_timer_id,
16.                                 SECURITY_REQUEST_DELAY, NULL);
17.             APP_ERROR_CHECK(err_code);
18.             break;
19.
20.         case BLE_GAP_EVT_DISCONNECTED:
21.             NRF_LOG_INFO("Disconnected");
22.             // LED indication will be changed when advertising starts.
23.             m_conn_handle = BLE_CONN_HANDLE_INVALID;
24.             // 新增加检查上一个连接的对等端是否没有使用 MITM,如果使用,删除它的
                   绑定信息
25.             if (m_peer_to_be_deleted != PM_PEER_ID_INVALID)
26.             {
27.                 err_code = pm_peer_delete(m_peer_to_be_deleted);
28.                 APP_ERROR_CHECK(err_code);
29.                 NRF_LOG_DEBUG("Collector's bond deleted");
30.                 m_peer_to_be_deleted = PM_PEER_ID_INVALID;
31.             }
32.             break;
33.
34.             ...........................................
35.             ...........................................
36.
37.         case BLE_GAP_EVT_PASSKEY_DISPLAY://新增加密钥显示,采用动态密钥
38.         {
39.             char passkey[PASSKEY_LENGTH + 1];
40.             memcpy(passkey, p_ble_evt->evt.gap_evt.params.passkey_display.pass-
                       key, PASSKEY_LENGTH);
41.             passkey[PASSKEY_LENGTH] = 0;
42.             // Don't send delayed Security Request if security procedure is already in
                   progress.
43.             err_code = app_timer_stop(m_sec_req_timer_id);
44.             APP_ERROR_CHECK(err_code);
```

```
45.            NRF_LOG_INFO("Passkey: % s", nrf_log_push(passkey));
46.        } break;
47.
48.        default:
49.            // No implementation needed.
50.            break;
51.    }
52. }
```

为了方便第二次绑定相同设备,可以设置连接时,先剔除之前的绑定信息,只保存配对信息。下次连接相同设备时就可以进行第二次绑定,再次保存配对信息。编写剔除绑定的函数代码如下所示,主要是调用 Peer 管理库中的 pm_peer_delet() 函数。

```
01. /**从存储设备中清除绑定
02.  */
03. static void delete_bonds(void)
04. {
05.     ret_code_t err_code;
06.
07.     NRF_LOG_INFO("Erase bonds!");
08.
09.     err_code = pm_peers_delete();
10.     APP_ERROR_CHECK(err_code);
11. }
```

广播开始时,判断是否需要剔除绑定,如果不需要剔除绑定,则开始广播;否则进行广播剔除。

```
01. static void advertising_start(bool erase_bonds)
02. {
03. //     uint32_t err_code = ble_advertising_start(&m_advertising, BLE_ADV_MODE_FAST);
04. //     APP_ERROR_CHECK(err_code);
05.     if (erase_bonds == true)
06.     {
07.         delete_bonds();
08.         // Advertising is started by PM_EVT_PEERS_DELETE_SUCCEEDED event.
09.     }
10.     else
11.     {
12.         ret_code_t err_code = ble_advertising_start(&m_advertising, BLE_ADV_MODE_FAST);
13.         APP_ERROR_CHECK(err_code);
14.     }
15. }
```

4.3.5 蓝牙任务安全等级设置

需在私有服务代码 ble_nus.c 文件中修改服务的安全等级设置。首先，需修改串口 RX 特征值的安全设置，RX 特征设置为"写"，因此安全属性中"写"设置为需要验证，如 BLE_GAP_CONN_SEC_MODE_SET_ENC_NO_MITM(&attr_md.write_perm)，具体代码如下：

```
28. static uint32_t rx_char_add(ble_nus_t * p_nus, const ble_nus_init_t * p_nus_init)
29. {
30.     ble_gatts_char_md_t char_md;
31.     ble_gatts_attr_t    attr_char_value;
32.     ble_uuid_t          ble_uuid;
33.     ble_gatts_attr_md_t attr_md;
34.
35.     char_md.char_props.write         = 1;
36.     char_md.char_props.write_wo_resp = 1;
37.     char_md.p_char_user_desc  = NULL;
38.     char_md.p_char_pf         = NULL;
39.     char_md.p_user_desc_md    = NULL;
40.     char_md.p_cccd_md         = NULL;
41.     char_md.p_sccd_md         = NULL;
42.     ......
43.     BLE_GAP_CONN_SEC_MODE_SET_OPEN(&attr_md.read_perm);
44.     BLE_GAP_CONN_SEC_MODE_SET_ENC_NO_MITM(&attr_md.write_perm);
45.     ......
46.     return sd_ble_gatts_characteristic_add(p_nus->service_handle,
47.                                            &char_md,
48.                                            &attr_char_value,
49.                                            &p_nus->rx_handles);
50. }
```

TX 链路也需要加密。TX 链接属于通知属性，包含 CCCD 使能和从机数据写，因此需要对 CCCD 的"写"和特征值"写"进行加密认证，代码如下：

```
32. static uint32_t tx_char_add(ble_nus_t * p_nus, ble_nus_init_t const * p_nus_init)
33. {
34.     /**@snippet [Adding proprietary characteristic to the SoftDevice] */
35.     ble_gatts_char_md_t char_md;
36.     ble_gatts_attr_md_t cccd_md;
37.     ble_gatts_attr_t    attr_char_value;
38.     ble_uuid_t          ble_uuid;
39.     ble_gatts_attr_md_t attr_md;
40.     ......
41.
42.     BLE_GAP_CONN_SEC_MODE_SET_OPEN(&cccd_md.read_perm);
```

```
43.     BLE_GAP_CONN_SEC_MODE_SET_ENC_NO_MITM(&cccd_md.write_perm);
44.     ........................................
45.
46.     char_md.char_props.notify = 1;
47.     char_md.p_char_user_desc  = NULL;
48.     char_md.p_char_pf         = NULL;
49.     char_md.p_user_desc_md    = NULL;
50.     char_md.p_cccd_md         = &cccd_md;
51.     char_md.p_sccd_md         = NULL;
52.     ........................................
53.
54.     BLE_GAP_CONN_SEC_MODE_SET_OPEN(&attr_md.read_perm);
55.     BLE_GAP_CONN_SEC_MODE_SET_ENC_NO_MITM(&attr_md.write_perm);
56.     ........................................
57.
58.     return sd_ble_gatts_characteristic_add(p_nus->service_handle,
59.                                            &char_md,
60.                                            &attr_char_value,
61.                                            &p_nus->tx_handles);
62.     /**@snippet [Adding proprietary characteristic to the SoftDevice] */
```

最后,在主函数中,先添加安全定时器初始化函数,再添加设备管理函数,广播开始函数改成 advertising_start(true),其他部分可以保持不变,代码如下:

```
01. int main(void)
02. {
03.     bool erase_bonds;
04.
05.     //初始化过程
06.     uart_init();
07.     log_init();
08.     timers_init();//添加安全定时器
09.     ........................
10.     ........................
11.     peer_manager_init();//添加设备管理函数
12.     // Start execution.
13.     printf("\r\nUART started.\r\n");
14.     NRF_LOG_INFO("Debug logging for UART over RTT started.");
15.     advertising_start(true);
16.
17.     // Enter main loop.
18.     for (;;)
19.     {
20.         idle_state_handle();
21.     }
22. }
```

编写完成后,就在蓝牙串口代码工程上成功添加了配对绑定功能。官方为了方便工程师实现配对和绑定功能,提供了一个专门设备管理库。下面深入地分析了官方的设备管理函数是如何实现绑定和配对的。

4.4 配对绑定实现原理分析

为了简化密钥生产和配对绑定过程,官方提供了专业的函数库。

实际上配对绑定的过程就是在第 3 章所述配对过程中加入绑定,绑定后再进行安全认证,其流程为:

发起连接→申请认证→密钥配对→保存认证信息→下次直接连接

注:下面具体讨论配置过程时涉及的代码比较多,其中需要读者在工程里添加的代码以文字形式展开,不需要添加而是直接调用的官方库代码以图片形式展开。

4.4.1 设备管理初始化

首先在 main. c 文件中调用 peer_manager_init()函数,这个函数中包含三部分:

① 使用 pm_init()初始化配对设备。

② 使用 pm_sec_params_set(&sec_param)函数设置安全配对参数和算法。

③ 使用 pm_register(pm_evt_handler)注册安全配对绑定回调函数。

代码如图 4.7 所示。

```
static void peer_manager_init(void)
{
    ble_gap_sec_params_t sec_param;
    ret_code_t           err_code;

    err_code = pm_init();
    APP_ERROR_CHECK(err_code);

    memset(&sec_param, 0, sizeof(ble_gap_sec_params_t));

    // Security parameters to be used for all security procedures.
    sec_param.bond              = SEC_PARAM_BOND;
    sec_param.mitm              = SEC_PARAM_MITM;
    sec_param.lesc              = SEC_PARAM_LESC;
    sec_param.keypress          = SEC_PARAM_KEYPRESS;
    sec_param.io_caps           = SEC_PARAM_IO_CAPABILITIES;
    sec_param.oob               = SEC_PARAM_OOB;
    sec_param.min_key_size      = SEC_PARAM_MIN_KEY_SIZE;
    sec_param.max_key_size      = SEC_PARAM_MAX_KEY_SIZE;
    sec_param.kdist_own.enc     = 1;
    sec_param.kdist_own.id      = 1;
    sec_param.kdist_peer.enc    = 1;
    sec_param.kdist_peer.id     = 1;

    err_code = pm_sec_params_set(&sec_param);
    APP_ERROR_CHECK(err_code);

    err_code = pm_register(pm_evt_handler);
    APP_ERROR_CHECK(err_code);
}
```

1. 配对设备初始化

2. 配对安全参数设置

3. 配对安全事件回调注册

图 4.7 配对管理函数

第4章 蓝牙绑定配对

关于配置安全参数和安全算法，在第3章的配对内容里详细讲解过，注册的安全配对回调函数 pm_evt_handler 在4.3节已经提过。进入到 pm_init()函数内部查看，其代码如图4.8所示。

```
293   ret_code_t pm_init(void)
294   {
295       ret_code_t err_code;
296
297       err_code = pds_init();//配对存储的初始化
298       if (err_code != NRF_SUCCESS)
299       {
300           return NRF_ERROR_INTERNAL;
301       }
302
303       err_code = pdb_init();//配对数据格式初始化
304       if (err_code != NRF_SUCCESS)
305       {
306           return NRF_ERROR_INTERNAL;
307       }
308
309       err_code = sm_init();//初始化安全管理模块
310       if (err_code != NRF_SUCCESS)
311       {
312           return NRF_ERROR_INTERNAL;
313       }
314
315       err_code = smd_init();//初始化安全调度模块
316       if (err_code != NRF_SUCCESS)
317       {
318           return NRF_ERROR_INTERNAL;
319       }
320
321       err_code = gcm_init();//初始化GATT缓存管理器模块
322       if (err_code != NRF_SUCCESS)
323       {
324           return NRF_ERROR_INTERNAL;
325       }
326
327       err_code = gscm_init();//初始化GATT服务缓存管理器模块
328       if (err_code != NRF_SUCCESS)
329       {
330           return NRF_ERROR_INTERNAL;
331       }
```

图4.8 pm_init()函数

pm_init()函数内部实现了初始化配对存储、初始化配对数据格式、初始化安全管理模块、初始化安全调度模块、初始化GATT缓存管理器模块、初始化GATT服务缓存管理器模块、初始化标识管理器等功能。比如打开 pds_init()函数，该函数包含注册FDS模块、初始化FDS等功能，FDS用于后面存储绑定和配对信息过程。具体代码如图4.9所示。

4.4.2 发起连接

初始化配对设备后，配对绑定的优先级最高。当有连接发生时，蓝牙事件首先触发蓝牙事件回调 ble_evt_handler(ble_evt_t const * p_ble_evt, void * p_context)函数，这个函数位于 peer_manager.c 文件中，代码如下：

```
340  ret_code_t pds_init()
341  {
342      ret_code_t ret;
343  
344      // Check for re-initialization if debugging.
345      NRF_PM_DEBUG_CHECK(!m_module_initialized);
346  
347      ret = fds_register(fds_evt_handler);          1.注册fds
348      if (ret != NRF_SUCCESS)
349      {
350          return NRF_ERROR_INTERNAL;
351      }
352  
353      ret = fds_init();                              2.fds初始化
354      if (ret != NRF_SUCCESS)
355      {
356          return NRF_ERROR_STORAGE_FULL;
357      }
358  
359      peer_id_init();                                3.配对ID初始化
360      peer_ids_load();
361  
362      m_module_initialized = true;
363  
364      return NRF_SUCCESS;
365  }
```

图 4.9　pds_init()函数

```
01. static void ble_evt_handler(ble_evt_t const * p_ble_evt, void * p_context)
02. {
03.     VERIFY_MODULE_INITIALIZED_VOID();
04.     //配对事件处理函数
05.     im_ble_evt_handler(p_ble_evt);
06.     //安全连接事件处理函数
07.     sm_ble_evt_handler(p_ble_evt);
08.     //缓存管理事件处理函数
09.     gcm_ble_evt_handler(p_ble_evt);
10. }
11. //观察者函数,回调函数为 ble_evt_handler
12. NRF_SDH_BLE_OBSERVER(m_ble_evt_observer, PM_BLE_OBSERVER_PRIO, ble_evt_handler,
13.                      NULL);
```

ble_evt_handler(ble_evt_t const * p_ble_evt, void * p_context)函数内部包含三个派发子函数,在连接时依次运行,分别为:

- im_ble_evt_handler(p_ble_evt)配对事件函数。
- sm_ble_evt_handler(p_ble_evt)安全连接函数。
- gcm_ble_evt_handler(p_ble_evt)分派协议栈事件到 GATT 缓存管理器模块函数。

这三个处理函数依次运行一遍。展开配对事件函数,代码如下:

```
01. void im_ble_evt_handler(ble_evt_t const * ble_evt)
02. {
```

```
03.    ble_gap_evt_t gap_evt;
04.    pm_peer_id_t   bonded_matching_peer_id;
05.
06.    ………………………………
07.    ………………………………
08.
09.        switch (gap_evt.params.connected.peer_addr.addr_type)
10.        {
11.            case BLE_GAP_ADDR_TYPE_PUBLIC:
12.    //MAC 地址类型,如果是随机静态地址
13.            case BLE_GAP_ADDR_TYPE_RANDOM_STATIC:
14.            {   //更新绑定数据
15.                while (pds_peer_data_iterate(PM_PEER_DATA_ID_BONDING, &peer_id,
                        &peer_data))
16.                {
17.    //如果连接地址和绑定地址数据类型一致,则把连接地址赋值给绑定
       地址
18.                    if (addr_compare(&gap_evt.params.connected.peer_addr,
                            &peer_data.p_bonding_data->peer_ble_id.id_addr_info))
19.                    {
20.                        bonded_matching_peer_id = peer_id;//赋值绑定 ID
21.                        break;
22.                    }
23.                }
24.            }
25.            break;
26.    //如果是私密地址
27.            case BLE_GAP_ADDR_TYPE_RANDOM_PRIVATE_RESOLVABLE:
28.            {
29.                while (pds_peer_data_iterate(PM_PEER_DATA_ID_BONDING, &peer_id,
                        &peer_data))
30.                {
31.    //解析连接配对地址赋值给绑定的地址
32.                    if (im_address_resolve(&gap_evt.params.connected.peer_addr,
                            &peer_data.p_bonding_data->peer_ble_id.id_info))
33.                    {
34.                        bonded_matching_peer_id = peer_id;//赋值绑定 ID
35.                        break;
36.                    }
37.                }
38.            }
39.            break;
40.
```

```
41.         default:
42.             NRF_PM_DEBUG_CHECK(false);
43.             break;
44.     }
45. }
46. //新连接使用绑定的地址
47. uint8_t new_index = new_connection(gap_evt.conn_handle,
48.                                     &gap_evt.params.connected.peer_addr);
49. UNUSED_VARIABLE(new_index);
50.
51. if (bonded_matching_peer_id != PM_PEER_ID_INVALID)
52. {
53.     im_new_peer_id(gap_evt.conn_handle, bonded_matching_peer_id);
54.     //
55.     pm_evt_t im_evt;
56.     im_evt.conn_handle = gap_evt.conn_handle;
57.     im_evt.peer_id     = bonded_matching_peer_id;
58.     im_evt.evt_id      = PM_EVT_BONDED_PEER_CONNECTED;//发送配对连接事件
59.     evt_send(&im_evt);
60. }
61. }
```

配对事件函数用于处理主机连接的 MAC 地址，并且把连接的 MAC 地址复制给配对数据中的地址空间。如果分配了配对 ID，就发送 PM_EVT_BONDED_PEER_CONNECTED 配对连接事件。但是要注意，第一次运行时不会有 MAC 地址的存储。配对时连接的 MAC 地址存储必须在安全验证运行后才能进入，也就是说后面认证绑定成功后，第二次连接时才会进入 bonded_matching_peer_id 的赋值，第一次运行时肯定是无效的。

安全连接函数 sm_ble_evt_handler(p_ble_evt)代码如图 4.10 所示。

```
498  void sm_ble_evt_handler(ble_evt_t const * p_ble_evt)
499  {
500      NRF_PM_DEBUG_CHECK(p_ble_evt != NULL);
501
502      smd_ble_evt_handler(p_ble_evt);
503      (void) ble_conn_state_for_each_set_user_flag(m_flag_link_secure_pending_busy,
504                                                   link_secure_pending_handle,
505                                                   NULL);
506  }
507
```

图 4.10　sm_ble_evt_handler(p_ble_evt)函数

安全连接函数调用了 smd_ble_evt_handle(p_ble_evt)安全事件回调处理函数，代码如图 4.11 所示。

安全事件回调处理函数是当有安全认证事件发生时所做对应处理。比如，如果启

```
1079  void smd_ble_evt_handler(ble_evt_t const * p_ble_evt)//安全事件
1080  {
1081      switch (p_ble_evt->header.evt_id)
1082      {
1083          case BLE_GAP_EVT_DISCONNECTED:
1084              disconnect_process(&(p_ble_evt->evt.gap_evt));
1085              break;
1086
1087          case BLE_GAP_EVT_SEC_PARAMS_REQUEST:
1088              sec_params_request_process(&(p_ble_evt->evt.gap_evt));
1089              break;
1090
1091          case BLE_GAP_EVT_SEC_INFO_REQUEST:
1092              sec_info_request_process(&(p_ble_evt->evt.gap_evt));
1093              break;
1094
1095  #if PM_CENTRAL_ENABLED
1096          case BLE_GAP_EVT_SEC_REQUEST:
1097              sec_request_process(&(p_ble_evt->evt.gap_evt));
1098              break;
1099  #endif
1100
1101          case BLE_GAP_EVT_AUTH_STATUS:
1102              auth_status_process(&(p_ble_evt->evt.gap_evt));
1103              break;
1104
1105          case BLE_GAP_EVT_CONN_SEC_UPDATE:
1106              conn_sec_update_process(&(p_ble_evt->evt.gap_evt));
1107              break;
1108      };
1109  }
```

图 4.11　触发安全事件回调

动了安全验证，并且验证通过了，就会进入 BLE_GAP_EVT_AUTH_STATUS 状态，通过函数 auth_status_process()存储配对参数。

4.4.3　申请安全认证

在 main.c 中，蓝牙协议栈也有一个蓝牙事件处理函数，代码如下所示，该事件处理的优先级为 3，低于 Peer 管理函数里蓝牙事件处理函数的优先级，所以运行完 Peer 管理函数里蓝牙事件处理函数，再运行该事件处理函数：

```
01. static void ble_stack_init(void)//协议栈初始化
02. {
03.     ret_code_t err_code;
04.     ………………
05.     ………………
06.     //使能协议栈
07.     err_code = nrf_sdh_ble_enable(&ram_start);
08.     APP_ERROR_CHECK(err_code);
09.
10.     //注册蓝牙事件处理函数，优先级别 APP_BLE_OBSERVER_PRIO 为 3
11.     NRF_SDH_BLE_OBSERVER(m_ble_observer, APP_BLE_OBSERVER_PRIO, ble_evt_handler,
                             NULL);
12. }
```

用手机发起连接后,会启动之前设置的安全定时器,开始定时,延迟一段时间。保证主机和从机发起连接的延迟,代码如下:

```
01. static void ble_evt_handler(ble_evt_t const * p_ble_evt, void * p_context)
                                                                    //蓝牙处理事件
02. {
03.     uint32_t err_code;
04.
05.     switch (p_ble_evt->header.evt_id)
06.     {
07.         case BLE_GAP_EVT_CONNECTED:
08.             NRF_LOG_INFO("Connected");
09.             err_code = bsp_indication_set(BSP_INDICATE_CONNECTED);
10.             APP_ERROR_CHECK(err_code);
11.             m_conn_handle = p_ble_evt->evt.gap_evt.conn_handle;
12.             err_code = nrf_ble_qwr_conn_handle_assign(&m_qwr, m_conn_handle);
13.             APP_ERROR_CHECK(err_code);
14.             //新增,开启安全定时器
15.             err_code = app_timer_start(m_sec_req_timer_id, SECURITY_REQUEST_DELAY,
16.                             NULL);
17.             APP_ERROR_CHECK(err_code);
18.             break;
19.             ...............
20.             ...............
21.     }
22. }
```

定时器时间到,则启动设备安全认证,代码如下:

```
01. static void sec_req_timeout_handler(void * p_context)
02. {
03.     ret_code_t err_code;
04.
05.     if (m_conn_handle != BLE_CONN_HANDLE_INVALID)
06.     {
07.         //启动设备安全认证
08.         NRF_LOG_DEBUG("Start encryption");
09.         err_code = pm_conn_secure(m_conn_handle, false);
10.         if (err_code != NRF_ERROR_INVALID_STATE)
11.         {
12.             APP_ERROR_CHECK(err_code);
13.         }
14.     }
15. }
```

安全认证 pm_conn_secure()函数中启动链路安全处理函数 sm_link_secure(),代码如图 4.12 所示。

```
383
384   ret_code_t pm_conn_secure(uint16_t conn_handle, bool force_repairing)
385   {
386       VERIFY_MODULE_INITIALIZED();
387
388       ret_code_t err_code;
389
390       err_code = sm_link_secure(conn_handle, force_repairing);
391
392       if (err_code == NRF_ERROR_INVALID_STATE)
393       {
394           err_code = NRF_ERROR_BUSY;
395       }
396
397       return err_code;
398   }
```

图 4.12 安全认证函数

链路认证安全函数 sm_link_secure()中,继续调用函数 link_secure()链路安全函数,代码如图 4.13 所示。

```
665
666   ret_code_t sm_link_secure(uint16_t conn_handle, bool force_repairing)
667   {
668       ret_code_t ret;
669
670       NRF_PM_DEBUG_CHECK(m_module_initialized);
671
672       ret = link_secure(conn_handle, false, force_repairing, false);
673       return ret;
674   }
```

图 4.13 链路认证安全函数

在 link_secure()链路安全函数中,进一步调用 smd_link_secure()函数,具体代码如图 4.14 所示。

链路安全认证里,根据设备角色是主机还是从机,进行不同的处理。如为从机,则会触发设置从机安全认证,具体代码如图 4.15 所示。

在从机安全认证里调用了第 3 章配对内容里所说的 GAP 验证过程函数 sd_ble_gap_authenticate,代码如图 4.16 所示。

4.4.4 配对与配对信息绑定

安全认证完成,下一步是在发生安全参数应答事件时,发起配对请求,交换配对信息,代码如图 4.17 所示。

接着就是本例——采用动态密钥,需在配置 BLE_GAP_EVT_PASSKEY_DISPLAY 事件后,用 RTT 输出协议栈自动产生的随机密钥 evt.gap_evt.params.passkey_

```
250    static ret_code_t link_secure(uint16_t conn_handle,
251                                  bool     null_params,
252                                  bool     force_repairing,
253                                  bool     send_events)
254    {
255        ret_code_t               err_code;
256        ret_code_t               return_err_code;
257        ble_gap_sec_params_t * p_sec_params;
258
259        if (null_params)
260        {
261            p_sec_params = NULL;
262        }
263        else
264        {
277            err_code = smd_link_secure(conn_handle, p_sec_params, force_repairing);
278
279        flags_set_from_err_code(conn_handle, err_code, false);
280
281        switch (err_code)
282        {
```

图 4.14　链路安全函数

```
1055   ret_code_t smd_link_secure(uint16_t conn_handle,
1056                              ble_gap_sec_params_t * p_sec_params,
1057                              bool     force_repairing)
1058   {
1059       NRF_PM_DEBUG_CHECK(m_module_initialized);
1060
1061       uint8_t role = ble_conn_state_role(conn_handle);
1062
1063       switch (role)
1064       {
1065   #if PM_CENTRAL_ENABLED
1066           case BLE_GAP_ROLE_CENTRAL:
1067               return link_secure_central(conn_handle, p_sec_params, force_repairing);
1068   #endif
1069
1070           case BLE_GAP_ROLE_PERIPH:
1071               return link_secure_peripheral(conn_handle, p_sec_params);//发起从机安全认证
1072
1073           default:
1074               return BLE_ERROR_INVALID_CONN_HANDLE;
1075       }
1076   }
```

图 4.15　发起从机安全认证

```
1040   /**@brief Function for asking the central to secure the link. See @ref smd_link_secure for more info.
1041    */
1042   static ret_code_t link_secure_peripheral(uint16_t conn_handle, ble_gap_sec_params_t * p_sec_params)
1043   {
1044       ret_code_t err_code = NRF_SUCCESS;
1045
1046       if (p_sec_params != NULL)
1047       {
1048           err_code = sd_ble_gap_authenticate(conn_handle, p_sec_params);
1049       }
1050
1051       return err_code;
1052   }
```

图 4.16　从机安全认证函数

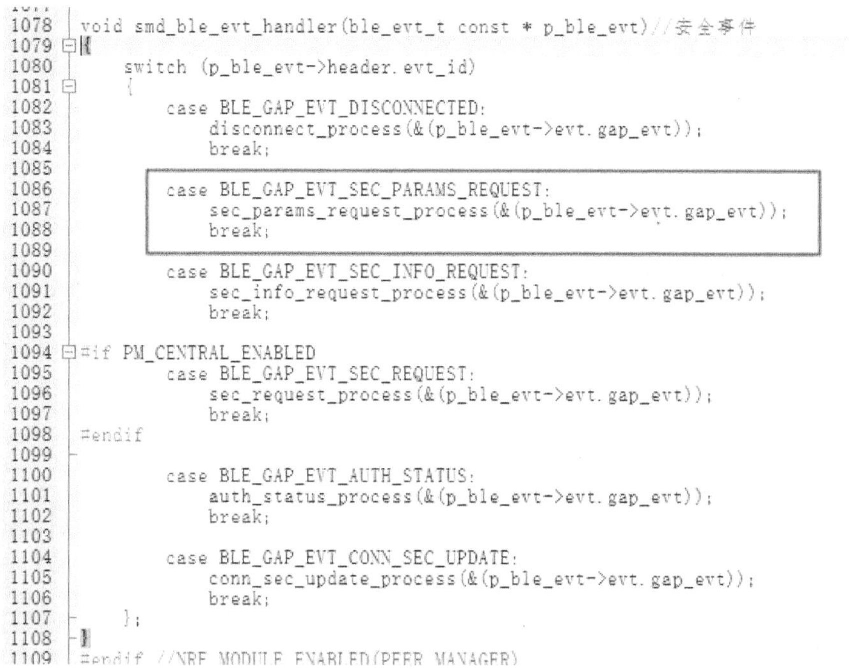

```
1078   void smd_ble_evt_handler(ble_evt_t const * p_ble_evt)//安全事件
1079   {
1080       switch (p_ble_evt->header.evt_id)
1081       {
1082           case BLE_GAP_EVT_DISCONNECTED:
1083               disconnect_process(&(p_ble_evt->evt.gap_evt));
1084               break;
1085
1086           case BLE_GAP_EVT_SEC_PARAMS_REQUEST:
1087               sec_params_request_process(&(p_ble_evt->evt.gap_evt));
1088               break;
1089
1090           case BLE_GAP_EVT_SEC_INFO_REQUEST:
1091               sec_info_request_process(&(p_ble_evt->evt.gap_evt));
1092               break;
1093
1094   #if PM_CENTRAL_ENABLED
1095           case BLE_GAP_EVT_SEC_REQUEST:
1096               sec_request_process(&(p_ble_evt->evt.gap_evt));
1097               break;
1098   #endif
1099
1100           case BLE_GAP_EVT_AUTH_STATUS:
1101               auth_status_process(&(p_ble_evt->evt.gap_evt));
1102               break;
1103
1104           case BLE_GAP_EVT_CONN_SEC_UPDATE:
1105               conn_sec_update_process(&(p_ble_evt->evt.gap_evt));
1106               break;
1107       };
1108   }
1109   #endif //NRF_MODULE_ENABLED(PEER_MANAGER)
```

图 4.17　触发安全参数应答事件

display.passkey[i]作为动态密钥,因此在主函数 main.c 文件中的 ble_evt_handler 函数中,添加如下代码:

```
01. static void ble_evt_handler(ble_evt_t const * p_ble_evt, void * p_context)
                                                                    //蓝牙处理事件
02. {
03.     uint32_t err_code;
04.
05.     switch (p_ble_evt ->header.evt_id)
06.     {
07.         ................
08.         ................
09.         case BLE_GAP_EVT_PASSKEY_DISPLAY://新增加密钥配置,采用随机密钥
10.         {
11.             char passkey[PASSKEY_LENGTH + 1];
12.             memcpy(passkey, p_ble_evt ->evt.gap_evt.params.passkey_display.passkey,
13.                 PASSKEY_LENGTH);
14.             passkey[PASSKEY_LENGTH] = 0;
15.             //如果安全认证进行中,则停止安全请求延迟
16.             err_code = app_timer_stop(m_sec_req_timer_id);
17.             APP_ERROR_CHECK(err_code);
18.             NRF_LOG_INFO("Passkey: % s", nrf_log_push(passkey));
```

```
19.         } break;
20.
21.         default:
22.             // No implementation needed.
23.             break;
24.     }
25. }
```

最后:GAP 链路认证状态,如果认证不成功,则断开连接;如果认证成功,则正常连接。但是要注意,在这一步之前,需要绑定配对后的 MAC 地址及存储绑定参数。在函数 sm_ble_evt_handler(p_ble_evt)中,如果通过协议栈底层安全认证,则蓝牙事件会进入 BLE_GAP_EVT_AUTH_STATUS 状态,此时通过函数 auth_status_process 存储配对参数,代码如图 4.18 和图 4.19 所示。

```
1078  void smd_ble_evt_handler(ble_evt_t const * p_ble_evt)//安全事件
1079  {
1080      switch (p_ble_evt->header.evt_id)
1081      {
1082          case BLE_GAP_EVT_DISCONNECTED:
1083              disconnect_process(&(p_ble_evt->evt.gap_evt));
1084              break;
1085
1086          case BLE_GAP_EVT_SEC_PARAMS_REQUEST:
1087              sec_params_request_process(&(p_ble_evt->evt.gap_evt));
1088              break;
1089
1090          case BLE_GAP_EVT_SEC_INFO_REQUEST:
1091              sec_info_request_process(&(p_ble_evt->evt.gap_evt));
1092              break;
1093
1094  #if PM_CENTRAL_ENABLED
1095          case BLE_GAP_EVT_SEC_REQUEST:
1096              sec_request_process(&(p_ble_evt->evt.gap_evt));
1097              break;
1098  #endif
1099
1100          case BLE_GAP_EVT_AUTH_STATUS:
1101              auth_status_process(&(p_ble_evt->evt.gap_evt));
1102              break;
1103
1104          case BLE_GAP_EVT_CONN_SEC_UPDATE:
1105              conn_sec_update_process(&(p_ble_evt->evt.gap_evt));
1106              break;
1107      };
1108  }
```

图 4.18 触发 GAP 链路认证状态事件

其中 auth_status_success_process 函数称为认证成功处理过程,当安全认证成功后,会进入该函数,存储认证的链接数据,具体代码如下:

```
01. static void auth_status_success_process(ble_gap_evt_t const * p_gap_evt)
                                                              //安全认识过程
02. {
03.     ret_code_t      err_code     = NRF_SUCCESS;
04.     uint16_t        conn_handle  = p_gap_evt->conn_handle;
```

```
595  static void auth_status_process(ble_gap_evt_t const * p_gap_evt)
596  {
597      switch (p_gap_evt->params.auth_status.auth_status)
598      {
599          case BLE_GAP_SEC_STATUS_SUCCESS:
600              auth_status_success_process(p_gap_evt);
601              break;
602
603          default:
604              auth_status_failure_process(p_gap_evt);
605              break;
606      }
607  }
```

图 4.19 触发 BLE_GAP_EVT_AUTH_STATUS 状态

```
05.    pm_peer_id_t        peer_id    = im_peer_id_get_by_conn_handle(conn_handle);
06.    pm_peer_id_t        new_peer_id = peer_id;
07.    pm_peer_data_t      peer_data;
08.    bool                data_stored = false;
09.
10.    ble_conn_state_user_flag_set(conn_handle, m_flag_sec_proc, false);

12.    if (p_gap_evt->params.auth_status.bonded)
13.    {
14.        pm_peer_id_t duplicate_peer_id = PM_PEER_ID_INVALID;//如果配对ID是无效的
15.        data_stored = true;//初始化认为绑定存储标志为真,表示可以存储绑定该数据
16.        //检索绑定ID
17.        err_code = pdb_write_buf_get(peer_id, PM_PEER_DATA_ID_BONDING, 1, &peer_data);
18.        if (err_code != NRF_SUCCESS)//如果检索不成功
19.        {
20.            send_unexpected_error(conn_handle, err_code);
21.            data_stored = false;//表示不能绑定该数据
22.        }
23.        else
24.        {// 如果检索成功,则读取绑定数据
25.            duplicate_peer_id = im_find_duplicate_bonding_data(peer_data.p_bond-
                             ing_data, PM_PEER_ID_INVALID);
26.        }
27.
28.        if (duplicate_peer_id != PM_PEER_ID_INVALID)//如果读取帮数据不是无效的
29.        {
30.            // 如果已经绑定了,则这个配对会被认证
31.            new_peer_id = duplicate_peer_id;
32.            im_new_peer_id(conn_handle, new_peer_id);
33.
34.            // 如果标志为真,则之前已请求配置
```

```
35.         if (!allow_repairing(conn_handle))
36.         {
37.             send_config_req(conn_handle);
38.             if (!allow_repairing(conn_handle))
39.             {
40.                 data_stored = false;
41.             }
42.         }
43.     }
44.
45.     if (data_stored)///如果标志为真,表示可以存储该数据
46.     {
47.         err_code = pdb_write_buf_store(peer_id, PM_PEER_DATA_ID_BONDING, new_
                                peer_id);
48.         if (err_code != NRF_SUCCESS)
49.         {
50.             /* Unexpected */
51.             send_unexpected_error(conn_handle, err_code);
52.             data_stored = false;
53.         }
54.     }
55.
56.     if ((duplicate_peer_id != PM_PEER_ID_INVALID) && peer_created(conn_handle))
57.     {
58.         //已经绑定配对设备,已经存储配对的数据,为该绑定过程创建的对等节点
                可以被释放
59.         ret_code_t err_code_free = im_peer_free(peer_id);
60.         UNUSED_VARIABLE(err_code_free); // Errors can be safely ignored.
61.     }
62. }
63. else if (peer_created(conn_handle))
64. {
65.     ret_code_t err_code_free = im_peer_free(peer_id);
66.     UNUSED_VARIABLE(err_code_free); // Errors can be safely ignored.
67. }
68. else
69. {
70.     // No action.
71. }
72.
73. pm_evt_t pairing_success_evt;
74. pairing_success_evt.evt_id = PM_EVT_CONN_SEC_SUCCEEDED;//发生安全连接成功事件
75. pairing_success_evt.conn_handle = conn_handle;
```

```
76.     pairing_success_evt.params.conn_sec_succeeded.procedure =
77.            p_gap_evt->params.auth_status.bonded?
78.     PM_CONN_SEC_PROCEDURE_BONDING:PM_CONN_SEC_PROCEDURE_PAIRING;
79.     pairing_success_evt.params.conn_sec_succeeded.data_stored = data_stored;//配对
数据存储
80.     evt_send(&pairing_success_evt);
81.     return;
82. }
```

在认证函数最后,发起连接后认证成功,会输出一个 PM_EVT_CONN_SEC_SUCCEEDED 安全连接成功事件,该事件在主函数 main.c 中的 pm_evt_handler()配对事件回调函数中触发如下操作:

```
01. static void pm_evt_handler(pm_evt_t const * p_evt)
02. {
03.     ret_code_t err_code;
04.     switch (p_evt->evt_id)
05.     {
06.         ..............
07.         ..............
08.         case PM_EVT_CONN_SEC_SUCCEEDED://如果设备已经安全连接
09.         {
10.             pm_conn_sec_status_t conn_sec_status;
11.
12.             //检测设备是否需要验证
13.             err_code = pm_conn_sec_status_get(p_evt->conn_handle, &conn_sec_status);
14.             APP_ERROR_CHECK(err_code);
15.
16.             if (conn_sec_status.mitm_protected)//如果有 MITM 保护
17.             {
18.                 NRF_LOG_INFO("Link secured. Role: % d. conn_handle: % d, Procedure: % d",
19.                             ble_conn_state_role(p_evt->conn_handle),
20.                             p_evt->conn_handle,
21.                             p_evt->params.conn_sec_succeeded.procedure);
22.             }
23.             else
24.             {
25.                 //如果配对的没有 MITM 验证,则断开连接
26.                 NRF_LOG_INFO("Collector did not use MITM, disconnecting");
27.                 err_code = pm_peer_id_get(m_conn_handle, &m_peer_to_be_deleted);//获
取配对 ID
28.                 APP_ERROR_CHECK(err_code);
29.                 err_code = sd_ble_gap_disconnect(m_conn_handle,
```

```
30.                          BLE_HCI_REMOTE_USER_TERMINATED_CONNECTION);
31.                 APP_ERROR_CHECK(err_code);
32.             }
33.         } break;
34.
35.         ..............
36.         ..............
37.     }
38. }
```

此即 GAP 链路认证状态。如果是 MITM 保护状态，也就是认证成功，则正常连接；如果认证不成功，则断开连接。至此，密钥配对和设备绑定的过程全部讲述完毕。

4.4.5 第二次连接

第二次连接时，流程类似。进入 im_ble_evt_handler(p_ble_evt) 配对事件函数时，对比这次配对设备的 MAC 地址是否是之前绑定的设备 MAC，如果一致，把参数 bonded_matching_peer_id 赋值给 peer_id，触发如图 4.20 所示输出。

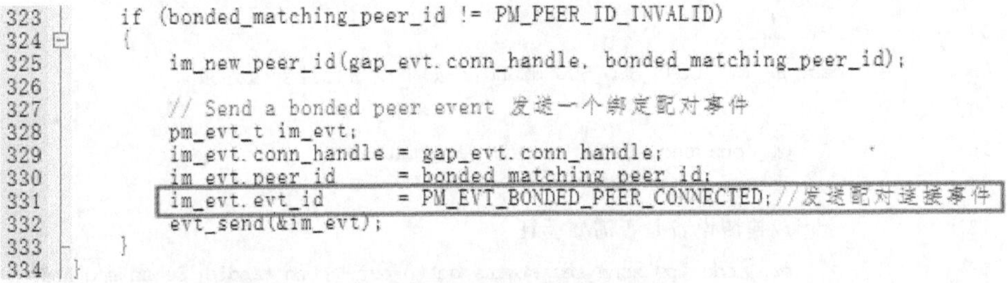

```
323     if (bonded_matching_peer_id != PM_PEER_ID_INVALID)
324     {
325         im_new_peer_id(gap_evt.conn_handle, bonded_matching_peer_id);
326
327         // Send a bonded peer event 发送一个绑定配对事件
328         pm_evt_t im_evt;
329         im_evt.conn_handle   = gap_evt.conn_handle;
330         im_evt.peer_id       = bonded_matching_peer_id;
331         im_evt.evt_id        = PM_EVT_BONDED_PEER_CONNECTED;//发送配对连接事件
332         evt_send(&im_evt);
333
334     }
```

图 4.20 触发配对连接事件

该输出为一个绑定的安全连接，不是普通的连接。再在 main.c 中的 pm_evt_handler() 配对事件回调中触发一个安全定时器定时：

```
01. case PM_EVT_BONDED_PEER_CONNECTED://如果已经配对绑定连接了
02. {
03.     NRF_LOG_INFO("Connected to a previously bonded device.");
04.     //开始运行安全定时器
05.     err_code = app_timer_start(m_sec_req_timer_id, SECURITY_REQUEST_DELAY,
06.                                NULL);
07.     APP_ERROR_CHECK(err_code);
08. } break;
```

定时器超时后，启动安全认证，这次认证就不需要输入密钥了，直接用之前的保存值。整个过程如图 4.21 代码所示。

如果已经请求配置了，则通过 send_config_req() 函数发送安全请求 id 事件，代码如图 4.22 所示。

```
489   static void auth_status_success_process(ble_gap_evt_t const * p_gap_evt)//安全认证过程
490   {
491       ret_code_t          err_code     = NRF_SUCCESS;
492       uint16_t            conn_handle  = p_gap_evt->conn_handle;
493       pm_peer_id_t        peer_id      = im_peer_id_get_by_conn_handle(conn_handle);
494       pm_peer_id_t        new_peer_id  = peer_id;
495       pm_peer_data_t      peer_data;
496       bool                data_stored  = false;
497
498       ble_conn_state_user_flag_set(conn_handle, m_flag_sec_proc, false);
499
500       if (p_gap_evt->params.auth_status.bonded)
501       {
502           pm_peer_id_t duplicate_peer_id = PM_PEER_ID_INVALID;
503           data_stored = true;
504
505           err_code = pdb_write_buf_get(peer_id, PM_PEER_DATA_ID_BONDING, 1, &peer_data);
506           if (err_code != NRF_SUCCESS)
507           {
508               send_unexpected_error(conn_handle, err_code);
509               data_stored = false;
510           }
511           else
512           {
513               duplicate_peer_id = im_find_duplicate_bonding_data(peer_data.p_bonding_data,
514                                                                  PM_PEER_ID_INVALID);
515           }
516
517           if (duplicate_peer_id != PM_PEER_ID_INVALID)
518           {
519               // 如果已经绑定了，这个配对会被认证
520               new_peer_id = duplicate_peer_id;
521               im_new_peer_id(conn_handle, new_peer_id);
522
523               // 如果标志为真，则之前已请求配置。
524               if (!allow_repairing(conn_handle))
525               {
526                   send_config_req(conn_handle);//发送安全请求
527                   if (!allow_repairing(conn_handle))
528                   {
529                       data_stored = false;
530                   }
531               }
532           }
```

图 4.21 安全认证函数

```
402   static void send_config_req(uint16_t conn_handle)
403   {
404       pm_evt_t evt;
405       memset(&evt, 0, sizeof(evt));
406
407       evt.evt_id      = PM_EVT_CONN_SEC_CONFIG_REQ;
408       evt.conn_handle = conn_handle;
409
410       evt_send(&evt);
411   }
412
```

图 4.22 触发安全连接应答

在 pm_evt_handler()配对事件回调函数中触发 PM_EVT_CONN_SEC_CONFIG_REQ 事件，该事件中，配置拒绝安全应答，也就是不需要第二次输入密钥。需添加如下所示代码：

01.   case PM_EVT_CONN_SEC_CONFIG_REQ://安全配置应答
02.   {
03.   //拒绝来自已绑定设备的配对请求，避免第二次输入密钥

```
04.         pm_conn_sec_config_t conn_sec_config = {.allow_repairing = false};
05.         //链接安全配置为拒绝
06.         pm_conn_sec_config_reply(p_evt->conn_handle, &conn_sec_config);
07.     } break;
```

4.5 应用与调试

打开 nRFgo studio 软件,先擦除整片,后下载协议栈;下载完协议栈后可以下载工程:先编译工程,通过后单击 KEIL 上的下载按钮。下载成功后程序开始运行,同时开发板上广播 LED 开始广播。打开手机 APP 软件 nRF CONNECT 或者 nRF UART,如图 4.23 所示。搜索到蓝牙信号,单击连接广播。因为已经加密,此时会弹出配对请求。

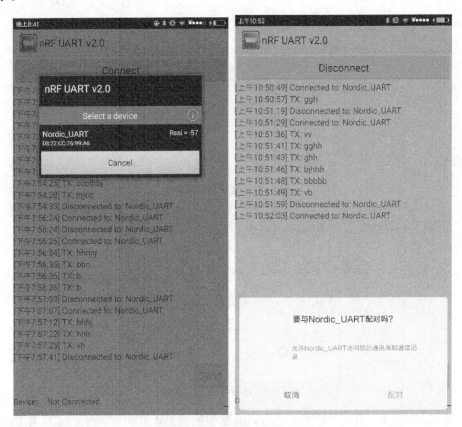

图 4.23　连接配对提示

单击配对请求后,弹出需要输入配对密钥的提示框,如图 4.24 所示。如果输入错误的密钥,则提示无法正确连接。

打开 J-Link RTT Viewer 软件输出 log,设置如图 4.25 所示。

图 4.24　输入密码错误提示

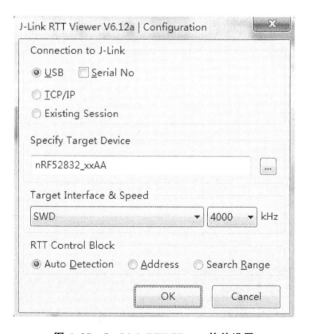

图 4.25　J‐Link RTT Viewer 软件设置

根据输出的密钥,在输入手机配对框输入,连接成功后,再次连接时就显示绑定,不需要输入密钥。配对过程如图 4.26 所示。

```
0> <info> app: Debug logging for UART over RTT started.
0> <info> app: Erase bonds!
0> <info> app: Connected
0> <info> app: Data len is set to 0xF4(244)
0> <info> app: Passkey: 440070
0> <info> app: Link secured. Role: 1. conn_handle: 0, Procedure: 1
0> <info> app: Disconnected
0> <info> app: Connected to a previously bonded device.
0> <info> app: Connected
0> <info> app: Data len is set to 0xF4(244)
0> <info> app: Link secured. Role: 1. conn_handle: 0, Procedure: 0
0> <info> app: Link secured. Role: 1. conn_handle: 0, Procedure: 0
0> <info> app: Disconnected
0> <info> app: Connected to a previously bonded device.
0> <info> app: Connected
0> <info> app: Data len is set to 0xF4(244)
0> <info> app: Link secured. Role: 1. conn_handle: 0, Procedure: 0
0> <info> app: Link secured. Role: 1. conn_handle: 0, Procedure: 0
```

图 4.26　配对连接过程

第 2 篇　蓝牙从机综合应用

第 5 章
自定义广播与动态广播

5.1　nRF52xx 蓝牙 BLE 广播内容参数

很多读者希望最大化地广播自己的参数内容,广播更多的参数。本节目标就是实现在广播中自定义尽可能多的广播内容。首先要明确广播包到底有多大的空间。

在蓝牙 4.2 的协议中,广播包的大小为 31 字节,如果主机采用主动扫描,还有一个 31 字节大小的广播回包,也就是说如果是蓝牙 4.x 模式,最大可实现 62 字节的空间。

蓝牙 5.0 把广播信道抽象为两种,一种叫主广播信道(Primary Advertisement Channels),另一种叫次广播信道,或者第二广播信道(Secondary Advertising Packets)。主广播类似于蓝牙 4.x 的广播,只工作在 37,38,39 三个信道,最大广播字节为 31 字节。次广播允许蓝牙在除开 37,38,39 三个通道之外的其他 37 个信道上发送长度介于 0~255 字节的数据。次广播信道(0~36 channel)广播 255 字节数据。本章主要讲述主广播的配置,次广播暂时先不展开。在 ble_advertising.h 文件中,提供了广播的初始化参数结构体,如下所示:

```
typedef struct
{
    ble_advdata_t           advdata;         /*广播包数据*/
    ble_advdata_t           srdata;          /*广播回应包数据*/
    ble_adv_modes_config_t  config;          /*选择使用哪种广播模式和时段*/
    ble_adv_evt_handler_t   evt_handler;     /*将在广播事件上调用的事件处理程序*/
    ble_adv_error_handler_t error_handler;   /*错误处理程序,它将把内部错误导入主应用
                                               程序*/
} ble_advertising_init_t;
```

如需自定义广播内容,则需在广播包数据 advdata 或者广播回包数据 srdata 中添加内容。广播包和广播回包的概念已经在 nRF52xx 蓝牙系列书籍中册第 5 章"蓝牙广播初始化分析"教程中讲述,这里就不赘述了。下面我们主要是讨论广播包和广播回包中可以定义的内容。

advdata 和 srdata 都是结构体 ble_advdata_t 类型,该结构体内定义了广播包或者

第 5 章　自定义广播与动态广播

广播回包内可以定义的内容,结构体如下所示:

```
1.  typedef struct
2.  {
3.     ble_advdata_name_type_t    name_type;              /*设备名称的类型*/
4.     uint8_t                    short_name_len;         /*短设备名称的长度(如果指定了短类型)*/
5.     bool                       include_appearance;     /*确定是否包括外观*/
6.     uint8_t                    flags;                  /*广播数据标志字段*/
7.     int8_t                     *p_tx_power_level;      /*TX电平发送功率等级*/
8.     ble_advdata_uuid_list_t    uuids_more_available;   /*部分服务 UUID 列表*/
9.     ble_advdata_uuid_list_t    uuids_complete;         /*服务 UUID 的完全列表*/
10.    ble_advdata_uuid_list_t    uuids_solicited;        /*请求服务的 UUID 列表*/
11.    ble_advdata_conn_int_t     *p_slave_conn_int;      /*从机连接间隔的范围*/
12.    ble_advdata_manuf_data_t   *p_manuf_specific_data; /*制造商特定的数据*/
13.    ble_advdata_service_data_t *p_service_data_array;  /*服务数据结构数组*/
14.    uint8_t                    service_data_count;     /*服务数据结构的数量*/
15.    bool                       include_ble_device_addr;/*确定是否包含 LE 蓝牙设备地址*/
16.    ble_advdata_le_role_t      le_role;
17. /*LE 角色域,这个角色区域仅仅用于 NFC 对应 BLE 广播,设置为 NULL*/
18.    ble_advdata_tk_value_t     *p_tk_value;
19. /*安全管理 TK 值的区域,这个角色区域仅仅用于 NFC 对应 BLE 广播,设置为 NULL*/
20.    uint8_t                    *p_sec_mgr_oob_flags;
21. /*安全管理器带外标志字段.这个角色区域仅仅用于 NFC 对应 BLE 广播,设置为 NULL*/
22.    ble_gap_lesc_oob_data_t    *p_lesc_data;
23. /*LE OOB 数据的安全连接.这个角色区域仅仅用于 NFC 对应 BLE 广播,设置 NULL*/
24. } ble_advdata_t;
```

其中:
① 广播包内如果需要修改如下内容的:
name_type:设备名称的类型;
short_name_len:短设备名称的长度(如果指定了短类型);
include_appearance:确定是否包括外观。
参考教程 nRF52xx 蓝牙系列书籍中册第 7 章"通用访问规范 GAP 详解"。
② 广播包内如果需要修改如下内容的:
flags 广播数据标志字段。
参考教程 nRF52xx 蓝牙系列书籍中册第 9 章"蓝牙广播初始化分析"。
③ 广播包内如果需要修改如下内容的:
p_tx_power_level:TX 电平发送功率等级。
参考本书第 2 章接收信号强度 RSSI 和蓝牙发射功率。
这几部分已经描述过,下面讨论其他几个广播内容参数的实现。

5.2 自定义广播的实现

5.2.1 广播包中包含 UUID 的值

UUID 分为两种:一种是 SIG 定义的公共服务 UUID,所有的公共服务共用一个 128 位的基础 UUID,不同的服务采用一个 16 位的 UUID 定义。另一种是私有服务的 UUID,这是一个自定义的 128 位的 UUID。关于 UUID 的具体区别和用法,请参考 nRF52xx 蓝牙系列书籍中册第 14 章蓝牙任务的“UUID 设置与总结”的内容,这里主要讨论如何在广播中广播 UUID 的值。注意,广播包里的 UUID 不影响服务特征值中 UUID 的值,仅让广播把 UUID 的值广播给扫描者,方便观察。在 ble_gap.h 文件中列出了 UUID 的类型,如图 5.1 所示。

```
ble_gap.h
/**@defgroup BLE_GAP_EVT_ADV_SET_TERMINATED_REASON GAP Advertising Set Terminated reasons
 * @{ */
#define BLE_GAP_EVT_ADV_SET_TERMINATED_REASON_TIMEOUT           0x01  /**< Timeout value reached. */
#define BLE_GAP_EVT_ADV_SET_TERMINATED_REASON_LIMIT_REACHED     0x02  /**< @ref ble_gap_adv_params_t::max_adv_evts
/**@} */

/**@defgroup BLE_GAP_AD_TYPE_DEFINITIONS GAP Advertising and Scan Response Data format
 * @note Found at https://www.bluetooth.org/Technical/AssignedNumbers/generic_access_profile.htm
 * @{ */
#define BLE_GAP_AD_TYPE_FLAGS                               0x01 /**< Flags for discoverability. */
#define BLE_GAP_AD_TYPE_16BIT_SERVICE_UUID_MORE_AVAILABLE   0x02 /**< Partial list of 16 bit service UUIDs. */
#define BLE_GAP_AD_TYPE_16BIT_SERVICE_UUID_COMPLETE         0x03 /**< Complete list of 16 bit service UUIDs. */
#define BLE_GAP_AD_TYPE_32BIT_SERVICE_UUID_MORE_AVAILABLE   0x04 /**< Partial list of 32 bit service UUIDs. */
#define BLE_GAP_AD_TYPE_32BIT_SERVICE_UUID_COMPLETE         0x05 /**< Complete list of 32 bit service UUIDs. */
#define BLE_GAP_AD_TYPE_128BIT_SERVICE_UUID_MORE_AVAILABLE  0x06 /**< Partial list of 128 bit service UUIDs. */
#define BLE_GAP_AD_TYPE_128BIT_SERVICE_UUID_COMPLETE        0x07 /**< Complete list of 128 bit service UUIDs. */
#define BLE_GAP_AD_TYPE_SHORT_LOCAL_NAME                    0x08 /**< Short local device name. */
#define BLE_GAP_AD_TYPE_COMPLETE_LOCAL_NAME                 0x09 /**< Complete local device name. */
#define BLE_GAP_AD_TYPE_TX_POWER_LEVEL                      0x0A /**< Transmit power level. */
#define BLE_GAP_AD_TYPE_CLASS_OF_DEVICE                     0x0D /**< Class of device. */
#define BLE_GAP_AD_TYPE_SIMPLE_PAIRING_HASH_C               0x0E /**< Simple Pairing Hash C. */
#define BLE_GAP_AD_TYPE_SIMPLE_PAIRING_RANDOMIZER_R         0x0F /**< Simple Pairing Randomizer R. */
#define BLE_GAP_AD_TYPE_SECURITY_MANAGER_TK_VALUE           0x10 /**< Security Manager TK Value. */
#define BLE_GAP_AD_TYPE_SECURITY_MANAGER_OOB_FLAGS          0x11 /**< Security Manager Out Of Band Flags. */
#define BLE_GAP_AD_TYPE_SLAVE_CONNECTION_INTERVAL_RANGE     0x12 /**< Slave Connection Interval Range. */
#define BLE_GAP_AD_TYPE_SOLICITED_SERVICE_UUIDS_16BIT       0x14 /**< List of 16-bit Service Solicitation UUIDs. */
#define BLE_GAP_AD_TYPE_SOLICITED_SERVICE_UUIDS_128BIT      0x15 /**< List of 128-bit Service Solicitation UUIDs. */
#define BLE_GAP_AD_TYPE_SERVICE_DATA                        0x16 /**< Service Data - 16-bit UUID. */
#define BLE_GAP_AD_TYPE_PUBLIC_TARGET_ADDRESS               0x17 /**< Public Target Address. */
#define BLE_GAP_AD_TYPE_RANDOM_TARGET_ADDRESS               0x18 /**< Random Target Address. */
#define BLE_GAP_AD_TYPE_APPEARANCE                          0x19 /**< Appearance. */
#define BLE_GAP_AD_TYPE_ADVERTISING_INTERVAL                0x1A /**< Advertising Interval. */
#define BLE_GAP_AD_TYPE_LE_BLUETOOTH_DEVICE_ADDRESS         0x1B /**< LE Bluetooth Device Address. */
#define BLE_GAP_AD_TYPE_LE_ROLE                             0x1C /**< LE Role. */
#define BLE_GAP_AD_TYPE_SIMPLE_PAIRING_HASH_C256            0x1D /**< Simple Pairing Hash C-256. */
#define BLE_GAP_AD_TYPE_SIMPLE_PAIRING_RANDOMIZER_R256      0x1E /**< Simple Pairing Randomizer R-256. */
#define BLE_GAP_AD_TYPE_SERVICE_DATA_32BIT_UUID             0x20 /**< Service Data - 32-bit UUID. */
#define BLE_GAP_AD_TYPE_SERVICE_DATA_128BIT_UUID            0x21 /**< Service Data - 128-bit UUID. */
#define BLE_GAP_AD_TYPE_LESC_CONFIRMATION_VALUE             0x22 /**< LE Secure Connections Confirmation Value */
#define BLE_GAP_AD_TYPE_LESC_RANDOM_VALUE                   0x23 /**< LE Secure Connections Random Value */
#define BLE_GAP_AD_TYPE_URI                                 0x24 /**< URI */
#define BLE_GAP_AD_TYPE_3D_INFORMATION_DATA                 0x3D /**< 3D Information Data. */
#define BLE_GAP_AD_TYPE_MANUFACTURER_SPECIFIC_DATA          0xFF /**< Manufacturer Specific Data. */
/**@} */
```

图 5.1 UUID 类型列表

首先,在广播参数里列出了以下三类 UUID 列表的情况:

```
ble_advdata_uuid_list_t      uuids_more_available;     /*部分服务 UUID 列表*/
ble_advdata_uuid_list_t      uuids_complete;           /*服务 UUID 的完全列表*/
ble_advdata_uuid_list_t      uuids_solicited;          /*请求服务的 UUID 列表*/
```

uuids_more_available:意为更多可能的 UUID,官方解释为在广播中只显示部分 UUID 列表,实际工程中还有更多 UUID。可认为在广播中显示部分 UUID 列表。

uuids_complete:意为完全体的 UUID,即在广播中显示工程中的全部 UUID。

uuids_solicited：称为请求服务的 UUID 列表。一个从机设备可以发送服务请求数据类型广播，申请主机设备连接，该主机设备包含一个或者多个服务器请求数据广播所指定的服务。

① 如何在广播中广播 uuids_complete。广播中，如下所示结构体专门标识 UUID：

```
01. typedef struct
02. {
03.     uint16_t            uuid_cnt;       /*UUID 的数目*/
04.     ble_uuid_t *        p_uuids;        /*指向 UUID 数组条目的指针*/
05. } ble_advdata_uuid_list_t;
```

结构体中两个参数，一个表示 UUID 的数目，一个表示指向需要广播的 UUID 列表的指针。所有在广播中广播的 UUID，都需专门建立一个 UUID 的结构体，让这个指针指向这个结构体。比如，在主函数 main.c 文件中，声明如下 m_adv_uuids 结构体：

```
01. static ble_uuid_t m_adv_uuids[] =
02. {
03.     {BLE_UUID_NUS_SERVICE, NUS_SERVICE_UUID_TYPE},
04.     {BLE_UUID_BATTERY_SERVICE, BLE_UUID_TYPE_BLE},
05.     {BLE_UUID_TX_POWER_SERVICE,BLE_UUID_TYPE_BLE}
06. };
```

这个结构体内包含了 3 个 UUID 列表：一个蓝牙串口，一个电池服务，一个 TX 服务。同时标注服务 UUID 的类型，其中串口服务为私有服务，电池服务和 TX 服务为 SIG 定义的公共服务。两种服务类型的 UUID 长度不同。在广播初始化下添加如下代码：

```
1.  static void advertising_init(void)
2.  {
3.      uint32_t                err_code;
4.      ble_advertising_init_t  init;
5.  
6.  .............................................
7.  .............................................
8.  /*******************下面是广播回包****************/
9.  //定义完全 UUID 包含(一个 128 位的 UUID 和两个服务 16 位的 UUID)到广播包中
10.     init.srdata.uuids_complete.uuid_cnt = sizeof(m_adv_uuids)/sizeof(m_adv_uuids[0]);
11.     init.srdata.uuids_complete.p_uuids = m_adv_uuids;
12. 
13. .............................................
14. .............................................
15.     err_code = ble_advertising_init(&m_advertising, &init);
16.     APP_ERROR_CHECK(err_code);
17. 
```

18. ble_advertising_conn_cfg_tag_set(&m_advertising, APP_BLE_CONN_CFG_TAG);
19. }

由于要显示 128 位的 UUID,长度比较长,因此把 UUID 的参数放入广播包回包中显示。编译后,通过手机 APP nRF CONNECT 扫描后的显示如图 5.2 所示,图中显示 Complete list of,表示是完整的 UUID 列表。

② uuids_more_available 类型。该类型只是在广播中显示部分 UUID 列表,实际工程中还有更多 UUID。那么设置中 UUID 的数目是可以控制的,通过设置 uuid_cnt 的数目控制广播中显示的 UUID 数目,无论是广播包还是广播回包,都只提供 31 字节空间,因此需要注意可使用的空间。具体代码如下:

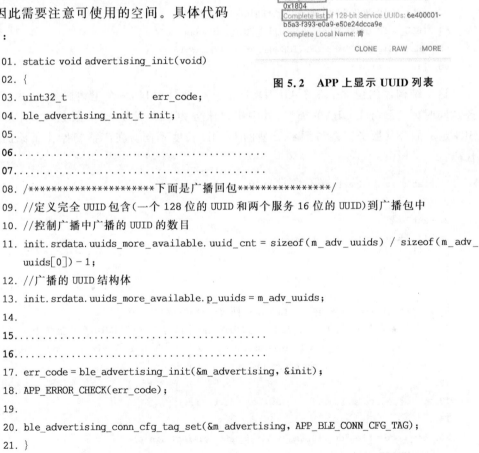

图 5.2 APP 上显示 UUID 列表

```
01. static void advertising_init(void)
02. {
03.     uint32_t              err_code;
04.     ble_advertising_init_t init;
05.
06. .................................................
07. .................................................
08. /*******************下面是广播回包*****************/
09. //定义完全 UUID 包含(一个 128 位的 UUID 和两个服务 16 位的 UUID)到广播包中
10. //控制广播中广播的 UUID 的数目
11.     init.srdata.uuids_more_available.uuid_cnt = sizeof(m_adv_uuids) / sizeof(m_adv_uuids[0]) - 1;
12. //广播的 UUID 结构体
13.     init.srdata.uuids_more_available.p_uuids = m_adv_uuids;
14.
15. .................................................
16. .................................................
17.     err_code = ble_advertising_init(&m_advertising, &init);
18.     APP_ERROR_CHECK(err_code);
19.
20.     ble_advertising_conn_cfg_tag_set(&m_advertising, APP_BLE_CONN_CFG_TAG);
21. }
```

uuid_cnt 参数的大小决定了需要在广播中广播出去的 UUID,应用中有更多的

UUID 没有显示。可能有以下的原因：

◎ 由于空间有限，UUID 数量很多，不可能让广播中显示所有的 UUID 的值。

◎ 客户不希望广播阶段就透露了该应用的所有 UUID 值，因为广播是可以被任何主机扫描观察到的，如果需要保密，则连接时可以添加密钥配对。当用户需要保护部分服务不被知道时，可以采用这种方式。

在工程中，修改以上代码后，编译通过；再下载到开发板中，通过手机 APP nRF CONNECT 扫描后的显示如图 5.3 所示，图中显示 Incomplete List of，表示不完全的 UUID 列表，显示了一个 16 位的 UUID 和一个 128 位的 UUID：

③ 典型的请求服务的 UUID 列表的例子就是 ANCS 广播。这个例子中有一个 GATT 外设端，同时需要一个有 ANCS 的 GATT 服务的主机端。通过在广播中广播 ANCS 请求服务的 UUID，告诉扫描端（IOS 设

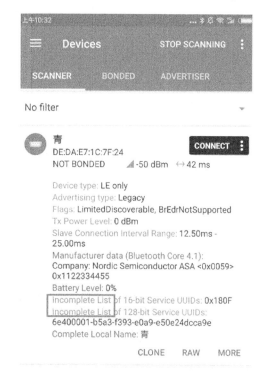

图 5.3 不完全的 UUID 列表

备）它正在"寻找"一个具有 ANCS 服务的主机设备。对于当前时间服务 CTS 的客户机也是如此。ble_app_cts_c 使用所请求的服务是因为它需要一个具有当前时间服务服务器的 GATT 服务器的中心设备，在 ble_app_cts_c 工程中，广播初始化的代码如下：

```
01. static ble_uuid_t m_adv_uuids[] = {{BLE_UUID_CURRENT_TIME_SERVICE, BLE_UUID_TYPE_
                                        BLE}};
02.
03. static void advertising_init()
04. {
05.     ret_code_t            err_code;
06.     ble_advertising_init_t init;
07.
08.     memset(&init, 0, sizeof(init));
09.
10.     init.advdata.name_type        = BLE_ADVDATA_FULL_NAME;
11.     init.advdata.include_appearance = true;
12.     init.advdata.flags            = BLE_GAP_ADV_FLAGS_LE_ONLY_LIMITED_DISC_MODE;
```

```
13.     init.advdata.uuids_solicited.uuid_cnt = sizeof(m_adv_uuids)/sizeof(m_adv_uuids
                                                [0]);
14.     init.advdata.uuids_solicited.p_uuids = m_adv_uuids;
15.
01.     ..........................................
02.     ..........................................
16.
17.     init.evt_handler = on_adv_evt;
18.
19.     err_code = ble_advertising_init(&m_advertising, &init);
20.     APP_ERROR_CHECK(err_code);
21.
22.     ble_advertising_conn_cfg_tag_set(&m_advertising, APP_BLE_CONN_CFG_TAG);
23. }
```

工程编译后,下载到开发板中,通过手机 APP nRF CONNECT 扫描后的显示如图 5.4 所示。

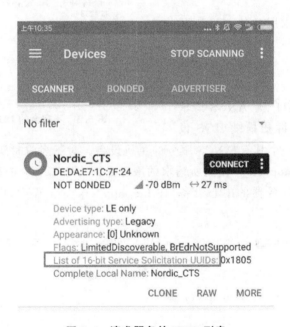

图 5.4　请求服务的 UUID 列表

5.2.2　广播包中包含从机的连接间隔参数

从机与主机直接的连接间隔,是由从机提出与主机进行协商,再由主机决定的参数。在 nRF52xx 蓝牙系列书籍中册第 7 章"通用访问规范 GAP 详解"和第 8 章"蓝牙连接参数更新详解"这两章已经详细地探讨过连接参数的概念,本小节实现在广播中把连接间隔广播出去。在广播数据结构体中给了一个结构体参数 ble_advdata_conn_int_t,

指定了广播中可以广播的两个连接参数的值，如下所示：

```
01. typedef struct
02. {
03. uint16_t                    min_conn_interval;
04. /* 最小的连接间隔值,以 1.25 ms 为一个单位,范围为 6~3 200 个单位(也就是 7.5 ms~4 s) */
05. uint16_t                    max_conn_interval;
06. /* 最大的连接间隔值 1,以 1.25 ms 为一个单位,范围为 6~3 200(也就是 7.5 ms~4 s)。当
       参数值为 0xFFFF 时,表示没有最大的特定值 */
07. } ble_advdata_conn_int_t;
```

使用这个结构体，可以在广播初始化中定义需要广播的连接间隔的参数，具体代码如下：

```
01. static void advertising_init()
02. {
03. ret_code_t              err_code;
04. ble_advertising_init_t init;
05. memset(&init, 0, sizeof(init));
06. ......
07. ......
08.
09. //从设备连接间隔范围最小值:10 * 1.25 ms = 12.5 ms
10. conn_range.min_conn_interval = 10;
11. //从设备连接间隔范围最大值:20 * 1.25 ms = 25 ms
12. conn_range.max_conn_interval = 20;
13. //广播数据中包含从设备连接间隔范围
14. init.advdata.p_slave_conn_int = &conn_range;
15. ......
16. ......
17.
18. err_code = ble_advertising_init(&m_advertising, &init);
19. APP_ERROR_CHECK(err_code);
20.
21. ble_advertising_conn_cfg_tag_set(&m_advertising, APP_BLE_CONN_CFG_TAG);
22. }
```

配置结构体中的连接间隔时间后，通过 ble_advertising_init() 函数配置到广播中。修改代码，编译成功后下载到开发板中，通过手机 APP nRF CONNECT 扫描后的显示如图 5.5 所示。

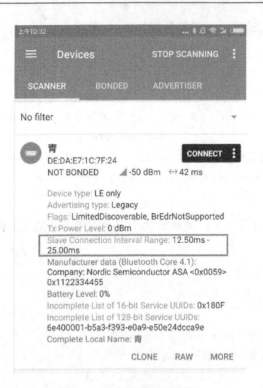

图 5.5　广播连接间隔时间

5.2.3　广播包中包含制造商的自定义参数

制造商或者厂家的自定义参数 manuf_specific_data 是根据制造商的需求,在广播中加入制造商自定义的数据,该数据格式可以根据制造商的要求自定义,最典型的应用就是 iBeacon 协议。iBeacon 协议是苹果公司自定义的广播数据格式,关于 iBeacon 的详细应用参考本书第 6 章"蓝牙 iBeacon 的应用"。下面自定义一组广播数据。

首先,在 ble_advdata.h 文件中,定义结构体 ble_advdata_manuf_data_t 表示公司或厂家的数据与 ID 代码,如下所示:

```
01. typedef struct
02. {
03.     uint16_t        company_identifier;     /*公司的 ID 代码*/
04.     uint8_array_t   data;                   /*制造者自定义的数据*/
05. } ble_advdata_manuf_data_t;
```

这个结构体有两个参数,一个参数为公司的 ID 代码,一个参数为制造商自定义的数据。

◎ 公司的 ID 代码:每个公司都有独立申请的值,一般 company_identifier 都是厂家在 SIG 申请定义的唯一 ID 号。不同公司具体的 ID 代码可以在 SIG 网站查询。实例中使用 Nordic 的制造商 ID 代码演示。Nordic 的制造商的 ID 代码为:0x0059。

◎ 制造商自定义的数据：只要广播包的空间足够，这个参数就可以自由设置。下面的例子中，定义了 5 字节的自定义数据 0x11,0x22,0x33,0x44,0x55，数据内容和数据长度都可以自由修改。具体的声明代码如下：

```
01.    uint8_t   my_adv_manuf_data[5]={0x11,0x22,0x33,0x44,0x55};
02.    //0x0059 是 Nordic 的制造商 ID
03.    manuf_specific_data.company_identifier = 0x0059;
04.    //指向制造商自定义的数据
05.    manuf_specific_data.data.p_data = my_adv_manuf_data;
06.    //制造商自定义的数据大小
07.    manuf_specific_data.data.size = sizeof(my_adv_manuf_data)
```

配置广播初始化中的厂家自定义参数构体后，再通过 ble_advertising_init 函数配置到广播中。在广播初始化中修改代码，编译成功后下载到开发板中，通过手机 APP nRF CONNECT 扫描后的显示如图 5.6 所示，显示了自定义的广播参数。

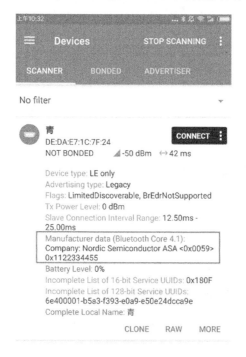

图 5.6　制造商自定义数据

5.2.4　广播包中包含蓝牙设备地址

蓝牙设备地址也称为 MAC 地址，MAC 地址是广播包中自带的，因此不需要在广播初始化中配置。MAC 地址实际上不属于自定义的广播内容，如果修改，则需要调用专用的 API 接口函数 sd_ble_gap_address_get。显示如图 5.7 所示，具体修改方法请参看本书第 1 章"蓝牙 MAC 地址"。

图 5.7 MAC 地址

5.3 动态广播的切换

当需要在广播中广播某个应用的数据,如观察设备的电量状态等参数值时,就需要考虑如何实现在广播包中包含服务数据。广播包中包含服务数据并不能替代蓝牙服务的建立,只是把蓝牙服务中的数据传输到广播包中,以广播包的形式发送出去。

5.3.1 广播包中包含服务数据

在 ble_advdata_t 结构体中分别声明了两个参数:

```
ble_advdata_service_data_t * p_service_data_array;      /*服务数据结构数组*/
uint8_t                      service_data_count;        /*服务数据结构的数量*/
```

其中专门针对蓝牙服务提供了一个结构体定义 ble_advdata_service_data_t,该结构体定义了广播中可以广播的蓝牙服务参数,具体代码如下:

```
01. typedef struct
02. {
03.     uint16_t        service_uuid;        /*服务的 UUID*/
04.     uint8_array_t   data;                /*服务的数据*/
```

```
05.  } ble_advdata_service_data_t;
```

这个结构体内包含两个参数,一个参数表示该服务的 UUID 号,一个参数表示要传递的服务参数值。如下面的例子,用于传递一个电池电量的参数,电池服务的 UUID 就是一个 SIG 的 16 位公共服务 UUID,手机设备可以识别为电池 BATTERY_SERVICE。电池电量的参数为在 ADC 中采集的电压量,转换为电量百分比的值。关于电池服务的参数,参考 nRF52xx 蓝牙系列书籍中册第 12 章"蓝牙 BLE 之电池服务"。把采集到的电池电量的百分比的值分配给 data.p_data 参数中,代码如下:

```
01.  ble_advdata_service_data_t  service_data;
02.  //电池电量服务 UUID
03.  service_data.service_uuid = BLE_UUID_BATTERY_SERVICE;
04.  service_data.data.size = sizeof(percentage_batt_lvl);
05.  service_data.data.p_data = &percentage_batt_lvl;
06.  //广播数据中加入服务数据
07.  init.advdata.p_service_data_array = &service_data;
08.  //因为只加入一个服务数据,所以服务数据数量设置为1
09.  init.advdata.service_data_count = 1;
```

同时,在广播初始化中,需要定义要加入的服务的数量,由于演示中只演示电池服务,因此,该值可以直接设为 1。配置广播初始化中的服务参数构体后,再通过 ble_advertising_init 函数配置到广播中。

在广播初始化中修改代码,编译成功后下载到开发板中,通过手机 APP nRF CONNECT 扫描后的显示如图 5.8 所示,显示了服务的广播参数。

在广播中,可以看到电池电量的参数值。但是,这个值一直为 0,这是什么原因呢?仔细分析,发现在广播初始化中,导入的电池电量初始化为 0,而广播初始化函数只是在 main 主函数中初始化了一次,也就是说这个参数值只是最开头定义的初始化值 0。

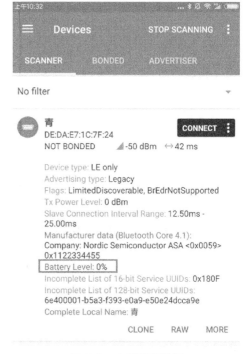

图 5.8 广播服务数据

通过 ADC 采集到电池电量后,电池电量的参数随之更新。但是广播初始化函数却没有在任何的回调函数中出现,也就不能动态地更新电池电量的值了。

5.3.2 服务数据的更新

更新广播中服务参数的值,相当于实现动态广播的功能。动态广播的基本思路是在对应的任何回调函数中修改广播的参数值。

回调函数的可选场景很多,如下几种情况:

◎ 当 ADC 电压采集完成后,立即更新广播参数值。可以在 ADC 采集参数后,触发更新广播参数。

◎ 当某个外部中断,如按键按下后,立即触发广播参数的更新。可以在按键触发的中断回调中更新参数。

◎ 当每过一段时间,设备读取服务的参数值时,定时地触发广播参数的更新。可以采用软件定时器或者硬件定时器更新参数。

当然回调函数触发广播更新的情况不仅仅只有上面几种情况,对应每种状态,都可以在对应的情况下进行更新处理。

广播更新前,首先停止广播,然后重新配置广播参数,最后开启广播。这三个步骤都有对应的 API 可直接调用。在按键中触发广播更新的代码如下:

```
1. void bsp_event_handler(bsp_event_t event)//板级处理事件
2. {
3. uint32_t err_code;
4. switch (event)
5. {
6. .........................................
7. .........................................
8.
9. case BSP_EVENT_KEY_3:
10. //停止当前广播
11. sd_ble_gap_adv_stop(m_advertising.adv_handle);
12. //重新广播初始化,带入更新后的服务参数值到广播包中
13. advertising_init();
14. //重新开始广播
15. advertising_start();
16. default:
17. break;
18. }
19. }
```

在按键中断回调函数中,配置 BSP_EVENT_KEY_3 触发事件。关于协议栈下按键的触发应用配置请参看 nRF52xx 蓝牙系列书籍中册第 5 章"蓝牙协议栈下按键的使用",这里就不赘述了。在 BSP_EVENT_KEY_3 触发事件下,调入如下三个 API

函数：

① 停止当前广播 sd_ble_gap_adv_stop(m_advertising.adv_handle);

② 重新广播初始化，代入更新后的服务参数值到广播包中 advertising_init();

③ 重新开始广播 advertising_start()。

此时，如果按下开发板上的按键4，可以发现广播包会发生动态更新，更新为最新的电池采集的电量百分比的值，如图 5.9 所示，显示当前电量为 100%。

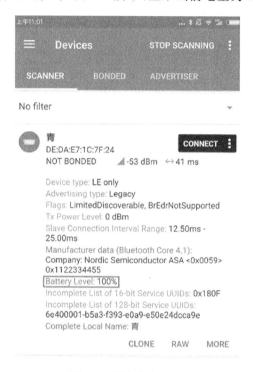

图 5.9 服务数据更新

5.4 本章小结

本章主要讲述主广播信道下，如何配置广播内的内容。主广播包含广播包和广播回包，广播包和广播回包都是 31 字节，也就是说，在设置广播内容时，需要统计总的广播内容是否超出了空间，如果超出最大的空间，则会出现广播出错的状态。可以通过抓包器或者手机 APP 观察广播的大小，抓包器的方式有专门一讲"抓包分析"。可以通过 nRF CONNECT APP，单击广播包下的 RAW 按钮，弹出广播数据的十六进制类别，如图 5.10 所示。比如第一个设备类型，LEN 为 0x02，1 字节，TYPE 为 0x01，1 字节，VALUE 为 0x05，1 字节，一共 3 字节，依次类推。这是开发者在自定义广播时需要特别注意的问题。

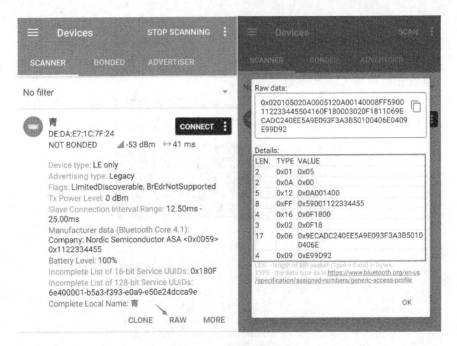

图 5.10 广播数据列表

第 6 章
蓝牙 iBeacon 的应用

6.1 蓝牙 iBeacon 的基本介绍

iBeacon 是苹果公司 2013 年在 WWDC 上推出的一项基于蓝牙 BLE(Bluetooth LE/BLE/Bluetooth Smart)的精准微定位推送技术,是基于蓝牙 Bluetooth Low Energy 低功耗蓝牙传输技术的一种应用。iBeacon 基站不断向四周发送蓝牙信号,当智能设备进入设定区域时,就能收到信号。

Beacon 的英文字面意思是信标、灯塔,和海边导航用灯塔类似,这种设备以一定的时间间隔广播数据包,发送的数据可以被手机等智能设备获取。实际上 iBeacon 的应用就是基于第 5 章中广播应用的一个体现。

iBeacon 自身的特性也非常明显。iBeacon 设备只使用广播通信信道,没有 BLE 的后续连接步骤,使得 iBeacon 的功耗相当低,且可以在设备不断对外发射信号的情况下保持低功耗,一块纽扣电池就能工作长达 2 年时间。同时智能设备与信标的远近可根据信标的信号强度大小来判断,距离越远,信标信号越弱。

"iBeacon"一词的首字母 i 特指苹果公司,iBeacon 就是指定了苹果公司的自家 Beacon 平台。这种技术非常简单,并非苹果公司专有,市面上还有很多其他的 Beacon 服务及设备。每个公司都会根据自己的需求指定相应的广播包格式。

根据 Beacon 的这种特性,其在消息推送、移动支付、室内定位等方面都有广泛的应用。在 Beacon 的系统框架下,消息推送的应用十分方便,例如:用户手机上的特定应用 APP 可以发现用户正位于博物馆的某展区附近,于是 Beacon 将与该展区相关的信息推送到手机当中,如展品文字介绍、音频、视频、链接、相关文物等信息。如图 6.1 所示为名画介绍推送。

图 6.1　名画介绍推送

此外，还包括结合室内导航和消息推送的应用：你走入一家大型商场的店铺时，也意味着你已经进入了这家店铺的 iBeacon 信号区域。iBeacon 基站便可以向你的手机传输各种信息，比如优惠券或者店内导航信息，甚至当你走到某些柜台前面时，iBeacon 还会提供个性化的商品推荐信息。也就是说用户如果在 iBeacon 基站的信息区域内，通过手中的智能手机便能够获取个性化的信息推送通知。更近一步，如果你需要购买这个商品，iBeacon 还可以通过 APP 向用户推送支付二维码，实现支付等功能。

注意：在上面的两个应用里，iBeacon 仅仅提供位置服务，推送消息功能需要开发一款 APP 软件，安装到用户手机中，在其后台挂载相应服务程序。例如进入 iBeacon 广播范围的用户手机收到商场打折促销信息，信息由手机上的 APP 应用获取，而不是保存在 iBeacon 广播包里。

具体实现过程是：当 APP 软件接收到 iBeacon 广播的位置信息后，经过一定计算获取用户的当前位置，当计算出来的位置符合设定的特定条件时，APP 向广播数据服务器请求对应内容并呈现给用户，至此完成一条消息的推送。也就是说要实现动态的信息推送，至少需要一个 APP 软件和一个数据服务器。当然如果仅向用户呈现固定内容，则数据服务器不是必需的。

iBeacon 的核心是提供位置服务。iBeacon 可以分清楚不同的距离概念，比如近(near)、适中(medium)和远(far)，从而使得 iBeacon ＋ 蓝牙的位置服务好于 GPS ＋ WiFi 组合。在平均每 20 平米 1 个 Beacon 的部署密度情况下，定位精度保持在分米级别。同时由于 Beacon 硬件和施工成本非常低，在很多场景下与现有室内导航技术相比有一定的技术优势。

6.2 蓝牙 iBeacon 代码解析

6.2.1 iBeacon 广播编码

iBeacon 的核心就是广播，iBeacon 不需要连接，APP 所有获取的信息都以广播形式广播出去。

我们关注的是 iBeacon 广播哪些信息；你需要广播哪些信息；默认技术要求需要哪些信息。Beacon 编码格式为"帧格式"，以 Apple 的 iBeacon 定义为基础进行介绍。Apple 的 iBeacon 定义如表 6.1 所列。

表 6.1　iBeacon 定义的广播内容

AD Field Length	Type	Company ID	iBeacon Type	iBeacon Length	UUID	Major	Minor	Tx Power
		0x004C	0x02					

表中参数解释如下：

AD Field Length：表示 advertisement Data 的长度，即有用的广播信息长度。

Type：表示 advertisement type，也就是广播类型。

Company ID：数据字段以两字节的公司 ID 码开始。SIG 将这些 ID 码发放给公司，并且能知道应用程序如何解析这些字段。表 6.1 中的 0x004C 就是 Apple 公司的 ID。0x0059 是 Nordic Semiconductor 公司的 ID。

iBeacon Type：指明了其类型是"proximity beacon"，即 0x02。

iBeacon Length：长度字段描述了剩下的字段的长度。

UUID：表示该设备服务分配的私有任务的 128 位的基础 UUID。

Major 和 Minor：字段包含位置信息，Major 字段表示分组号，通常指示建筑物。Minor 指示的是该分组内的单元编号，通常指示建筑物里的位置信息。两个参数可以表示哪个分组里的哪个 iBeacon。

Tx Power：表示 APP 通过 iBeacon 发送信号强度估算出的在 1 m 时的 RSSI 强度。

iBeacon 的数据通过广播形式广播出去，其主要设置就是主函数里广播初始化部分（首先请先阅读 nRF52xx 蓝牙系列书籍中册第 9 章"蓝牙广播初始化分析"部分），所有定义的参数必须在广播初始化时配置。SDK 里提供了函数 ble_advdata_set()对广播参数进行配置，代码如下：

```
01. static void advertising_init(void)
02. {
03.    uint32_t        err_code;
04.    ble_advdata_t advdata;
05.    uint8_t         flags = BLE_GAP_ADV_FLAG_BR_EDR_NOT_SUPPORTED;//广播类型
06.
07.    ble_advdata_manuf_data_t manuf_specific_data;
08.    manuf_specific_data.company_identifier = APP_COMPANY_IDENTIFIER;//公司 ID 号
09. ......................
10. ......................
11.    manuf_specific_data.data.p_data = (uint8_t *) m_beacon_info;//数据结构体
12.    manuf_specific_data.data.size = APP_BEACON_INFO_LENGTH;//数据长度
13.
14.    //初始化广播参数
15.    memset(&m_adv_params, 0, sizeof(m_adv_params));
16.
17.    m_adv_params.properties.type =
18.    BLE_GAP_ADV_TYPE_NONCONNECTABLE_NONSCANNABLE_UNDIRECTED;
19.    m_adv_params.p_peer_addr = NULL;     // Undirected advertisement.
20.    m_adv_params.filter_policy = BLE_GAP_ADV_FP_ANY;
21.    m_adv_params.interval = NON_CONNECTABLE_ADV_INTERVAL;
22.    m_adv_params.duration = 0;           // Never time out.
23.
24.    err_code = ble_advdata_encode(&advdata, m_adv_data.adv_data.p_data,
```

```
25.                                     &m_adv_data.adv_data.len);
26. APP_ERROR_CHECK(err_code);
27.
28. err_code = sd_ble_gap_adv_set_configure(&m_adv_handle, &m_adv_data, &m_adv_params);
29. APP_ERROR_CHECK(err_code);
30. }
```

第 5 行:设置广播类型为 BR/EDR NOT SUPPORTED。

第 8 行:设置公司 ID。

第 11~12 行:设置制造商的信息数据结构体和广播数据长度。

广播公司 ID 和制造商的信息数据在广播数据文件 ble_advdata.h 代码中,通过一个结构体定义一个公司的 ID 编号和一个制造商的信息:

```
01. typedef struct
02. {
03.    uint16_t          company_identifier;   /* 公司 ID 号编码 */
04.    uint8_array_t     data;                 /* 添加的制造商信息 */
05. } ble_advdata_manuf_data_t;
```

其中制造商的信息数据通过一个结构体在主函数 main.c 中进行声明,代码如下:

```
06. static uint8_t m_beacon_info[APP_BEACON_INFO_LENGTH] = /* beacon 的广播信息 */
07. {
08.    APP_DEVICE_TYPE,        //制造商特定的信息。在这个实现中指定设备类型
09.    APP_ADV_DATA_LENGTH,    //制造商特定的信息。在这个实现中指定制造商特定数据的长度
10.    APP_BEACON_UUID,        // 128 位的 UUID 的值
11.    APP_MAJOR_VALUE,        // Major 值表示分组位置
12.    APP_MINOR_VALUE,        // Minor 值表示分组里的位置值
13.    APP_MEASURED_RSSI       // Beacon 测试的 TX 功率值
14. };
```

在主函数中,最开头的宏定义,需要对以上参数赋值,如下所示,这些信息都是将要在 iBeacon 广播中广播的内容:

```
01. #define   APP_BEACON_INFO_LENGTH      0x17    //广播信息长度
02. #define   APP_ADV_DATA_LENGTH         0x15    //广播数据长度
03. #define   APP_DEVICE_TYPE             0x02    //设备类型
04. #define   APP_MEASURED_RSSI           0xC3    //1 m 距离下 RSSI 的大小
05. /#define  APP_COMPANY_IDENTIFIER      0x0059  //公司 ID 号
06. #define   APP_MAJOR_VALUE             0x00, 0x0A   //Major 的值
07. #define   APP_MINOR_VALUE             0x00, 0x07   //Minor 的值
08. #define   APP_BEACON_UUID             0x01, 0x12, 0x23, 0x34, \
09. 0x45, 0x56, 0x67, 0x78, \
10. 0x89, 0x9a, 0xab, 0xbc, \
11. 0xcd, 0xde, 0xef, 0xf0    //UUID 的值
```

第 15～22 行：设置广播类型和广播参数，广播参数的设置，此处不再赘述，大家可参考 nRF52xx 蓝牙系列书籍中册第 9 章"蓝牙广播初始化分析"章节，本例需要设置为不可连接广播。

第 24 行：广播数据编码，通过 ble_advdata_encode()函数编码广播数据，把设置好的广播数据放入 iBeacon 广播中。

第 28 行：广播参数配置，通过协议栈底层函数 sd_ble_gap_adv_set_configure()配置广播射频模式。

程序设置完毕后，下载到 iBeacon 或者开发板中，通过手机 APP nRF CONNECT 可以观察广播包如图 6.2 所示，图中可以查看广播包的几个字段。

图 6.2 Beacon 广播内容

第 1 行：长度 2，表示 2 字节长度；字段的类型 TYPE 为 0x01，表示广播类型为：设备被发现能力。第二个字节 VALUE 的值 0x04 表示 BR/EDR NOT SUPPORTED。

第 2 行：长度 26，表示广播数据长度是 26 字节。字段 TYPE 为 0xFF，表示用户定义的设备数据，后面的 VALUE 值就是宏定义已经赋值的数据参数值。表 6.2 所列是 TYPE 类型的定义。

表 6.2 Type 类型的定义

AD Data Type	Data Type Value	Description
Flags	0x01	Device discovery capabilities
Manufacturer Specific Data	0xFF	User defined

第 3 行：长度值为 5，表示 5 字节长度；字段的类型 TYPE 为 0x09，表示广播名称。后面的 VALUE 值是 iBeacon 的广播名称。

主函数中，调用初始化广播函数 advertising_init()，当函数 advertising_start() 启动广播后，就可以实现广播信息的发送，也就是信标的广播包的广播，代码如下：

```
01. int main(void)
02. {
03.     uint32_t err_code;
04.     //初始化
05.     ........................
06.     ........................
07.
08.     ble_stack_init();//协议栈初始化
09.     advertising_init();//广播初始化
10.
11.     //输出 BLE Beacon 开始
12.     NRF_LOG_INFO("BLE Beacon started\r\n");
13.     advertising_start();//开始广播
14.
15.     //进入主循环
16.     for (;;)
17.     {
18.         if (NRF_LOG_PROCESS() == false)
19.         {
20.             power_manage();
21.         }
22.     }
23. }
```

6.2.2　广播中添加信息

如果 iBeacon 里需要继续添加其他信息，比如添加广播名称、电量之类的信息，如何处理？在第 5 章自定义广播与动态广播中讲过广播包的大小为 31 字节，已经分配了 iBeacon 的固有编码。如果需要在广播里广播更多的信息，则需要利用广播回包实现。当主机接收到一个广播包时，将发送一个叫做"扫描请求"（Scan Request）的请求获得更多的广播数据。下面以 iBeacon 广播发出广播名称为例进行说明。

广播名称在 GAP 初始化中设置。首先需要在 GAP 初始化中定义设备名称，使用协议栈的 API 函数 sd_ble_gap_device_name_set() 加入广播名称，定义设备名称为"QFDZ"，程序如下：

```
01. #define DEVICE_NAME                    "QFDZ"
02.
03. static void gap_params_init(void)
04. {
05.     uint32_t              err_code;
06.     ble_gap_conn_sec_mode_t sec_mode;
07.
```

```
08.   BLE_GAP_CONN_SEC_MODE_SET_OPEN(&sec_mode);
09.
10.   err_code = sd_ble_gap_device_name_set(&sec_mode,
11.                                         (const uint8_t *)DEVICE_NAME,
12.                                         strlen(DEVICE_NAME));//加入广播名称
13.   APP_ERROR_CHECK(err_code);
14. }
```

在广播初始化函数里,添加 scanrsp 扫描回包。scanrsp 扫描回包和数据包 advdata 数据类型一样,都使用宏定义 ble_advdata_t 结构体。在扫描回包中,声明名称类型为 BLE_ADVDATA_FULL_NAME 的广播全名。同时通过 ble_advdata_set 配置广播包和扫描回包参数。具体代码如下:

```
01. // Build and set advertising data.把广播包发送出去
02. memset(&advdata, 0, sizeof(advdata));
03.
04. advdata.name_type = BLE_ADVDATA_NO_NAME;
05. advdata.flags = flags;
06. advdata.p_manuf_specific_data = &manuf_specific_data;
07.
08. err_code = ble_advdata_set(&advdata, NULL);
09. APP_ERROR_CHECK(err_code);
10.
11. memset(&scanrsp, 0, sizeof(scanrsp));
12. scanrsp.name_type = BLE_ADVDATA_FULL_NAME;//广播中显示全名
13. err_code = ble_advdata_set(&advdata, &scanrsp);
14.
15. //初始化广播参数
16. memset(&m_adv_params, 0, sizeof(m_adv_params));
17.
18. m_adv_params.type = BLE_GAP_ADV_TYPE_NONCONNECTABLE_SCANNABLE_UNDIRECTED;
19. m_adv_params.p_peer_addr = NULL; // Undirected advertisement.
20. m_adv_params.fp = BLE_GAP_ADV_FP_ANY;
21. m_adv_params.interval = NON_CONNECTABLE_ADV_INTERVAL;
22. m_adv_params.timeout = APP_CFG_NON_CONN_ADV_TIMEOUT;
```

注意:同时设置广播参数类型,需要把 BLE_GAP_ADV_TYPE_NONCONNECTABLE_NONSCANNABLE_UNDIRECTED 没有连接的非定向不可连接广播类型改为 BLE_GAP_ADV_TYPE_NONCONNECTABLE_SCANNABLE_UNDIRECTED 有扫描回包的非定向不可连接广播类型。这样才能实现广播回包。

通过手机 APP nRF CONNECT 可以观察 iBeacon 信息,如图 6.3 所示,广播的信息包括:MAC 地址,广播 type 类型,广播 flags 格式,公司 ID 号,应用类型 type,iBeacon 信息长度,UUID 号,Major 和 Minor 的值,RSSI 在 1 米左右的值,广播扫描回包显示的广播名称 QFDZ。

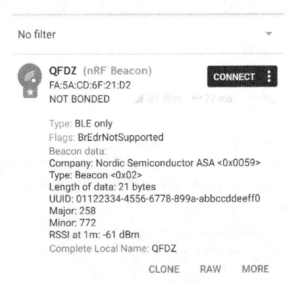

图 6.3 iBeacon 的广播

6.3 蓝牙 iBeacon 的应用

本节介绍两个常见的 iBeacon 应用：微信的摇一摇推送应用和 iBeacon 使能测距应用。第一个应用使用微信替代 APP，通过微信后台替代独立的数据服务器，形成一个信息推送的应用。第二个应用则简单地用于室内测试定位。

6.3.1 蓝牙 iBeacon 的微信摇一摇

"摇一摇周边"是什么？"摇一摇周边"是微信针对低功耗蓝牙 BLE 硬件（支持 iBeacon 协议）提供的连接入口。在手机蓝牙打开的状态下，当用户在微信中打开"摇一摇"时，如果周围有 iBeacon 设备，会自动出现周边入口到微信的后台数据。因此"摇一摇周边"是微信基于低功耗蓝牙技术的 O2O 入口级应用，作为微信在线下的全新功能，为线下商户提供近距离连接用户的能力，并支持线下商户向周边用户提供个性化营销、互动及信息推送等服务。这种方法，可以采用微信替代 APP，微信后台数据替代独立的数据服务器，形成一个信息推送的功能，避免了搭建数据服务器和单独编写 APP 的烦恼。

在 2015 年 1 月 28 日，"微信摇一摇周边"开启自助申请入口的测试。测试期间，商户可通过摇周边的商户申请平台进行自助接入。

在 2015 年 4 月 12 日，在微信公开课第三季长沙站现场，微信团队宣布"微信摇一摇周边"正式对外开放。拥有微信认证的公众账号商户，均可通过摇周边的商户申请平台或者微信公众平台后台申请入驻。联合微信支付、公众账号、微信卡包，摇周边为更多商家提供了便捷连接用户和精准近场服务的能力。

目前腾讯公司推出的"摇一摇周边"的服务具有以下几个特点：

① 精准定位线下用户，提供个性化服务：

利用 iBeacon 设备特有的精准定位能力，设备体积小，成本低，易安装；用户摇一摇时，可以根据位置和其他相关信息，提供高度个性化的服务，提升体验。

② 开放的页面内容，为用户提供丰富的数据库支撑：

HTML5 页面采用 URL 模式接入，商家可自定义所有互动形式；基于 iBeacon 的接口将陆续开放。

③ 大微信体系：

摇一摇入口拥有日均千万级以上的访问用户；与微信公众平台、微信支付、卡券、微信连 WiFi 等产品无缝打通。

"微信摇一摇周边"平台硬件目前开发了如下几个接口：

① 设备管理接口：通过该接口可以申请设备 ID，查询设备列表，配置设备与对应页面的绑定关系。

② 页面管理接口：可以新增、编辑、查询及删除页面。

③ 信息获取接口：可以获取摇一摇的设备及用户信息，包括：UMM(UUID、Major、Minor)，也可获取设备距离及用户的 Company ID。

④ 数据统计接口：以设备为基础，单击周边的人数、次数，可统计单个设备周边操作的人数、次数。

⑤ 一键关注接口：商户可以在摇出来的页面直接调用摇一摇关注接口，实现关注公众号的功能。

目前微信"摇一摇周边"功能申请无需费用，由于 iBeacon 协议是开放协议，客户可以自行通过任意渠道购买支持 iBeacon 的设备（譬如搜索"iBeacon 设备"或者在电商网站购买），微信无任何限制。已经通过资质认证的订阅号或服务号可申请对应公众号，也可申请已经认证成功的企业号。图 6.4 所示为商户或企业接入微信摇一摇的基本步骤。

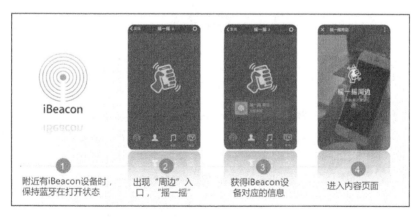

图 6.4 商户或者企业接入步骤

不同客户的申请步骤表述如下：

公众号：登录 MP 平台→添加功能插件→添加"摇一摇周边"功能插件。

企业号：登录企业号→服务中心→摇一摇周边。

具体配置的步骤如下：

① 注册。可直接在 PC 侧登录"摇一摇周边"的申请入口申请：https://zb.weixin.qq.com，如图 6.5 所示。

图 6.5　申请页面

登录后，填写基本资料，提交申请，审核周期为 3 个工作日。如果申请成功，就可以授权服务，如图 6.6 所示。

图 6.6　申请成功就授权服务

② 服务提供者把第一步拿到的 iBeacon ID 设置到 iBeacon 设备上，让 iBeacon 设备广播该 iBeacon ID。以微信提供的一组测试 ID 为例，设置设备，测试设备 ID 如表 6.3 所列。

表 6.3　微信摇一摇测试 ID

UUID	FDA50693-A4E2-4FB1-AFCF-C6EB076478
Major	10
Minor	7

此时，需要回到 Beacon 代码中，修改一些参数，如修改 UUID 号和 Major 和 Minor 的值：

```
01. #define APP_BEACON_INFO_LENGTH      0x17
02. #define APP_ADV_DATA_LENGTH         0x15
03. #define APP_DEVICE_TYPE             0x02
04. #define APP_MEASURED_RSSI           0xC3
05. #define APP_COMPANY_IDENTIFIER      0x004c    //改成 Apple 公司的 ID
06. #define APP_MAJOR_VALUE             0x00,0x0A //修改成测试 Major
07. #define APP_MINOR_VALUE             0x00,0x07 //修改成测试的 Minor
08. #define APP_BEACON_UUID             0xFD,0xA5,0x06,0x93,\
09.                                     0xA4,0xE2,0x4F,0xB1,\
10.                                     0xaf,0xcf,0xc6,0xeb,\
11.                                     0x07,0x64,0x78,0x25   //修改成测试 UUID
```

注意：微信摇一摇只支持 iBeacon 设备，因此需要在 Beacon 代码中，把公司 ID 也修改成苹果公司的 ID，Apple 公司的 ID 为 0x004c。

③ 设置好参数后，编译程序，然后下载程序。用户在该 iBeacon 设备的信号范围内打开微信的摇一摇周边，微信会通过蓝牙广播获取设备的 iBeacon ID，比如本次使用微信摇一摇测试的 iBeacon ID；

④ 微信通过第③步拿到的 iBeacon ID，向微信后台提取相应的服务，展示在摇出来的结果上，如图 6.7 所示。

图 6.7 后台拉取相应的服务

⑤ 用户单击摇出来的结果，在微信内嵌的浏览器上，会带上用户信息跳转到服务提供者在第①步申请服务时填的 URL，进入应用页面，如图 6.8 所示。

图 6.8　应用页面

通过以上设置,可把 iBeacon 应用在微信"摇一摇周边"中。"摇一摇周边"是微信面向线下场景的全新入口级应用,可设置为企业或者商户需要的应用界面,包括服务介绍、产品详情、商品价格、支付二维码等一系列信息,使客户能有全新的用户体验,具有广阔的应用前景。

6.3.2　蓝牙测距

Locate iBeacons APP 软件是一款第三方软件,可实现距离定位和校准。

手机上安装 Locate iBeacons APP,图标如图 6.9 所示。iPhone 应是 4S 或以上,系统必须是 IOS7.0 以上,iPhone4S IOS7.0 以后的系统才支持蓝牙 4.0BLE。

打开 Keil 工程代码,需要修改参数:UUID,Major,Minor 和 COMPANY_IDENTIFIER。这几个参数是 Locate iBeacons APP 内默认设置的,设置如表 6.4 所列:

图 6.9　Locate iBeacons APP 软件

表 6.4　Locate iBeacons APP 设置

UUID	e2c56db5 - dffb - 48d2 - b060 - d0f5a71096e0
Major	1
Minor	2

Major 字段表示分组号,通常指示队列。Minor 为该分组内的单元编号,通常指示队列的位置信息。两个参数可以表示哪个分组里的哪个 iBeacon。Locate iBeacons APP 只支持 iBeacon 设备,因此需要在 iBeacon 代码中,把公司 ID 也修改成苹果公司的 ID,Apple 公司的 ID 为 0x004c。具体代码如下:

```
01. #define APP_COMPANY_IDENTIFIER    0x004c         //改成苹果公司的 ID#define
02. #defineAPP_MAJOR_VALUE           0x00,0x01      //修改成测试 major
03. #define APP_MINOR_VALUE           0x00,0x02      //修改成测试 Minor
04. #define APP_BEACON_UUID           0xe2,0xc5,0x6d,0xb5,\
05.                                   0xdf,0xfb,0x48,0xd2,\
06.                                   0xb0,0x60,0xd0,0xf5,\
07.                                   0xa7,0x10,0x96,0xe0 //修改成测试 UUID
```

修改程序编译通过。下载协议栈后,再把程序编译后下载,打开手机 AirLocate APP,选择 Locate iBeacons 功能,开始搜索广播,如图 6.10 所示。

单击 Locate iBeacons,如果基站已经打开,即可看到如图 6.11 所示的设备,图 6.12 中直接显示了手机与 iBeacon 基站间的距离。这个距离随着不同的硬件设备有所差异,需要校准。由于软件内添加了默认发布的 UUID,也就是设置的那套 UUID,所以一打开软件就实现了距离显示。修改基站的 UUID,在软件中添加该 UUID,实现校准功能,可根据自己的需求进行配置。

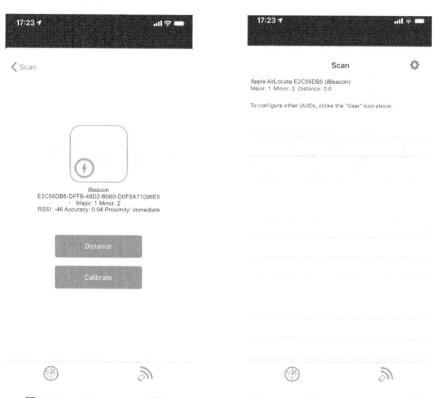

图 6.10 AirLocate App 界面   图 6.11 进入 Locate iBeacons 界面

校准页面,单击第一行,弹出需要校准还是直接显示距离页面,如图 6.12 所示。

选择校准提示,单击 Calibrate 选项,把 iPhone 手机放到距离 iBeacon 基站约 1 m 处,并且保持 30 秒到 1 分钟,过程如图 6.13 和图 6.14 所示。

校准完毕后,显示图 6.15 所示聚焦校准完毕页面,显示 RSSI 为 -51DB,此值为参考值。

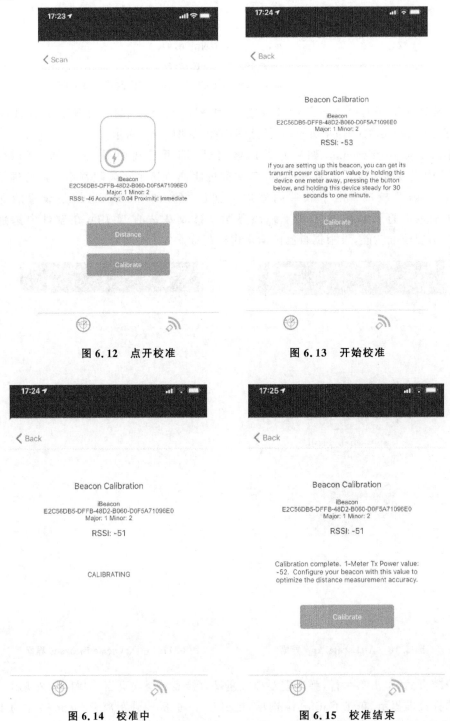

图 6.12　点开校准　　　　　图 6.13　开始校准

图 6.14　校准中　　　　　　图 6.15　校准结束

此时,需要重新回到工程代码中,修改基站在 1 m 距离的测量信号强度 RSSI,如图 6.16 所示,单击修改,修改成校准的值。

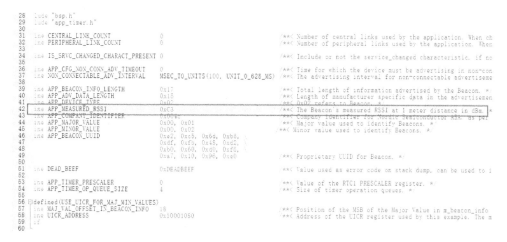

图 6.16　修改 1 m 距离参考信号强度

工程编译后重新下载运行,然后回到 Locate iBeacons App 软件,单击 Distance 选项,显示实际测试距离如图 6.17 所示。

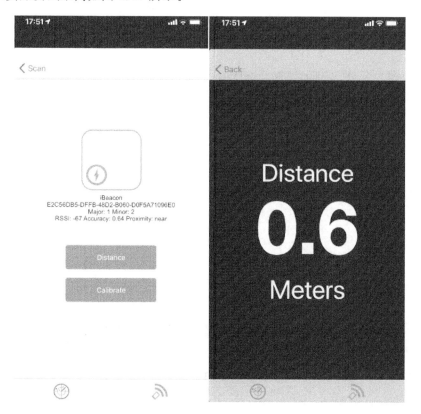

图 6.17　显示实际距离

6.4 本章小结

本章主要介绍了 iBeacon 的基本概念,对苹果公司主推的 iBeacon 技术应用场合进行了总结。iBeacon 技术实际上是蓝牙广播应用的一个延伸,相比于蓝牙广播应用,它多了一个 APP 后台数据服务器。之所以能够面向不同的手持设备推送信息,是因为后台数据服务器的存在。iBeacon 根据不同的 RSSI 信号强度判断哪个手持设备接近,进而对接近的设备进行信息推送。手持设备也可以根据绑定的 Major 和 Minor 判断接近的是哪个 iBeacon 信标。因此这种应用接入可以广泛地在各种商业、展览、餐饮、零售行业运用。最后还讨论了两个基础应用——微信摇一摇和 iBeacon 测距,让读者对 iBeacon 技术有一个更加直观的认识。

第 7 章
蓝牙防丢器详解

蓝牙防丢器(Smart Bluetooth)是采用蓝牙 BLE 技术专门为匹配智能手机所设计的防丢工具。其工作原理主要是通过距离变化来判断物品是否还控制在你的安全范围内,适用于钱包、钥匙、行李等贵重物品的防丢,也可用于防止儿童或宠物走失。

蓝牙 BLE 技术本身是为了连接(比如蓝牙串口等)而进行数据传输。防丢器的应用,则是根据蓝牙信号的强弱来判断距离是否在客户的可控范围内,如果超出范围则为客户报警。本章将结合实例详细讲解蓝牙防丢器的设置思路。

7.1 蓝牙防丢器原理分析

目前市场上主流的智能防丢器有两种,一种是设备防丢,一种是人防丢。用于设备防丢的防丢器形式比较单一,比如一些防丢贴片或防丢挂件;用于人防丢的防丢器形式如挂件、手表、项链、鞋等,形式多样化,如图 7.1 所示。防丢器的应用场合多样,可以用于手机、钱包、钥匙、行李、儿童或宠物等。

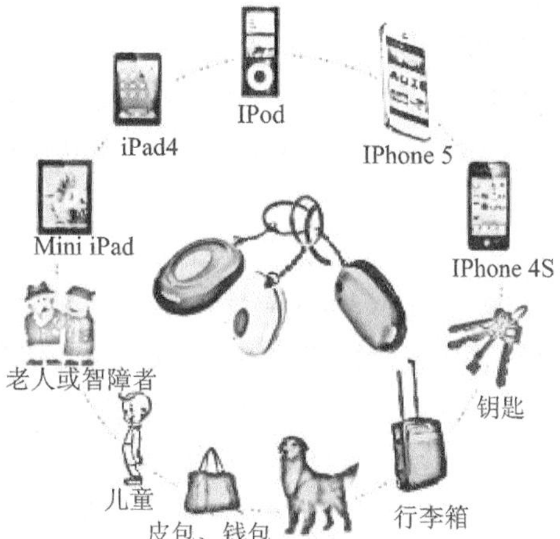

那么在 nRF52xx 处理器中实现的原理是什么?图 7.2 为市面上常见的防丢器内部构造。

为了实现防丢功能,蓝牙防丢器的服务建立将是重点分析对象,本例中建立了 5 个服务:

图 7.1 防丢器应用场合

(1) TX Power Service——发射功率服务

该服务通过调节蓝牙的发射功率,影响设备和手机蓝牙直接的检测及其通信距离。设备端通过主机控制接口 HCI 获得发射功率参数,并以 read 属性提供给主机。通过设置发射功率的大小,直接决定主机设置和防丢器之间的可连接范围。

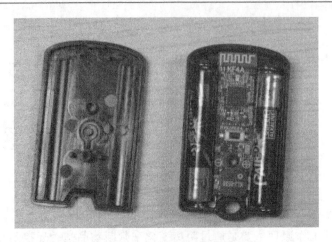

图 7.2 防丢器内部结构

(2) Immediate Alert Service——即时报警服务

该服务使用触发报警服务,为 write 属性,供主机写告警级别。主机 APP 发送立即报警参数后,从机设备端会收到 write 的回调,根据告警级别进行相应告警。这个功能相当于防丢器中的寻物功能,可以通过手机找到设备。

(3) Link Loss Service——链接丢失服务

电池没电或者离开 APP 太远都会导致链接丢失事件,链接丢失消息会以通知的方式发送到手机 APP,手机根据该事件作出响应。该服务在防丢器程序中使用通知的方式上传数据给主机。空中属性为 write/read 属性,用于主机设置链路断开情况下默认的告警级别。这个功能相当于防丢器中的防丢功能,当物体链接丢失后防丢器报警。

(4) Immediate Alert Service Client——locator role of the Find Me profile 客户端立即报警服务

该服务把需要防丢的设备,比如手机作为从机端,防丢器作为主机端。防丢器发现手机 APP 服务后,写入到手机 APP 设备报警级别,当寻找手机时,手机可以根据不同的报警级别,进行相应的报警。这个功能相当于通过防丢器寻找手机,实现双向寻物的功能。

(5) Battery Service——电池服务

通过 AD 采集电池电压,发送到手机 APP,在手机 APP 上显示电量。

7.2 蓝牙防丢器程序解析

蓝牙防丢器的主程序代码解析如下:

```
01. int main(void)
02. {
03.     uint32_t err_code;
04.     bool erase_bonds;
```

```
05. // Initialize.
06. err_code = NRF_LOG_INIT();
07. APP_ERROR_CHECK(err_code);
08. timers_init();//初始化定时器
09. buttons_leds_init(&erase_bonds);//设备初始化
10. ble_stack_init();//初始化协议栈
11. adc_configure();//ADC 配置 用于采集电池电量
12. peer_manager_init(erase_bonds);//匹配管理初始化,也就是之前的设备管理初始化
13. if (erase_bonds == true)
14. {
15. NRF_LOG_DEBUG("Bonds erased! \r\n");
16. }
17. gap_params_init();//GAP 初始化
18. advertising_init();//广播初始化
19. db_discovery_init();//数据发现初始化
20. services_init();//服务初始化
21. conn_params_init();//链接参数更新初始化
22. // Start execution.
23. advertising_start();//开始广播
24. // Enter main loop.
25. for (;;)
26. {
27. power_manage();
28. }
29. }
```

蓝牙防丢器的目标就是建立 7.1 节谈到的 5 个服务,所以首先应该变动服务初始化中的子服务初始化和协议栈初始化中的派发函数。服务初始化中 5 个服务初始化函数如下:

```
01. static void services_init(void)
02. {
03. tps_init();//发射功率服务
04. ias_init();//立即报警服务
05. lls_init();//链路丢失服务
06. bas_init();//电池服务
07. ias_client_init();//客户端立即报警服务
08. }
```

整个工程的架构如图 7.3 所示。

通过发射功率服务函数设置防丢器的发射功率后,发射功率服务可以提供主机读驱动这个发射功率值的接口,发射功率直接决定了防丢器的防丢范围。立即报警服务通过手机写入防丢器报警级别,对防丢器进行查询,实现寻物功能。链接丢失服务则作

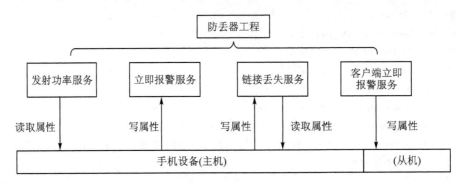

图 7.3 防丢器工程

为链接断开的判断,当手机和防丢器超出了链接范围时,手机会提示超出链接范围,防丢器也会报警,可以实现防丢功能。客户端"立即报警服务"把防丢器作为主机,通过防丢器写入报警级别到手机 APP,实现防丢器对手机的查询,完成双向寻物功能。注意立即报警服务和链接丢失服务都是手机 APP 对防丢器写入报警级别,区别是前者写入防丢范围内的报警级别,后者写入防丢范围外的报警级别。

发射功率服务和电池服务简单介绍如下:

(1) 发射功率服务号。发射功率的设置和应用详见第 2 章"接收信号强度 RSSI 和蓝牙发射功率"。设置一个连接状态下的可读取发射功率强度的服务,使主机在连接状态下读取从机设置的发射功率强度值,程序如下:

```
01. static void tps_init(void)
02. {
03.     uint32_t        err_code;
04.     ble_tps_init_t tps_init_obj;
05.
06.     memset(&tps_init_obj, 0, sizeof(tps_init_obj));
07.     tps_init_obj.initial_tx_power_level = TX_POWER_LEVEL;//在主函数里设置的发送功率
                                                              强度
08.
09.     BLE_GAP_CONN_SEC_MODE_SET_ENC_NO_MITM(&tps_init_obj.tps_attr_md.read_perm);
10.     BLE_GAP_CONN_SEC_MODE_SET_NO_ACCESS(&tps_init_obj.tps_attr_md.write_perm);
11.
12.     err_code = ble_tps_init(&m_tps, &tps_init_obj);//发射功率服务初始化
13.     APP_ERROR_CHECK(err_code);
14. }
```

发射功率服务配置的空中属性为只读属性,主机通过该属性读取当前从机设备配置的发射功率强度值。在空中属性中,读取操作由主机发起,从机只能配置被读取的 GATT 参数值。因此在 ble_tps.c 文件中,提供了一个设置被读参数值的函数 ble_tps _tx_power_level_set(),这个函数在防丢器工程里并没有被调用,读者可以根据自己的

需求调用。这个函数的内部,调用了一个协议栈的关键函数 API:sd_ble_gatts_value_set(),这个函数就是用来配置从机被读取值的函数。具体代码如下:

```
01. uint32_t  ble_tps_tx_power_level_set(ble_tps_t * p_tps, int8_t tx_power_level)
02. {
03.     ble_gatts_value_t gatts_value;
04.
05.     // Initialize value struct.
06.     memset(&gatts_value, 0, sizeof(gatts_value));
07.
08.     gatts_value.len = sizeof(uint8_t);
09.     gatts_value.offset = 0;
10.     gatts_value.p_value = (uint8_t *)&tx_power_level;
11.
12.     //更新主机读取的数据值
13.     return sd_ble_gatts_value_set(p_tps->conn_handle,
14.                                   p_tps->tx_power_level_handles.value_handle,
15.                                   &gatts_value);
16. }
```

(2) 电池服务:电池服务的设置和应用在 nRF52xx 蓝牙系列书籍中册第 12 章"蓝牙 BLE 之电池服务"详细谈。本例采用定时器进行电池电量采集,同时配置了 saadc 配置函数 adc_configure()进行电池电量采集,具体初始化代码如下:

```
01. static void bas_init(void)
02. {
03. uint32_t        err_code;
04. ble_bas_init_t bas_init_obj;
05.
06. memset(&bas_init_obj, 0, sizeof(bas_init_obj));
07.
08. bas_init_obj.evt_handler on_bas_evt;
09. bas_init_obj.support_notification = true;
10. bas_init_obj.p_report_ref = NULL;
11. bas_init_obj.initial_batt_level = 100;
12.
13. ................................
14. ................................
15. err_code = ble_bas_init(&m_bas, &bas_init_obj);
16. APP_ERROR_CHECK(err_code);
17. }
```

7.2.1 即时报警服务(从机报警)

即时报警服务用于设置报警水平,产生一个即时报警。可以设置报警等级寻物。

该服务初始化函数中使用 ble_ias_init()函数初始化即时报警服务,其中函数的第二个形参 ias_init_obj 结构体中的事件参数 evt_handler 作为触发回调事件,函数如下所示:

```
01. static void ias_init(void)
02. {
03.     uint32_t        err_code;
04.     ble_ias_init_t ias_init_obj;
05.
06.     memset(&ias_init_obj, 0, sizeof(ias_init_obj));
07.     ias_init_obj.evt_handler = on_ias_evt;//触发回调函数
08.
09.     err_code = ble_ias_init(&m_ias, &ias_init_obj);//即时报警服务
10.     APP_ERROR_CHECK(err_code);
11. }
```

那么我们什么时候触发这个回调?

对应即时报警服务,Nordic 官方 SDK 函数库内专门提供了编写好的服务的库文件 ble_ias.c 和 ble_ias.h,虽然这个文件不需要我们编写,但是为了能够理解即时报警服务功能,必须深入到服务内部。

进入到 ble_ias_init 的源函数中,把第二个形参的事件赋值给第一个形参的事件 evt,上面的初始化函数中设置的第一个实参为全局变量 &m_ias,作为指定的 my 即时报警服务事件。ias 服务作为一个 SIG 的公共服务,编写的模式基本类似 nRF52xx 蓝牙系列书籍中册第 12 章"蓝牙 BLE 之电池服务"和第 13 章"蓝牙心电任务"的编写模式,初始化过程如下:

```
01. uint32_t ble_ias_init(ble_ias_t * p_ias, const  ble_ias_init_t * p_ias_init)
02. {
03.     uint32_t   err_code;
04.     ble_uuid_t ble_uuid;
05.
06.     // Initialize service structure
07.     if (p_ias_init ->evt_handler == NULL)
08.     {
09.         return NRF_ERROR_INVALID_PARAM;
10.     }
11.     p_ias ->evt_handler = p_ias_init ->evt_handler;//立即报警服务作为本次的事件处理
12.
13.     //添加服务,设置服务 UUID,UUID 类型
14.     BLE_UUID_BLE_ASSIGN(ble_uuid, BLE_UUID_IMMEDIATE_ALERT_SERVICE);
15.     err_code = sd_ble_gatts_service_add(BLE_GATTS_SRVC_TYPE_PRIMARY,
16.                                         &ble_uuid,
17.                                         &p_ias ->service_handle);
18.     if (err_code != NRF_SUCCESS)
19.     {
```

```
20.     return err_code;
21. }
22.
23. //添加报警特征值
24. return alert_level_char_add(p_ias);
25. }
```

alert_level_char_add()报警特征值的添加需严格遵循 SIG 提供的 IMMEDIATE ALERT SERVICE.pdf 服务手册规则。在手册中规定了服务类型,其中无返回的写特征为必需特性,同时在特征值属性中必须设置报警水平,如表 7.1 所列,表中 M 表示必选特性。

表 7.1 报警水平特性

	Broadcast	Read	Write Without Response	Write	Notify	Indicate	Signed Write	Reliable Write	Writable Auxiliaries
Alert Level	X	X	M	X	X	X	X	X	X

报警水平分为三个级别。1:没有报警等级;2:中等报警等级;3:高度报警等级。
当写入警戒级特征时,设备应开始向设备写入警戒报警级别:
如果写入的警告级别为"无警告",则不应在此设备上报警。
如果写入的警告级别为"中等警报",则设备应报警。
如果写入的警告级别为"高等级警报",则设备应以最强烈的方式发出警报。
所以在特征属性中,需要设置初始化的报警水平及对应特性的空中属性,代码如下:

```
01. static uint32_t alert_level_char_add(ble_ias_t * p_ias)
02. {
03. ................................
04.
05.     char_md.char_props.write_wo_resp = 1;//写无回应空中属性
06.     char_md.p_char_user_desc = NULL;
07.     char_md.p_char_pf = NULL;
08.     char_md.p_user_desc_md = NULL;
09.     char_md.p_cccd_md = NULL;
10.     char_md.p_sccd_md = NULL;
11.
12. ................................
13. ................................
14.     memset(&attr_char_value, 0, sizeof(attr_char_value));
15.     initial_alert_level = INITIAL_ALERT_LEVEL;//无报警,报警级别
```

```
16.
17.    attr_char_value.p_uuid = &ble_uuid;
18.    attr_char_value.p_attr_md = &attr_md;
19.    attr_char_value.init_len = sizeof (uint8_t);//报警级别的数据长度
20.    attr_char_value.init_offs = 0;
21.    attr_char_value.max_len = sizeof (uint8_t);
22.    attr_char_value.p_value = &initial_alert_level;//特征值属性设置的报警水平值
23.
24.    return sd_ble_gatts_characteristic_add(p_ias->service_handle,
25.                                           &char_md,
26.                                           &attr_char_value,
27.                                           &p_ias->alert_level_handles);
28. }
```

触发回调事件是指当 ias 即时报警的派发函数中出现了对应事件时,通过关心 on_ias_evt 触发事件反过来触发回调操作。派发函数的内容参考 nRF52xx 蓝牙系列书籍中册第 15 章"蓝牙派发回调机制"章节。首先找到 ias 服务关心的事件,进而触发对应的操作。配置的具体代码如下:

```
01. void ble_ias_on_ble_evt(ble_ias_t * p_ias, ble_evt_t * p_ble_evt)
02. {
03.    switch (p_ble_evt->header.evt_id)
04.    {
05.    case BLE_GAP_EVT_CONNECTED:
06.        on_connect(p_ias, p_ble_evt);
07.        break;
08.
09.    case BLE_GATTS_EVT_WRITE:
10.        on_write(p_ias, p_ble_evt);
11.        break;
12.
13.    default:
14.        // No implementation needed.
15.        break;
16.    }
17. }
```

回调派发里关心的事件 evt_id 比较简单,只关心连接事件 BLE_GAP_EVT_CONNECTED 和写事件 BLE_GATTS_EVT_WRITE,其中连接事件执行操作 on_connect (p_ias, p_ble_evt),当有主机写入发生时,派发函数触发 BLE_GATTS_EVT_WRITE 事件,执行写入操作 on_write(p_ias,p_ble_evt),把写入的数据 p_evt_write->data[0] 赋值给本次即时报警服务作为报警等级,同时触发即时报警水平更新事件 BLE_IAS_EVT_ALERT_LEVEL_UPDATED,写入操作的具体代码如下:

```
01. static void on_write(ble_ias_t * p_ias, ble_evt_t * p_ble_evt)
02. {
03.   ble_gatts_evt_write_t * p_evt_write = &p_ble_evt->evt.gatts_evt.params.write;
04.
05.   if ((p_evt_write->handle == p_ias->alert_level_handles.value_handle) && (p_evt_write->len == 1))
06.   {
07.     //报警水平写,触发应用事件回调
08.     ble_ias_evt_t evt;
09.     evt.evt_type = BLE_IAS_EVT_ALERT_LEVEL_UPDATED;
10.     evt.params.alert_level = p_evt_write->data[0];
11.
12.     p_ias->evt_handler(p_ias, &evt);
13.   }
14. }
```

这时终于可以回答最前面即时报警服务初始化的 ias_init(void) 函数中 on_ias_evt 回调操作什么时候触发的问题了。回调处理函数是操作关心的事件类型,一旦发生,就执行某个对应操作。那么 on_ias_evt 这个回调操作里关心的是什么事件?进入函数内部,发现也就是关心即时报警派发中的写事件触发的即时报警更新 BLE_IAS_EVT_ALERT_LEVEL_UPDATED,当该事件被触发时,发送报警水平更新后执行 alert_signal() 函数,代码如下:

```
01. static void on_ias_evt(ble_ias_t * p_ias, ble_ias_evt_t * p_evt)
02. {
03.   switch (p_evt->evt_type)
04.   {
05.   case BLE_IAS_EVT_ALERT_LEVEL_UPDATED:
06.       alert_signal(p_evt->params.alert_level);//更新报警水平
07.       break;//BLE_IAS_EVT_ALERT_LEVEL_UPDATED
08.
09.   default:
10.       // No implementation needed.
11.       break;
12.   }
13. }
```

更新报警水平执行的 alert_signal 函数用于设置报警水平操作。根据在 on_write 写函数中 evt.params.alert_level=p_evt_write->data[0] 写入报警水平的值,设置触发对应的报警操作。

```
01. static void alert_signal(uint8_t alert_level)
02. {
```

```
03. uint32_t err_code;
04. switch (alert_level)
05. {//如果写入的是没有报警,则执行下面操作
06. case BLE_CHAR_ALERT_LEVEL_NO_ALERT:
07.     err_code = bsp_indication_set(BSP_INDICATE_ALERT_OFF);
08.     APP_ERROR_CHECK(err_code);
09. break;//BLE_CHAR_ALERT_LEVEL_NO_ALERT
10. //如果写入的是中等报警,则执行下面操作
11. case BLE_CHAR_ALERT_LEVEL_MILD_ALERT:
12.     err_code = bsp_indication_set(BSP_INDICATE_ALERT_0);
13.      APP_ERROR_CHECK(err_code);
14. break;//BLE_CHAR_ALERT_LEVEL_MILD_ALERT
15. //如果写入的是高等级报警,则执行下面操作
16. case BLE_CHAR_ALERT_LEVEL_HIGH_ALERT:
17.     err_code = bsp_indication_set(BSP_INDICATE_ALERT_3);
18.     APP_ERROR_CHECK(err_code);
19. break;//BLE_CHAR_ALERT_LEVEL_HIGH_ALERT
20.
21. default:
22. break;
23. }
24. }
```

按照配置设置指示所需的设备状态,即开发板上 LED 的指示,设备指示函数为 bsp_indication_set():

```
01. uint32_t bsp_indication_set(bsp_indication_t indicate)
02. {
03. uint32_t err_code = NRF_SUCCESS;
04.
05. #if   LEDS_NUMBER > 0 && ! (defined BSP_SIMPLE)
06.
07. if (m_indication_type & BSP_INIT_LED)
08. {
09. err_code = bsp_led_indication(indicate);
10. }
11.
12. #endif // LEDS_NUMBER > 0 && ! (defined BSP_SIMPLE)
13. return err_code;
14. }
```

设备指示函数在文件 bps.c 中,定义了蓝牙开发板上的相关状态,包括广播、断开等状态下设备的指示,主要用 LED 指示。alert_signal 函数中设置不同报警等级后执行的操作代码如下:

第7章 蓝牙防丢器详解

```
15. static uint32_t bsp_led_indication(bsp_indication_t indicate)
16. {
17.   uint32_t err_code = NRF_SUCCESS;
18.   uint32_t next_delay = 0;
19.
20.   switch (indicate)
21.   {
22.   ············
23.   ············
24.   case BSP_INDICATE_ALERT_0:
25.   case BSP_INDICATE_ALERT_1:
26.   case BSP_INDICATE_ALERT_2:
27.   case BSP_INDICATE_ALERT_3:
28.   case BSP_INDICATE_ALERT_OFF:
29.     err_code = app_timer_stop(m_alert_timer_id);
30.     next_delay = (uint32_t)BSP_INDICATE_ALERT_OFF - (uint32_t)indicate;
31.
32.     // a little trick to find out that if it did not fall through ALERT_OFF
33.     if (next_delay && (err_code == NRF_SUCCESS))
34.     {
35.       m_alert_mask = ALERT_LED_MASK;
36.       if (next_delay > 1)
37.       {
38.         err_code = app_timer_start(m_alert_timer_id, BSP_MS_TO_TICK(
39.                       (next_delay * ALERT_INTERVAL)), NULL);
40.       }
41.       LEDS_ON(m_alert_mask);
42.     }
43.     else//如果 next_delay 为 0,则执行执行熄灯操作
44.     {
45.       LEDS_OFF(m_alert_mask);
46.       m_alert_mask = 0;
47.     }
48.     break;
49.
```

在以上代码中,如果设置无报警,则执行 BSP_INDICATE_ALERT_OFF,next_delay 为 0,执行 LEDS_OFF(m_alert_mask)操作,即关掉报警灯 m_alert_mask,报警的 LED 灯是熄灭的。

如果设置为中等报警,则执行 BSP_INDICATE_ALERT_0,程序中 case BSP_INDICATE_ALERT_0 这个位置没有任何程序,也没有 break,即不会跳出执行,则继续向下运行。执行到 next_delay 时,由 bsp_indication_t 结构体的排序可知:

next_delay=BSP_INDICATE_ALERT_OFF－indicate=4；

如图 7.4 所示。

```
BSP_INDICATE_FATAL_ERROR,           /**< See \ref BSP_INDICATE_FATAL_ERROR.*/
BSP_INDICATE_ALERT_0,               /**< See \ref BSP_INDICATE_ALERT_0.*/
BSP_INDICATE_ALERT_1,               /**< See \ref BSP_INDICATE_ALERT_1.*/
BSP_INDICATE_ALERT_2,               /**< See \ref BSP_INDICATE_ALERT_2.*/
BSP_INDICATE_ALERT_3,               /**< See \ref BSP_INDICATE_ALERT_3.*/
BSP_INDICATE_ALERT_OFF,             /**< See \ref BSP_INDICATE_ALERT_OFF.*/
BSP_INDICATE_USER_STATE_OFF,        /**< See \ref BSP_INDICATE_USER_STATE_OFF.*/
```

图 7.4 指示参数排列

这时可以设置一个定时器，定时器的延时时间为 next_delay * ALERT_INTERVAL，即 4×200 ms，有 800 ms 的时间延迟，延时时间到了后翻转 LED 灯。即设置中等报警时，会有 800 ms 的频率闪灯。

如果设置为高等级报警，则执行 BSP_INDICATE_ALERT_3，程序中的 BSP_INDICATE_ALERT_3 没有做任何操作，也是要往下执行，执行到 next_delay 时，next_delay 为 1，即设置一个定时器延迟，有 200 ms 的时间延迟，会产生 200 ms 的频率闪灯，这个频率，人眼是无法识别的，所以出现常亮的现象。实验中采用 nRF CONNECT APP 测试。连接 APP 后，在即时报警服务中写入报警等级，如图 7.5 所示，单击 APP 的写入按钮，写入 0x01。

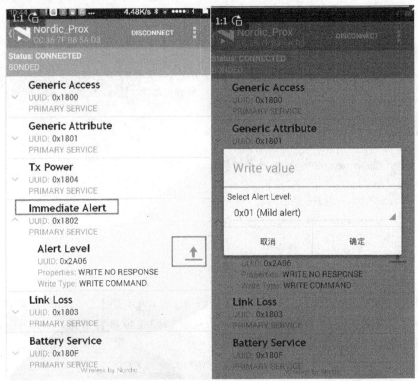

图 7.5 写入中等报警

输入中级报警,LED3 灯会有 800 ms 的频率闪灯报警。

输入高等级报警,LED3 灯会有 200 ms 的频率闪灯报警,人眼观察为常亮。当然如果开发板上有蜂鸣器,也可以设置为蜂鸣器发出噪声来寻物。

7.2.2 链接丢失服务

链接丢失服务用于判断物体是否超出范围,用于防丢功能,如果物品超出范围,则链接会发生丢失,此时设备或者手机主机都会报警。

使用 ble_lls_init()函数初始化链接丢失服务,以函数第二个形参 lls_init_obj 中的事件参数 evt_handler 作为触发回调事件,initial_alert_level 设置丢失后报警水平。函数如下:

```
01. static void lls_init(void)
02. {
03.     uint32_t        err_code;
04.     ble_lls_init_t lls_init_obj;
05.
06.     // Initialize Link Loss Service
07.     memset(&lls_init_obj, 0, sizeof(lls_init_obj));
08.
09.     lls_init_obj.evt_handler = on_lls_evt;//链接丢失事件处理回调
10.     lls_init_obj.error_handler = service_error_handler;
11.     lls_init_obj.initial_alert_level = INITIAL_LLS_ALERT_LEVEL;
12.
13.     BLE_GAP_CONN_SEC_MODE_SET_ENC_NO_MITM(&lls_init_obj.lls_attr_md.read_perm);
14.     BLE_GAP_CONN_SEC_MODE_SET_ENC_NO_MITM(&lls_init_obj.lls_attr_md.write_perm);
15.
16.     err_code = ble_lls_init(&m_lls, &lls_init_obj);//初始化链接丢失服务
17.     APP_ERROR_CHECK(err_code);
18. }
```

进入到 ble_lls_init 的源函数中,把第二个形参的事件赋值给第一个形参的事件 evt,初始化函数中设置的第一个形参为全局变量 &m_lls,作为指定的 my 链接丢失服务。链接丢失服务初始化函数和即时报警服务类似,作为一个 SIG 的公共任务,初始化过程如下代码所示:

```
19. uint32_t ble_lls_init(ble_lls_t * p_lls, const ble_lls_init_t * p_lls_init)
20. {
21.     uint32_t    err_code;
22.     ble_uuid_t ble_uuid;
23.
24.     // Initialize service structure
25.     if (p_lls_init->evt_handler == NULL)
26.     {
27.         return NRF_ERROR_INVALID_PARAM;
```

```
28. }
29.
30.     p_lls->evt_handler = p_lls_init->evt_handler;//注册本次事件处理
31.     p_lls->error_handler = p_lls_init->error_handler;
32.
33.     //添加服务 UUID
34.     BLE_UUID_BLE_ASSIGN(ble_uuid, BLE_UUID_LINK_LOSS_SERVICE);
35.
36.     err_code = sd_ble_gatts_service_add(BLE_GATTS_SRVC_TYPE_PRIMARY,
37.     &ble_uuid,
38.     &p_lls->service_handle);
39.
40.     if (err_code != NRF_SUCCESS)
41.     {
42.         return err_code;
43.     }
44.
45.     //报警水平特征值
46.     return alert_level_char_add(p_lls, p_lls_init);
47. }
```

报警特征值的添加需严格遵循 SIG 提供的 Link-Loss-Service 服务手册所述规则(参考文献[2]),手册中规定了服务类型,如表 7.2 所列,表中 M 表示必选属性。必选的属性为可写属性、可读属性,同时在特征值属性中设置报警水平指针。

表 7.2 特征值属性列表

	Broadcast	Read	Write Without Response	Write	Notify	Indicate	Signed Write	Reliable Write	Writable Auxiliaries
Alert Level	X	M	X	M	X	X	X	X	X

服务的特性函数的添加步骤需严格按照 Link-Loss-Service 服务手册进行配置。

链接丢失服务的主要功能是当此服务在设备中实例化且链接在没有任何预先警告的情况下丢失时,设备应开始向当前链接丢失警报级别发出警报。但是,如果使用链路层过程终止链接,则设备不应发出警报,并应忽略当前链路丢失警报级别。

如果当前链路丢失警报级别为"无警报",则不应在此设备上发出警报。

如果当前链路丢失警报级别为"中等警报",则设备应发出警报。

如果当前链路丢失警报级别为"高等警报",则设备应尽可能提高警报强度。

因此在特性配置中其 GATT 的访问数据还是报警级别。实际应用中可能包括闪烁的灯光、制造噪声,或用其他方法来提醒用户。此警报将持续直到下列情况之一发生后停止:

第 7 章　蓝牙防丢器详解

◎ 某个特定的延时；

◎ 用户与设备互动；

◎ 物理链路连接恢复。

分析了基本的配置要求后，编写属性添加函数，如下代码所示：

```
01. static uint32_t alert_level_char_add(ble_lls_t * p_lls, const ble_lls_init_t * p_lls_init)
02. {
03. ....................................
04. ....................................
05.
06.   char_md.char_props.read = 1;
07.   char_md.char_props.write = 1;  //配置了空中属性
08.   char_md.p_char_user_desc = NULL;
09.   char_md.p_char_pf = NULL;
10.   char_md.p_user_desc_md = NULL;
11.   char_md.p_cccd_md = NULL;
12.   char_md.p_sccd_md = NULL;
13. ....................................
14. ....................................
15.   memset(&attr_char_value, 0, sizeof(attr_char_value));
16.   initial_alert_level = p_lls_init->initial_alert_level; //赋值报警水平
17.
18.   attr_char_value.p_uuid = &ble_uuid;
19.   attr_char_value.p_attr_md = &attr_md;
20.   attr_char_value.init_len = sizeof(uint8_t); //一字节的长度
21.   attr_char_value.init_offs = 0;
22.   attr_char_value.max_len = sizeof(uint8_t);
23.   attr_char_value.p_value = &initial_alert_level; //报警水平作为属性访问参数
24.
25.   return sd_ble_gatts_characteristic_add(p_lls->service_handle,
26.                                          &char_md,
27.                                          &attr_char_value,
28.                                          &p_lls->alert_level_handles);
29. }
```

服务属性添加后，需检查链接断开服务 lls 的派发工作，派发函数里包括连接、断开、认证三个事件。其中连接事件为 BLE_GAP_EVT_CONNECTED，认证事件为 BLE_GAP_EVT_AUTH_STATUS，这两个事件是顺序执行的。在配对防丢器时，依次操作，先连接再认证。具体代码如下：

```
01. void ble_lls_on_ble_evt(ble_lls_t * p_lls, ble_evt_t * p_ble_evt) //链接丢失派发函数
02. {
03.   switch (p_ble_evt->header.evt_id)
```

```
04. {
05.   case BLE_GAP_EVT_CONNECTED:
06.     on_connect(p_lls, p_ble_evt);//连接处理
07.     break;
08.
09.   case BLE_GAP_EVT_DISCONNECTED:
10.     on_disconnect(p_lls, p_ble_evt);//断开事件
11.     break;
12.
13.   case BLE_GAP_EVT_AUTH_STATUS:
14.     on_auth_status(p_lls, p_ble_evt);//认证事件处理
15.     break;
16.
17.   default:
18.     // No implementation needed.
19.     break;
20. }
21. }
```

连接和认证这两个事件触发了 on_connect() 连接处理和 on_auth_status() 认证事件处理。这两个处理函数都会触发事件 BLE_LLS_EVT_LINK_LOSS_ALERT，同时都设置报警水平为 BLE_CHAR_ALERT_LEVEL_NO_ALERT。即刚链接并且认证时，设置报警等级为无报警，并且触发链接丢失报警更新事件。具体代码如下：

```
01. static void on_connect(ble_lls_t * p_lls, ble_evt_t * p_ble_evt)//链接事件
02. {
03.   // Link reconnected, notify application with a no_alert event
04.   ble_lls_evt_t evt;
05.
06.   p_lls->conn_handle = p_ble_evt->evt.gap_evt.conn_handle;
07.
08.   evt.evt_type = BLE_LLS_EVT_LINK_LOSS_ALERT;//触发链接丢失报警更新事件
09.   evt.params.alert_level = BLE_CHAR_ALERT_LEVEL_NO_ALERT;
10.   p_lls->evt_handler(p_lls, &evt);
11. }
12.
13. static void on_auth_status(ble_lls_t * p_lls, ble_evt_t * p_ble_evt)//认证事件
14. {
15.   if (p_ble_evt->evt.gap_evt.params.auth_status.auth_status == BLE_GAP_SEC_STATUS_SUCCESS)
16.   {
17.     ble_lls_evt_t evt;
18.
19.     evt.evt_type = BLE_LLS_EVT_LINK_LOSS_ALERT;
20.     evt.params.alert_level = BLE_CHAR_ALERT_LEVEL_NO_ALERT;
21.
```

```
22.     p_lls->evt_handler(p_lls, &evt);
23. }
24. }
```

在 lls_init()函数初始化链接丢失服务中声明的 on_lls_evt()回调事件处理中,当发生链接丢失报警更新事件后,更新报警水平。更新报警水平函数与即时报警中的更新报警水平函数是同一个函数:

```
01. static void on_lls_evt(ble_lls_t * p_lls, ble_lls_evt_t * p_evt)
02. {
03.     switch (p_evt->evt_type)
04.     {
05.         case BLE_LLS_EVT_LINK_LOSS_ALERT://丢失事件
06.             alert_signal(p_evt->params.alert_level);//更新报警水平
07.             break;//BLE_LLS_EVT_LINK_LOSS_ALERT
08.
09.         default:
10.             // No implementation needed.
11.             break;
12.     }
13. }
```

主机通过 APP 发起连接时,实现了可更新报警水平。当防丢器超出链接范围,发送了但丢失了会怎么处理? 会产生一个 BLE_GAP_EVT_DISCONNECTED 事件,触发断开操作,即触发 on_disconnect()断开处理。断开处理启动一个判断,是否是 BLE_HCI_CONNECTION_TIMEOUT 超时,如果是,则启动 ble_lls_alert_level_get(p_lls, &evt.params.alert_level)函数,获取 APP 设置的报警等级。当然,APP 必须设置为有报警等级,如果为无报警,则防丢器即使丢失也不会报警。

```
01. static void on_disconnect(ble_lls_t * p_lls, ble_evt_t * p_ble_evt)//链接丢失中的
                                                                      断开服务
02. {
03.     uint8_t reason = p_ble_evt->evt.gap_evt.params.disconnected.reason;
04.
05.     if (reason == BLE_HCI_CONNECTION_TIMEOUT)
06.     {
07.         // Link loss detected, notify application
08.         uint32_t       err_code;
09.         ble_lls_evt_t evt;
10.
11.         evt.evt_type = BLE_LLS_EVT_LINK_LOSS_ALERT;//触发链接丢失服务
12.         err_code = ble_lls_alert_level_get(p_lls, &evt.params.alert_level);//获取 APP 发来
                                                                              的报警水平
13.         if (err_code == NRF_SUCCESS)
14.         {
```

```
15.     p_lls->evt_handler(p_lls, &evt);
16.    }
17.    else
18.    {
19.      if (p_lls ->error_handler ! = NULL)
20.      {
21.        p_lls->error_handler(err_code);
22.      }
23.     }
24.    }
25. }
```

手机 APP 设置即时丢失服务为中等报警时,当防丢器丢失后,防丢器和手机断开连接,手机会收到丢失提醒,同时防丢器开始报警,报警采用 800 ms 的 LED 灯闪烁。手机 APP 设置即时丢失服务为高等级报警时,当防丢器丢失后,手机会收到丢失提醒,同时防丢器开始报警,报警采用 200 ms 的 LED 灯闪烁,肉眼观察为常亮。

用 nRF CONNECT APP 测试如图 7.6 左侧所示连接防丢器的服务,展开并单击 Link Loss 写入箭头(向下),写入中等服务 0x01,如图 7.6 右侧所示。

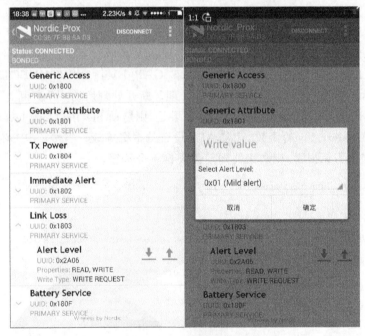

图 7.6　设置报警等级

断开 nRF CONNECT APP 的连接,打开 APP nRF Toolbox,单击 PROXIMITY 服务,添加防丢器广播,如图 7.7 所示。

把手机拿远,如果超出信号连接范围,手机 APP 会报警提示(见图 7.8),同时,防丢器开发板会通过 LED3 灯发出 1 s 的闪烁报警,也可使用蜂鸣器等设备报警。

第 7 章　蓝牙防丢器详解

图 7.7　添加防丢器

图 7.8　APP 超出范围提示

7.2.3 双向报警之主机报警

要实现双向寻物的主机报警,需采用客户端即时报警服务。防丢器作为主设备,手机作为从设备,通过防丢器寻找手机。配置时首先初始化客户端立即报警服务,并且触发回调事件 on_ias_c_evt,代码如下:

```
01. static void ias_client_init(void)
02. {
03.     uint32_t          err_code;
04.     ble_ias_c_init_t ias_c_init_obj;
05.
06.     memset(&ias_c_init_obj, 0, sizeof(ias_c_init_obj));
07.
08.     m_is_high_alert_signalled = false;
09.
10.     ias_c_init_obj.evt_handler = on_ias_c_evt;//回调函数
11.     ias_c_init_obj.error_handler = service_error_handler;
12.
13.     err_code = ble_ias_c_init(&m_ias_c, &ias_c_init_obj);//初始化立即报警客户端服务
14.     APP_ERROR_CHECK(err_code);
15. }
16.
```

客户端即时报警服务直接分配 UUID,通知启动设备发现注册函数 ble_db_discovery_evt_register,服务建立初始化函数具体代码如下:

```
01. uint32_tble_ias_c_init(ble_ias_c_t * p_ias_c, ble_ias_c_init_t const * p_ias_c_init)
02. {
03.     VERIFY_PARAM_NOT_NULL(p_ias_c);
04.     VERIFY_PARAM_NOT_NULL(p_ias_c_init->evt_handler);
05.     VERIFY_PARAM_NOT_NULL(p_ias_c_init);
06.     //初始化服务结构体
07.     p_ias_c->evt_handler = p_ias_c_init->evt_handler;
08.     p_ias_c->error_handler = p_ias_c_init->error_handler;
09.     p_ias_c->conn_handle = BLE_CONN_HANDLE_INVALID;
10.     p_ias_c->alert_level_char.handle_value = BLE_GATT_HANDLE_INVALID;
11.     //配置服务的 UUID
12.     BLE_UUID_BLE_ASSIGN(p_ias_c->alert_level_char.uuid, BLE_UUID_ALERT_LEVEL_CHAR);
13.     BLE_UUID_BLE_ASSIGN(p_ias_c->service_uuid, BLE_UUID_IMMEDIATE_ALERT_SERVICE);
14.     //启动设备发现注册
15.     return ble_db_discovery_evt_register(&p_ias_c->service_uuid);
16. }
```

同时，在主函数 main.c 中调用启动设备发现函数 db_discovery_init()，其代码如下：

```
01. static void db_discovery_init(void)
02. {
03.     uint32_t err_code = ble_db_discovery_init(db_disc_handler);
04.
05.     APP_ERROR_CHECK(err_code);
06. }
```

发现函数中，注册了发现描述符处理事件操作，代码如下：

```
07. static void db_disc_handler(ble_db_discovery_evt_t * p_evt)
08. {
09.     ble_ias_c_on_db_disc_evt(&m_ias_c, p_evt);
10. }
```

函数运行会启动设备发现服务，当报警水平特征值有效时，启动 evt_type 为 BLE_IAS_C_EVT_DISCOVERY_COMPLETE，即发现客户端事件。

```
01. void ble_ias_c_on_db_disc_evt(ble_ias_c_t * p_ias_c, const ble_db_discovery_evt_t
                                 * p_evt)
02. {
03.     ........................
04.     ........................
05.
06.     if (evt.alert_level.handle_value != BLE_GATT_HANDLE_INVALID)
07.     {
08.         evt.evt_type = BLE_IAS_C_EVT_DISCOVERY_COMPLETE;//如果客户端事件发现完成
09.     }
10.
11.     p_ias_c->evt_handler(p_ias_c, &evt);
12. }
```

这时表示客户端被完全发现，在服务初始化函数 ias_client_init() 中声明的事件回调函数 on_ias_c_evt() 就可以启动报警的指针 m_is_ias_present 为真，并且设置函数 ble_ias_c_handles_assign() 可以配置多个客户端，可通过 conn_handle 连接句柄区分客户端。

```
01. static void on_ias_c_evt(ble_ias_c_t * p_ias_c, ble_ias_c_evt_t * p_evt)
02. {
03.     uint32_t err_code;
04.
05.     switch (p_evt->evt_type)
06.     {
07.         case BLE_IAS_C_EVT_DISCOVERY_COMPLETE:
08.             // IAS is found on peer. The Find Me Locator functionality of this app will work.
```

```
09.  err_code = ble_ias_c_handles_assign(&m_ias_c,
10.                            p_evt->conn_handle,
11.                            p_evt->alert_level.handle_value);
12.            APP_ERROR_CHECK(err_code);
13.
14.            m_is_ias_present = true;//报警指针为真
15. break;//BLE_IAS_C_EVT_DISCOVERY_COMPLETE
16. ……………………………………………………………………
17. ……………………………………………………………………
18. }
19. }
```

主机报警如何启动？如要寻找手机，可以按下防丢器上的按键，使手机报警发声，找到主机。因此在按键中断中设置按键事件，当按键"0"被按下，如发现设备后产生的报警指针为真，报警等级 m_is_high_alert_signalled 也为真时，向手机发送一个高报警等级。再按一下，再发送一个无报警等级。

如果手机在连接范围内，按下按键"1"后，手机首先报警，再按下按键"1"后，手机不报警。需注意，按键为短按，长按会产生模拟链路丢失的现象，协议栈下按键配置原理请参考 nRF52xx 蓝牙系列书籍中册第 5 章"蓝牙协议栈下按键的使用"章节，这里不展开。代码如下：

```
01. static void  bsp_event_handler(bsp_event_t event)//板载事件
02. {
03. uint32_t err_code;
04.
05. switch (event)
06. {
07. ……………………………………………………………………
08. ……………………………………………………………………
09. case BSP_EVENT_KEY_0://设置按键 1 触发事件
10. {
11. if (m_is_ias_present)//如果发现客户端报警指针为真
12. {
13. if (!m_is_high_alert_signalled)
14. {
15. err_code = ble_ias_c_send_alert_level(&m_ias_c,
16.                            BLE_CHAR_ALERT_LEVEL_HIGH_ALERT);//发送报警等级高
17. }
18. else
19. {
20. err_code = ble_ias_c_send_alert_level(&m_ias_c,
21.                            BLE_CHAR_ALERT_LEVEL_NO_ALERT);//发送报警等级无
22. }
23.
24. if (err_code == NRF_SUCCESS)
```

```
25. {
26.   m_is_high_alert_signalled = !m_is_high_alert_signalled;
27. }
28. else if (
29. (err_code ! = BLE_ERROR_NO_TX_PACKETS)
30. &&
31. (err_code ! = BLE_ERROR_GATTS_SYS_ATTR_MISSING)
32. &&
33. (err_code ! = NRF_ERROR_NOT_FOUND)
34. )
35. {
36. APP_ERROR_HANDLER(err_code);
37. }
38. }
39. }break;//BSP_EVENT_KEY_0
40.
41. case BSP_EVENT_KEY_1://设置按键2为停止报警
42. err_code = bsp_indication_set(BSP_INDICATE_ALERT_OFF);
43.                      APP_ERROR_CHECK(err_code);
44. break;//BSP_EVENT_KEY_1
45.
46. default:
47. break;
48. }
49. }
```

代码中调用的 ble_ias_c_send_alert_level 函数写一个 GATT 特征值给手机，手机 APP 根据特征值设置报警声音。按键2除了可以停止报警外，还可以触发剔除绑定事件，便于下次连接其他设备。

7.3 蓝牙防丢器调试

下载协议栈和应用程序到开发板，打开防丢器 APP，选择 nRF Toolbox 中的 PROXIMITY 服务，如图 7.9 左侧所示，如果开发板程序下载成功，则单击防丢器广播，并且进行连接，如图 7.9 右侧所示。

（1）寻物功能

单击箭头指向的寻物功能，即向防丢器写一个高报警等级，开发板的 LED3 灯会常亮报警，如图 7.10 所示。

（2）防丢功能

防丢功能需先设置丢失后的报警等级，默认为无报警，当丢失链接后，开发板不报警，手机会报警提示。打开 MCP APP，连接 PROX 服务，如图 7.11 左侧所示，找到 Link Loss 服务，单击写入箭头，设置为中等报警，如图 7.11 右侧所示，写入成功后，断开 APP 的连接。

图 7.9 连接防丢器

图 7.10 寻物功能

第 7 章 蓝牙防丢器详解

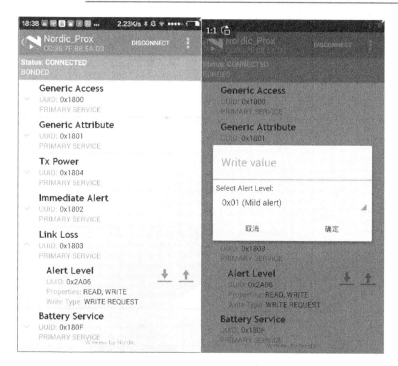

图 7.11 设置中等报警等级

打开防丢器 APP，单击防丢器广播，并且连接，如图 7.12 左侧所示，把开发板远离手机设备，当超出链接范围时，手机会出现如图 7.13 所示的丢失报警，同时开发板的 LED3 会报警闪烁。

图 7.12 丢失报警

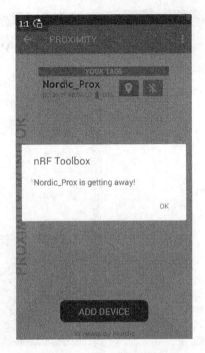

图 7.13　APP 提示丢失

（3）防丢器找手机

保持手机和防丢器在连接范围内按下按键"1"，手机鸣叫报警，再按下按键"1"后，手机不报警。

7.4　本章小结

本章主要分析了防丢器的三个主要服务功能，分别对应寻物、防丢、双向寻物。现在例子中报警只采用了 LED 设备报警，可以加入蜂鸣器等发出噪声进行报警，需在报警等级更新函数中设置。本例是一个很经典的蓝牙应用，希望大家认真阅读代码进行研究。

第 8 章
DFU 升级实现详解

设计者在产品批量生产后,如果产品出现 BUG 或者增加产品功能,需修复或升级固件。如果重新拆开设备外壳连接仿真器下载,则会破坏产品的完整性,并且费时费力,对开发者是相当麻烦的问题。这种情况下可以采取空中升级或者串口升级的模式。如何实现?什么叫 BLE OTA?什么叫 DFU?如何通过 UART 实现固件升级?怎么保证升级的安全性?本章将对上述问题进行探讨,主要讲解如何实现空中升级,并且对相关专业术语进行解释。

8.1 DFU 的功能介绍

8.1.1 DFU 的原理

DFU(Device Firmware Update)是设备固件升级,OTA 是 DFU 的一种类型,是(Over The Air)的英文简称,OTA 的全称应该是 OTA DFU,为方便起见,直接用 OTA 指代固件空中升级。DFU 既可以通过无线方式(OTA)升级,也可以通过有线方式升级,如通过 UART、USB 或者 SPI 通信接口升级设备固件。

DFU 可以采用 Dual Bank 或者 Single Bank 模式。Dual Bank 是升级时系统进入 Bootloader,把新系统(新固件)下载下来并校验成功,再擦除老系统(老固件)并升级为新系统。Dual Bank 模式虽然牺牲了很多存储空间,但换来了更好的升级体验。

Single Bank 是升级时系统进入 Bootloader,把老系统擦除,直接把新系统下载到老系统区域。跟 Dual Bank 相比,Single Bank 大大节省 Flash 存储区域,在系统资源比较紧张时,推荐使用 Single Bank 方式。

不管是 Single Bank 还是 Dual Bank,升级过程出现问题后,都可以进行二次升级,都不会出现"变砖"的情况。不过 Dual Bank 有一个好处,如果升级过程中出现问题或者新固件有问题,它还可以选择之前的老系统继续执行而不受其影响。而 Single Bank 碰到这种情况就只能一直待在 Bootloader 中,等待二次或者多次升级,此时设备的正常功能就无法使用了,从用户使用角度来说,可以认为此时设备已经"变砖"了。

图 8.1 所示为 Dual Bank Flash 布局,图 8.2 所示为 Single Bank Flash 布局。

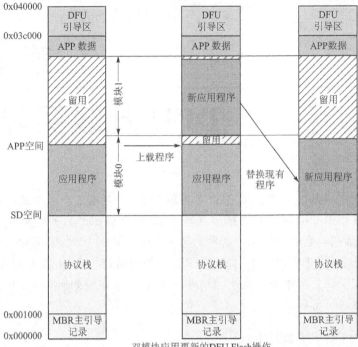

图 8.1 双模块 Flash 布局

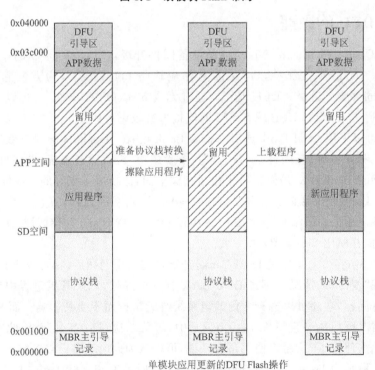

图 8.2 单模块 Flash 布局

Bootloader 和 SD 的更新只能用 Dual Bank 模式。若使用 Single Bank 模式，一旦传输错误，设备就无法启动了，只能通过 Flash 工具重新烧写。应用程序的更新可使用 Dual Bank 或 Single Bank 模式，即使出错，但因为 Bootloader 正常，因此也可以重新下载 APP。

在实际给出的 nRF528xx 例子中，确定使用 Dual Bank 模式进行 OTA 升级。设备烧录了 Bootloader 程序后，工作在 DFU 模式，这时可使用手机 DFU 工具或者 PC 端的 Master Control Panel 软件（配合 dongle）对设备进行 DFU 操作。

设备上电完成后，系统先运行 Bootloader，Bootloader 判断在 Bank0 是否有应用程序。如果有，则 Bootloader 执行应用程序，否则系统会一直处在 DFU 模式，等待应用程序更新。系统的执行流程框架图如图 8.3 所示。

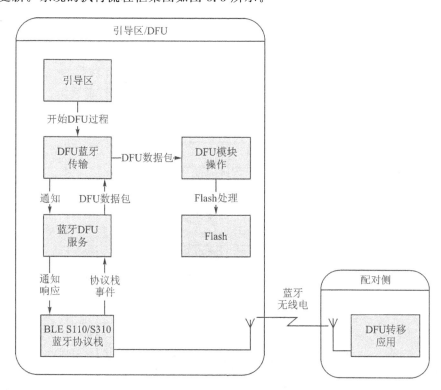

图 8.3　DFU 执行流程

实现步骤如下所示：

① 在升级程序之前，当前的应用程序存放在 Bank 0，此时 Bank 1 的存储空间未被使用，如图 8.4 所示。

② Bootloader 进入 DFU 模式会将 Bank 1 区域擦除，用于存放将要升级的应用程序数据，数据校验成功，擦除 Bank0 的程序，可确保当升级程序失败时，旧的应用程序还可以正常运行，系统不至于停止运行，如图 8.5 所示。

③ 将接收到的新应用程序的数据包写入 Bank 1，如图 8.6 所示。

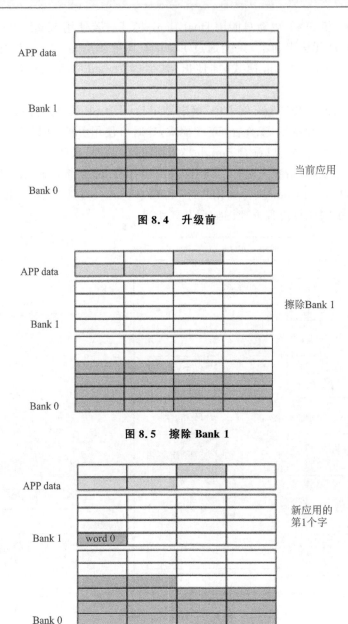

图 8.4 升级前

图 8.5 擦除 Bank 1

图 8.6 写入 Bank 1

④ 将待升级的应用程序完整写入 Bank 1 中后，新应用程序和旧应用程序都会存在 Flash 存储空间中，这样可以确保当新的应用程序无法启动时，还可以运行旧的应用程序，如图 8.7 所示。

⑤ 待新接收的数据检验成功后，Bank 0 中的旧应用程序会被擦除，如图 8.8 所示。

⑥ 将 Bank 1 中的数据复制到 Bank 0 也是激活新应用程序的一部分，如图 8.9 所示。

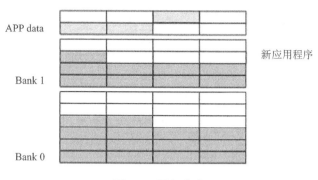

图 8.7　写入完成

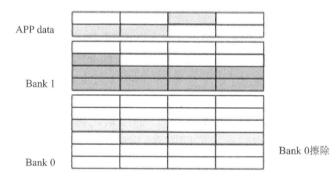

图 8.8　删除 Bank 0

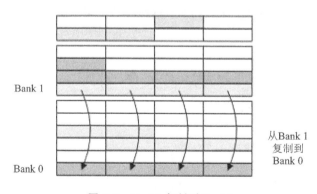

图 8.9　Bank1 复制到 Bank0

⑦ 完成 Bank 1 到 Bank 0 数据的复制后，运行 Bank 0 的应用程序。Bank 1 中数据不会被擦除，等待再次进入 Bootloader DFU 模式才擦除 Bank 1 数据，如图 8.10 所示。

⑧ 如果设置了将旧应用程序的数据保留，则新的应用程序会将其数据在原有数据存储空间上叠加存储，不会覆盖。这就是 Single Bank 和 Dual Bank 的区别了。

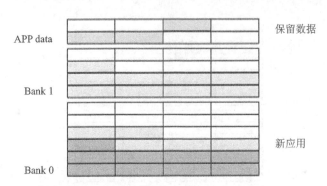

图 8.10 复制完成

8.1.2 DFU 升级工具

Nordic 的 SDK 提供了 OTA(BLE)DFU、UART DFU 及 USB DFU(nRF52840 独有)例程,大家可以直接参考 Nordic 例程来实现自己的 DFU。由于 Nordic SDK 版本很多,而且每个版本之间或多或少有些差异,本章将以 SDK15 版本为例详细阐述 Nordic 的空中升级。

SDK9/10/11 版本 Nordic 只有明文 DFU 的演示代码。从 SDK12 到 SDK14 开始,Nordic 开始支持安全 DFU(Secure DFU)的演示代码。SDK15 版本同时提供明文 DFU 和安全 DFU(Secure DFU)的演示代码。

所谓安全 DFU,不是指升级时固件是加密的,而是指升级之前 Bootloader 先验证新固件的签名,只有验签通过后,才允许后续升级,此时的升级方式仍然是明文;验签失败,则拒绝后续升级。安全 DFU 的方式可以防止任意第三方接入升级,大大提高系统的安全性。

安全 DFU 需要如下工具:

- gcc-arm-none-eabi 编译环境:GCC 编译环境;
- mingw 平台;
- micro-ecc-master 源码;
- python 安装文件;
- pc-nrfutil 工具;
- nrfgostudie 环境;
- nrf connect app。

可以通过下面网址更新下载软件:

- gcc-arm-none-eabi 编译环境:
  https://developer.arm.com/open-source/gnu-toolchain/gnu-rm/downloads;
- mingw 平台:https://sourceforge.net/projects/mingw/files/latest/download?source;
- micro-ecc-master 源码:https://github.com/kmackay/micro-ecc;

- python 安装文件:https://www.python.org/downloads/;
- pc-nrfutil 工具:https://github.com/NordicSemiconductor/pc-nrfutil/。

或者通过我们网盘下载好的 DFU 软件直接安装使用。

注意:根据升级时如何跳转到 Bootloader,nRF5 SDK 不同的版本又将 DFU 分为按键式 DFU 和非按键式(Buttonless)DFU。按键式 DFU,是上电时长按某个按键以进入 Bootloader 模式。非按键式 DFU,是整个 DFU 过程中设备端无任何人工干预,通过 BLE 指令方式让设备进入 Bootloader 模式。

SDK11 之前版本采用按键式 DFU,按键式 DFU 比较简单,只需将 Softdevice 和 Bootloader Image 烧入到设备中(Application 可烧可不烧),按住 button4 上电,设备就会自动进入 Bootloader 模式,然后就可以通过 nRF Connect 或者 nRF Toolbox 对设备进行 OTA 了。

SDK12 后的版本采用非按键式 DFU,一旦非按键式 DFU 例子从 APP 跳到 Bootloader,后续 DFU 升级过程就跟按键式 DFU 一模一样,所以如果对按键式 DFU 操作过程有不明白的地方,可以参考非按键式 DFU 的说明。下面的升级步骤针对非按键式 DFU 的例子。

8.2 DFU 文件制作步骤

8.2.1 GCC 编译环境的安装

① 安装 gcc-arm-none-eabi,双击安装包 gcc-arm-none-eabi-6-2017-q2-update-win32.exe 后弹出语言选择框,单击 OK 按钮,如图 8.11 所示。

图 8.11 安装语言选择

② 弹出 gcc-arm-none-eabi 的安装向导,单击"下一步"按钮继续安装,如图 8.12 所示。

③ 提示许可证协议条款,同意条款,单击"我接受"按钮,如图 8.13 所示。

④ 弹出选择安装路径选项,使用默认的地址路径,单击"安装"按钮,如图 8.14 所示。

⑤ 单击"安装"按钮后,会出现安装进度条,如图 8.15 所示,等待安装完成。

⑥ 安装完成,单击"完成"按钮退出界面,如图 8.16 所示。

图 8.12　安装向导

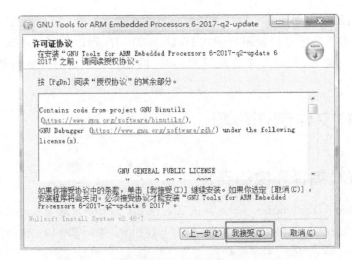

图 8.13　接受许可

图 8.14　选择安装路径

第 8 章　DFU 升级实现详解

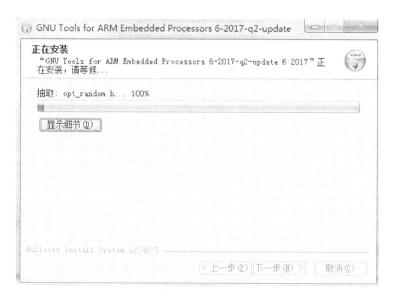

图 8.15　安装进度

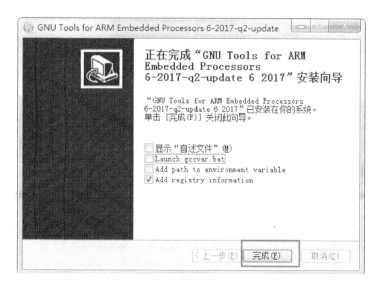

图 8.16　安装完成

8.2.2　MinGW 平台的安装

1. MinGW 平台的安装

MinGW 平台的安装步骤如下：

① 双击 mingw-get-setup.exe 图标，单击 Install 按钮进行安装，如图 8.17 所示。

② 选择安装路径，如图 8.18 所示，选择默认路径，单击 Continue 按钮继续。

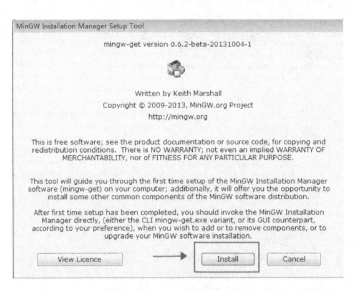

图 8.17　单击安装

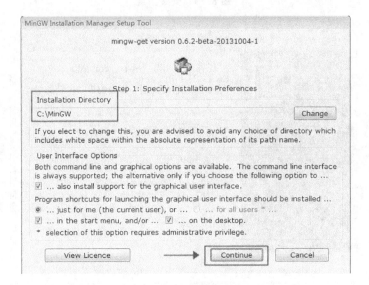

图 8.18　选择安装路径

③ 单击 Continue 按钮后，会出现安装进度条，如图 8.19 所示，等待安装完成。

④ 安装好后，弹出 Package 包安装界面，选择图 8.20 所示三个项目，再选择 make for Installation。

⑤ 选择选项后，单击 Installation→Apply Changes 选项，选择安装上一步选择的安装选项，如图 8.21 所示，同意应用，单击弹出框的 Apply 选项，如图 8.22 所示。

2. 环境变量的配置

安装好 MinGW 后，需要在系统环境变量的 Path 中添加路径，具体步骤如下：

第 8 章　DFU 升级实现详解

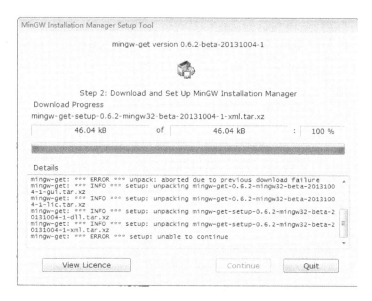

图 8.19　安装进度

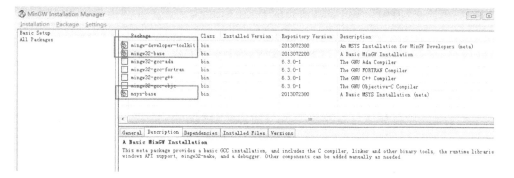

图 8.20　选择安装选项

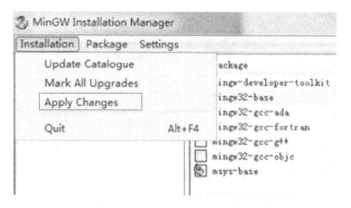

图 8.21　选择应用改变

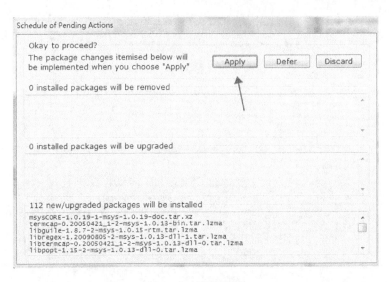

图 8.22 同意应用

① 鼠标放到"我的计算机"上,单击右键,选择"属性",弹出如图 8.23 所示编辑界面,选择"高级系统设置"。

图 8.23 选择高级设置

② 选择"高级系统设置"后,弹出如图 8.24 所示系统属性框,单击下方的"环境变量"按钮。

③ 在系统变量中,找到 Path 变量,单击打开,弹出"编辑系统"变量框,在框中添加 MinGw 的路径,输入"c:\MinGW\bin;",如图 8.25 所示,注意一定要用";"号结束。

3. 环境安装验证及常见错误解决

有的客户安装软件后,缺少文件,无法使用,所以安装后需要验证是否安装成功。

① 打开"开始"菜单,在命令框内输入 cmd 命令,进入 DOS,如图 8.26 所示。

第 8 章　DFU 升级实现详解

图 8.24　选择环境变量

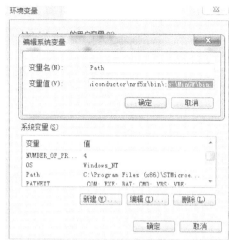

图 8.25　编辑路径

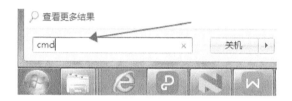

图 8.26　输入 cmd 命令

② 在命令行内输入 gcc-V 指令，查询 GCC 版本，注意 V 一定要大写，如图 8.27 所示。如果出现版本说明，表示安装成功。

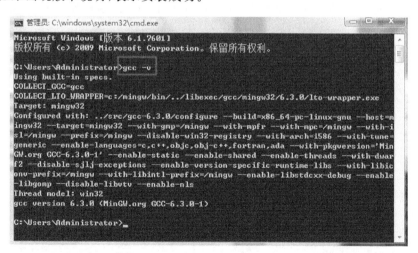

图 8.27　查询版本

③ 如果输入指令弹出如图 8.28 提示错误，提示缺少文件。
④ 单独下载图 8.28 中所示的 dll 文件，下载地址：http://dl.pconline.com.cn/

download/401180.html。将文件复制到 MinGW/bin 文件夹内，如图 8.29 所示。

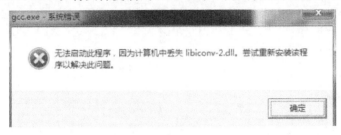

图 8.28　错误提示

图 8.29　复制路径

8.2.3　micro-ecc-master 源码的添加

把下载的 micro-ecc-master.zip 解压，解压后拷贝到 nRF5_SDK_15.0.0_a53641a/external/micro-ecc 文件夹中，重新命名为 micro-ecc，如图 8.30 所示。

图 8.30　解压路径

8.2.4 micro_ecc_lib_nrf52.lib 文件的生成

① 打开 MinGW/msys 文件中的批处理文件 msys.bat，双击"打开"按钮，如图 8.31 所示。

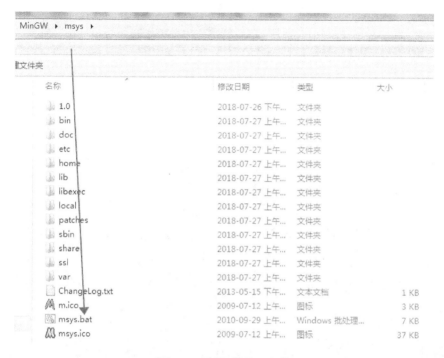

图 8.31 打开批处理文件

② 弹出一个批处理文件框，在框内输入如下命令：

cd /I/nRF5_SDK_15.0.0_a53641a/external/micro-ecc/nrf52hf_keil/armgcc

该命令中从 I 开始的部分实际上是 armgcc 算法文件的存储路径。也可以直接把文件包 armgcc 拖入到批处理框中，如图 8.32 所在位置。

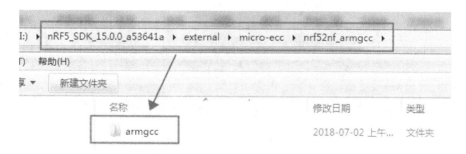

图 8.32 文件路径

将图 8.32 文件夹拖入批处理框中，把命令修改成指定格式，如图 8.33 所示，单击回车。

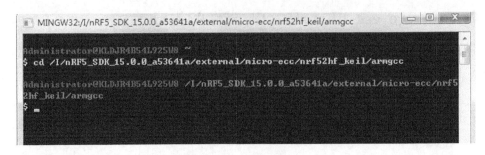

图 8.33 修改为指令

③ 找到算法后,继续输入指令 make,生成 lib 文件,如图 8.34 所示。

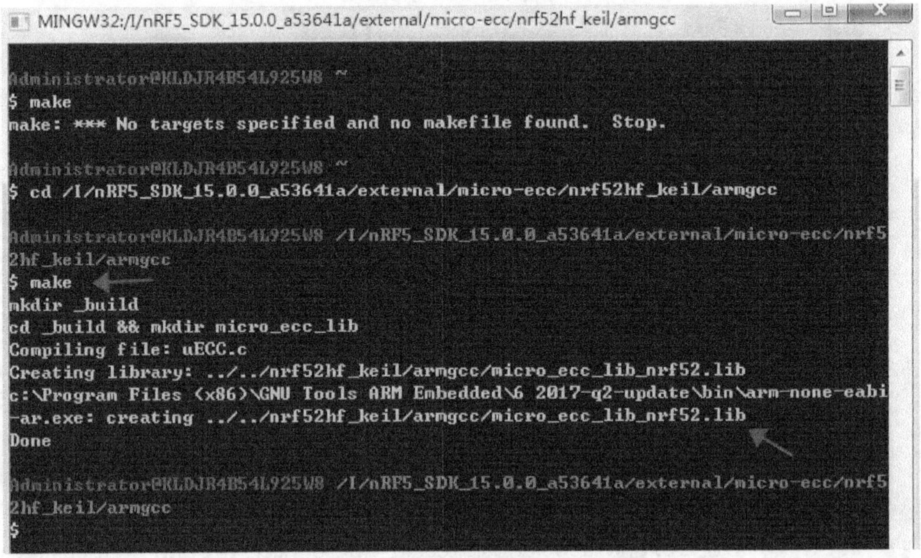

图 8.34 生成 lib

当 make 后出现未发现文件,如图 8.35 所示。

图 8.35 未发现文件

即没有发现 GNU Tools 的安装路径,前面安装的 gcc-arm-none-eabi 路径和 SDK 里的设置路径和版本不同。打开 nRF5_SDK_15.0.0_a53641a/components/toolchain/gcc 文件夹,找到 Makefile.windows 文件,用记事本打开,如图 8.36 所示。

第 8 章　DFU 升级实现详解

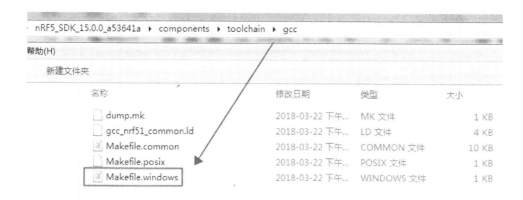

图 8.36　找到 Makefile.windows 文件

打开文件后显示安装路径和版本号,如图 8.37 所示,如果与实际的安装路径和版本号不符合,请修改 8.2.1 小节 gcc-arm-none-eabi 软件安装的路径和软件版本。

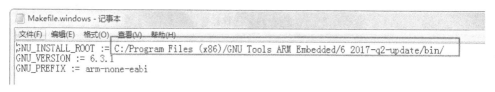

图 8.37　显示版本和路径

8.2.5　python 软件的安装

① 双击 python-2.7.14.amd64.msi 图标(32 位计算机安装 python-2.7.14.msi),单击 Install 进行安装,如图 8.38 所示,选择"Install for all users"。

图 8.38　选择安装

② 选择安装路径，如图 8.39 所示，选择默认路径不要改变，然后单击 next 按钮继续。

图 8.39　选择路径

③ 选择安装的插件，如图 8.40 所示，选择默认插件，单击 Next 按钮继续。

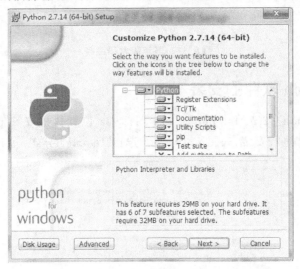

图 8.40　选择安装内容

④ 安装完成，单击 Finish 按钮退出界面，如图 8.41 所示。

⑤ 在系统变量中，找到 Path 变量，单击打开，弹出"编辑系统变量"框，在框中添加 MinGW 的路径，输入"c:\Python27;c:\Python27\Scripts;"，如图 8.42 所示，注意一定要用";"号结束。

⑥ 打开计算机"开始"菜单，在命令框内输入 cmd 命令，进入 DOS，在命令行内输入 python - V 指令，查询 python 版本，注意 V 一定要大小，如图 8.43 所示，如果出现版本说明，则表示安装成功。

第 8 章　DFU 升级实现详解

图 8.41　完成安装

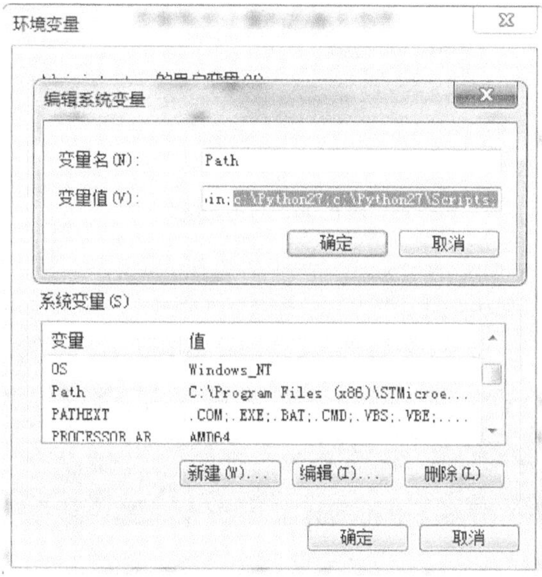

图 8.42　添加变量路径

图 8.43　输入命令

8.2.6　pc-nrfutil 的安装与密钥的生成

① 把 pc-nrfutil 压缩包解压。如图 8.44 所示，打开有 setup.py 文件的目录，在此处打开 DOS 命令(Shift+右键打开)。

图 8.44　打开 DOS

② 输入 python setup.py install 命令，如图 8.45 所示。这一步骤需要联网运行，安装可能需要等待几分钟时间。

图 8.45　输入命令

③ 在 DOS 命令下输入 nrfutil 命令可以获取更多关于 nrfutil 的信息，如图 8.46 所示，则表示 nrfutil 安装成功。

④ 在 I 盘新建一个文件夹，命名为 key。在 cmd 命令中输入以下内容：nrfutil.exe keys generate I:\key\private.key，如图 8.47 所示会在 I 盘的 key 文件夹中生成 private.key 文件。

打开 key 文件夹，会发现生成了一个 private.key 文件，如图 8.48 所示。

⑤ 使用这个文件生成一个 C 文件，图 8.49 中可见密钥(private.key)和公钥(public_key.c)。务必保存好密钥 private.key，每个新 image 升级时，都需通过密钥签名，一旦 private.key 丢失或者被暴露，DFU 将无法进行或者变得不安全。

第 8 章　DFU 升级实现详解

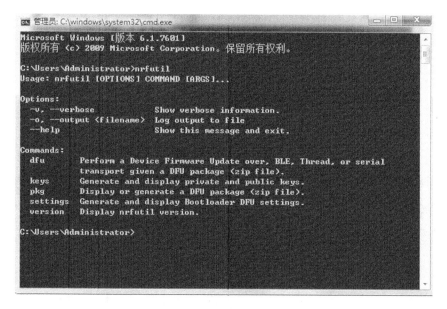

图 8.46　获取信息

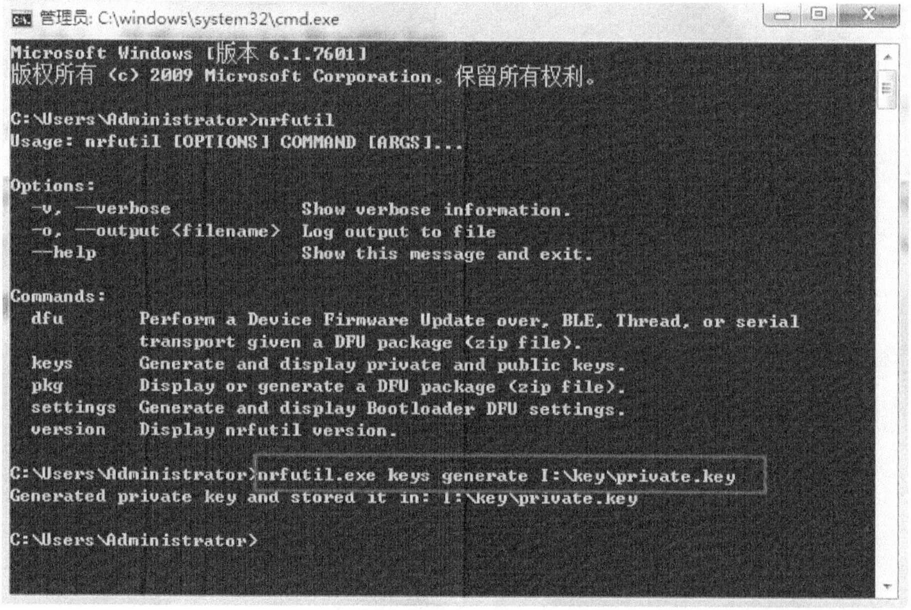

图 8.47　生成 key

在 DOS 中输入生成公钥的指令如下：nrfutil keys display -- key pk -- format code I:\key\private.key -- out_file I:\key\public_key.c，如图 8.49 所示。

打开 key 文件夹，会发现生成了一个 public_key.c 文件，如图 8.50 所示，至此密钥（private.key）和公钥（public_key.c）都生成成功了。

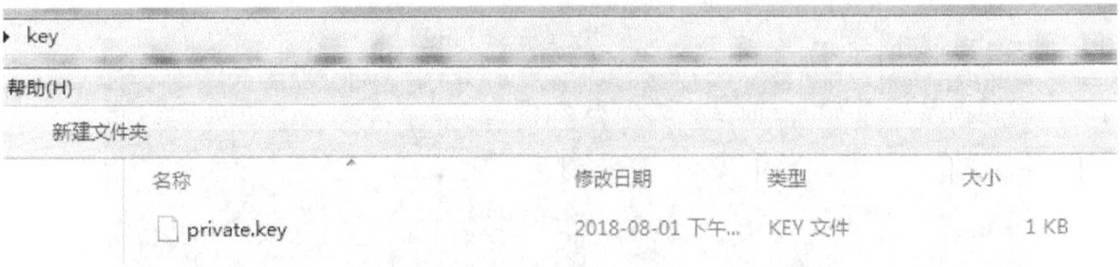

图 8.48　保存 key

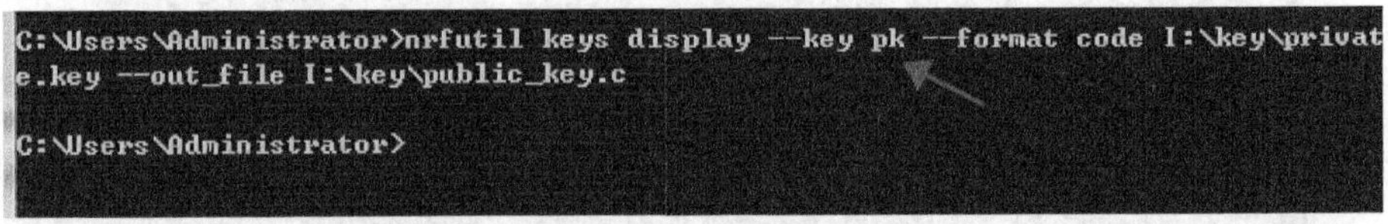

图 8.49　生成公钥

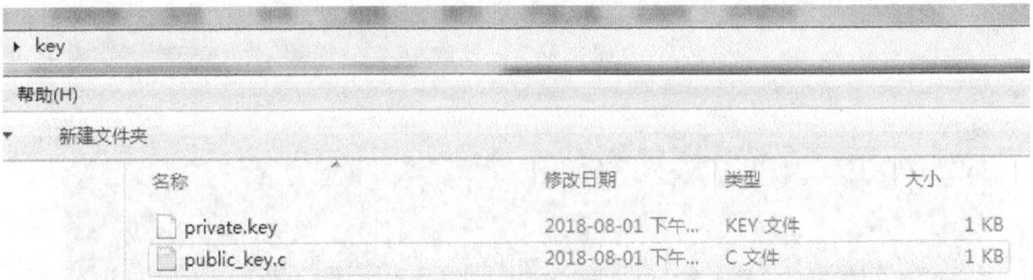

图 8.50　保存公钥

⑥ 将公钥 public_key.c 文件改名为 dfu_public_key.c，用该文件替换目录\examples\dfu\下的 dfu_public_key.c 文件，如图 8.51 所示。

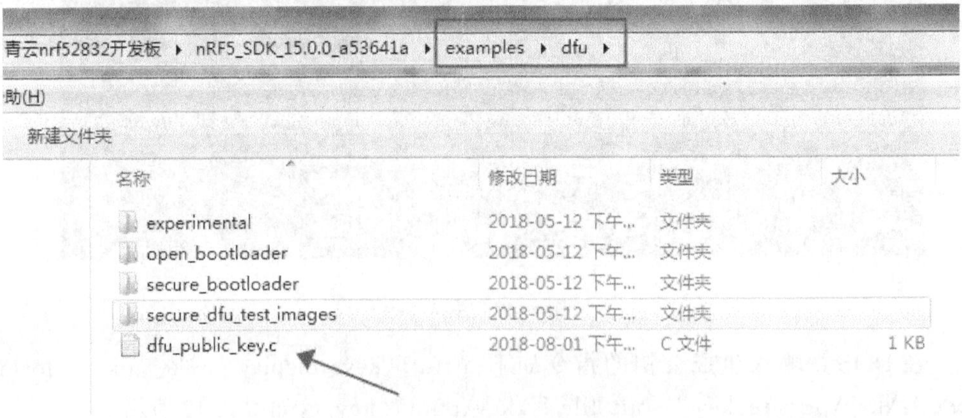

图 8.51　替换 SDK 里的公钥

8.2.7 boot 工程和应用工程的 hex 生成

1. boot 工程的 hex 生成

① 打开工程目录:nRF5_SDK_15.0.0_a53641a\examples\dfu\secure_bootloader\pca10040_ble\arm5_no_packs 下的 Keil 工程。如果之前的工作操作正确,编译该工程会提示 0 错误,如图 8.52 所示,并且生成默认名字为 nrf52832_xxaa_s132.hex 的文件。

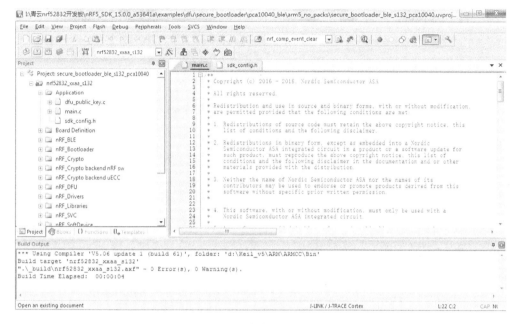

图 8.52 生成 boot 的 hex

② 把 nrf52832_xxaa_s132.hex 文件名改为 boot.hex,放到新建的 key 文件夹中,如图 8.53 所示。

2. 应用工程的 hex 生成

① 打开工程目录:nRF5_SDK_15.0.0_a53641a\examples\ble_peripheral\ble_app_buttonless_dfu\pca10040\S132\arm5_no_packs 下的 keil 工程。如果之前的工作操作正确,编译该工程会提示 0 错误,并且生成默认名字为 nrf52832_xxaa.hex 的文件。

② 把 nrf52832_xxaa.hex 文件改为 app.hex,放到新建的 key 文件夹中,如图 8.54 所示。

3. 应用工程的 zip 生成

SDK9 版本后,DFU 仅支持 ZIP 升级,因此,升级的固件必须做成 ZIP 格式,需通过 DOS 输入 nrfutil 来实现。打开存放 app.hex 文件的 key 文件夹,打开 DOS 命令(Shift+右键打开)。输入命令:nrfutil pkg generate -- hw - version 52 -- application -

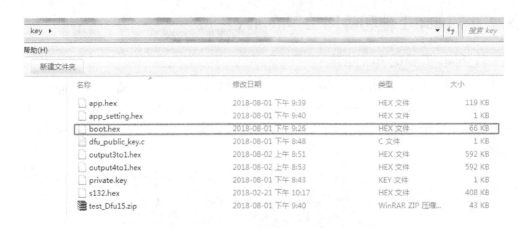

图 8.53 保存 boot 的 hex

图 8.54 保存应用的 hex

version 1 -- application app. hex -- sd - req 0xa8 -- key - file private. key test_Dfu15. zip。如图 8.55 所示。

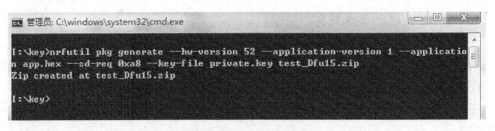

图 8.55 生成 zip 文件

指令简单说明如下：

hw - version 52：硬件版本。如果是 nrf51822，则设置为 51；如果是 nrf52832，则设置为 52。

application-version 1:使用的版本号,用户可以自己设置,标志第几个版本的固件。

req 0xa8:协议栈版本 ID 号,官方给出的各个协议栈版本的 ID 号如下:

. S132_nrf52_2.0.0:0x81

. S132_nrf52_2.0.1:0x87

. S132_nrf52_3.0.0:0x8c

. S132_nrf52_4.0.2:0x98

. S132_nrf52_5.0.0:0x9D

. S132_nrf52_6.0.0:0xA8

也可以通过 nRFgo studio 软件观察,如图 8.56 所示。

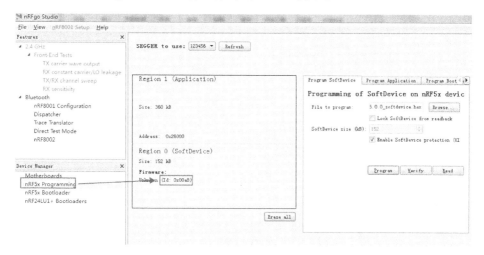

图 8.56 观察 ID

test_Dfu15.zip:输出的应用 zip 文件名称。

输入命令后,回车,会在 key 文件夹内生成 zip 应用文件,如图 8.57 所示。

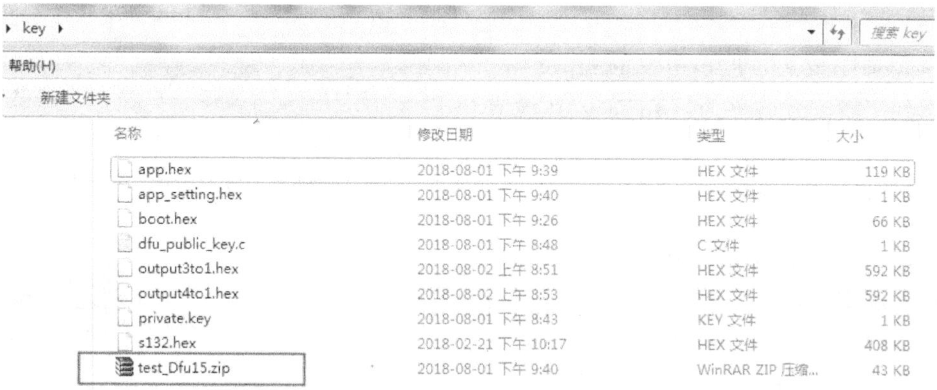

图 8.57 保存 zip 文件

8.3 程序烧录与升级

8.3.1 程序的烧录与升级

1. 程序烧录步骤

① 如图 8.58 所示，在 Program SoftDevice 中烧录协议栈 hex 文件 s132_nrf52_6.0.0_softdevice.hex。

② 在 Program Boot 中烧录 boot 的 hex 文件 boot.hex。

③ 在 Program Application 中烧录应用的 hex 文件 app.hex。

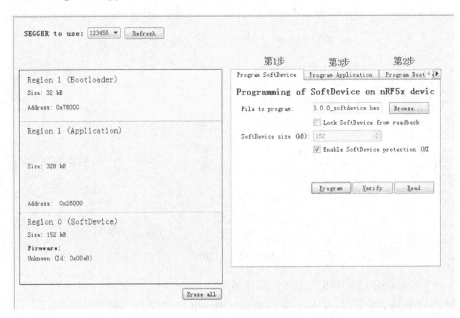

图 8.58 下载步骤

烧录完成后，使用 nRF connect app 搜索到广播信号名称为：DfuTarg，还没有进入应用广播，如图 8.59 所示。

2. DFU 升级

① 升级一次应用。单击 DfuTarg 广播的连接 CONNECTED，进入服务，单击右上角的 DFU 图标，如图 8.60 所示。

② 弹出选择文件框，由于 SDK10 之后的版本只支持 ZIP 方式升级，因此选择

图 8.59 DFU 升级广播

第一项，如图 8.61 所示。单击 OK 按钮加载制做的应用 ZIP 文件。

图 8.60　单击升级按钮　　　　　　图 8.61　选择升级文件

③ 加载 ZIP 文件后，升级开始，图 8.62 所示为升级速度和升级进度。

④ 升级完成后，重新用 nRF CONNECT APP 扫描，扫描到的广播名称变成了 Nordic_Buttonless，表明已经进入应用服务，如图 8.63 所示。

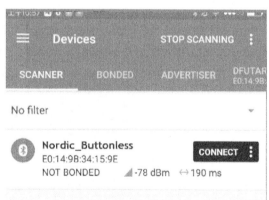

图 8.62　升级进度　　　　　　图 8.63　应用广播

根据前面的分析，SDK12 后的 SDK 版本采用非按键式（Buttonless）DFU，一旦 Buttonless DFU 例子从 Bootloader 跳到了 APP 应用，后续升级 DFU，就不需要通过按键切换了，只需要通过 APP 发送切换指令就可以了。因为大部分设备上没有按键，这样就大大扩展了应用场景。那么如何发送切换指令呢？

连接进入应用后，发现存在一个按键服务，这个按键服务有指示功能和写功能。第 1 步使能指示功能，如图 8.64 所示。

第 2 步：单击写功能，弹出写命令框，选择发送指令，如图 8.65 所示。

图 8.64　再次发起升级

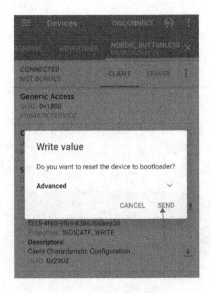

图 8.65　发送升级命令

发送完切换指令后，退出原来的连接，重新用 APP 扫描，广播信号名称又变成了 DfuTarg，此时可以重新开始空中升级，如图 8.66 所示。

图 8.66　进入 Dfu 广播

8.3.2 hex 的烧录与合并

1. setting 文件的生成与使用

批量生产时,希望应用程序下载后可直接运行,而不需空中升级一次。生成 setting 文件可达到这种状态。

在存放了 app.hex 文件的 key 文件夹中,打开 DOS 命令(Shift+右键打开)。输入命令:

nrfutil settings generate -- family NRF52 -- application app.hex -- application-version 1 -- bootloader-version 1 -- bl-settings-version 1 app_setting.hex

可得如图 8.67 所示界面。

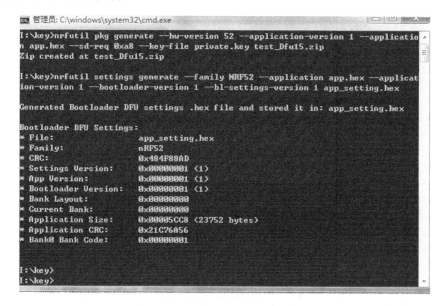

图 8.67 生成 setting 文件

注意:-- application-version 和-- bootloader-version:为用户选择的 application 和 bootloader 最初的版本,此处都填 1。

如果生成成功,打开 key 文件夹,会发现生成了 app_setting.hex 文件,如图 8.68 所示。

使用 nRFgo Studio 烧录固件,步骤如下:

① softdevice → ② bootloader_setting → ③ bootloader → ④ application。如图 8.69 所示。

对应的 hex 如图 8.70 所示。

烧录完成后,在应用下运行程序广播,显示广播名称为:Nordic_Buttonless。

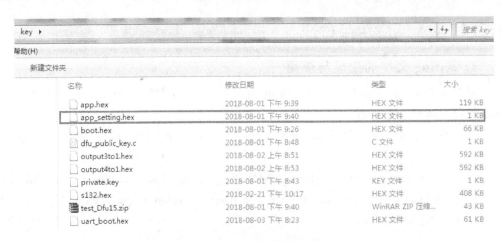

图 8.68　保存的 setting 文件

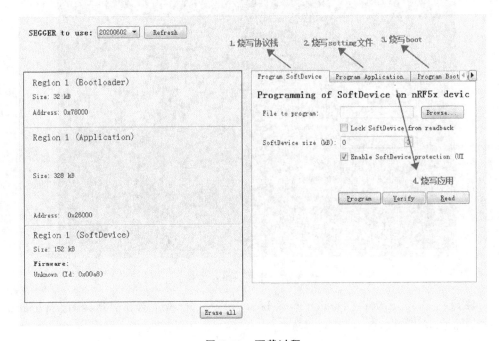

图 8.69　下载过程

2. hex 文件的合并烧录

为了进一步简化批量生产的步骤,可以把所有需要烧录的文件打包,形成一个单独的 hex,方便批量烧写,要用到 nRF5x command line tool 里的 mergehex 指令,该指令一次最多可以合并 3 个 hex 文件。4 个 hex 文件,需分两步合并。

(1) 合并协议栈 hex、boot 的 hex 和应用 hex:

打开存放了三个 hex 文件的 key 文件夹,在此处打开 DOS 命令(Shift+右键打开)。输入命令:

第 8 章　DFU 升级实现详解

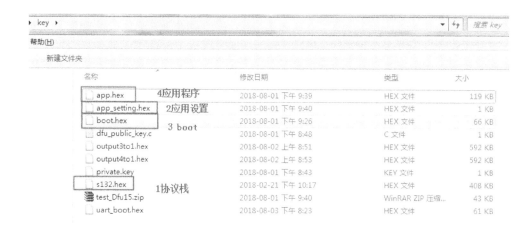

图 8.70　对应下载的 hex

mergehex -- merge s132.hex boot.hex app.hex -- output output3to1.hex

注：s132.hex 为协议栈 hex 文件；boot.hex 为 boot 的 hex 文件；app.hex 为应用的 hex 文件；output3to1.hex 为需要输出的 hex 文件。

如图 8.71 所示，输入命令后回车，生成了 3 个文件的合并 hex 文件。

图 8.71　生成三合一文件

（2）继续合并，把 3 合一的 hex 和 app_setting.hex 合并，指令如图 8.72 所示，输出 output4to1.hex。命令为：mergehex -- merge output3to1.hex app_setting.hex -- output output4to1.hex，输入命令后回车，生成了 4 个 hex 的合并文件。

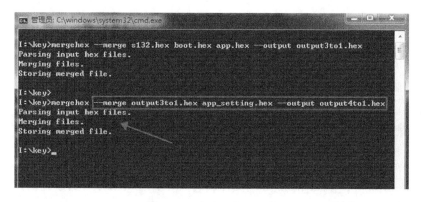

图 8.72　生成 4 合一文件

合并的 hex,就可以直接用 nRFgo 应用烧录,如图 8.73 所示。

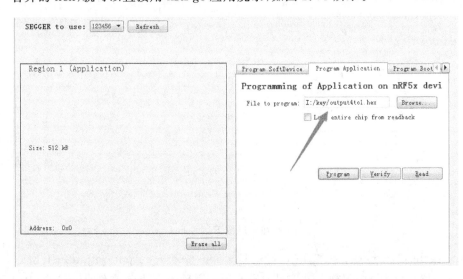

图 8.73 下载合并文件

这样,就实现了整个空中升级 DFU 的过程。第 9 章将叙述如何把应用程序改造成带空中升级 DFU 功能的例子。

8.4 串口 DFU 升级

串口升级不同的地方就是 boot 的区别,而且串口升级不需要在应用程序中加入 OTA 服务,程序烧录与升级使用起来方便简单。本节将讲述如何采用官方已经配置好的 UART Boot 实现串口程序的升级。串口升级中前述所有的安装及公钥、密钥的生成,以及 lib 文件的生成都是一样的,区别从 boot 的 hex 和应用开始。因此完成了前面的配置部分后,就可以开始下面的内容。

8.4.1 boot 工程的 hex 生成

(1) 空中升级 DFU 的 boot 工程路径。打开工程目录:nRF5_SDK_15.0.0_a53641a\examples\dfu\secure_bootloader\pca10040_uart\arm5_no_packs 下的 Keil 工程,如图 8.74 所示。如果之前的工作操作正确,编译该工程会提示 0 错误,并且生成默认文件名为 nrf52832_xxaa_s132.hex 的文件。

nRF5_SDK_15.0.0_a53641a ▶ examples ▶ dfu ▶ secure_bootloader ▶ pca10040_uart ▶ arm5_no_packs ▶

图 8.74 串口 boot 工程路径

(2) 把 nrf52832_xxaa_s132.hex 文件改名为 uartisp_boot.hex,放到新建的 key 文件夹中,如图 8.75 所示。

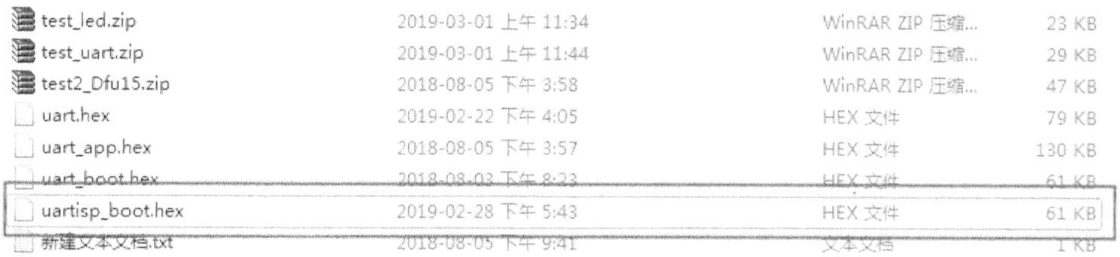

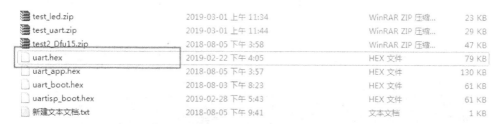

图 8.75　保存生成的 boot hex 文件

8.4.2　应用工程的 hex 生成

（1）打开工程目录任意一个带有按键休眠功能的工程，比如蓝牙串口工程：
nRF5_SDK_15.0.0_a53641a\examples\ble_peripheral\ble_app_uart\pca10040\S132\arm5_no_packs 下的 Keil 工程。如果之前的操作正确，编译该工程会提示 0 错误，生成默认文件名为 nrf52832_xxaa.hex 的文件。

（2）把 nrf52832_xxaa.hex 文件改名为 uart.hex，放到新建的 key 文件夹中，如图 8.76 所示。

图 8.76　应用的 hex 文件

8.4.3　应用工程的 ZIP 生成

SDK9 版本后，DFU 仅支持 ZIP 升级，因此，升级的固件必须做成 ZIP 格式，可通过 DOS 输入 nrfutil 来实现。打开存放 uart.hex 文件的 key 文件夹，在此处打开 DOS 命令（shift+右键打开）。输入命令：

nrfutil pkg generate −− hw − version 52 −− application − version 1 −− application uart.hex −− sd − req 0xa8 −− key − file private.key test_uart.zip，如图 8.77 所示。关于生成 ZIP 的命令的含义，见 8.3 节内容。

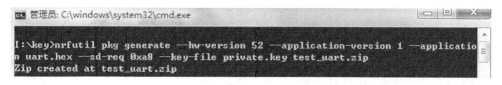

图 8.77　生成 ZIP 命令

输入命令后,回车,在 key 文件夹内生成 ZIP 应用文件,如图 8.78 所示。

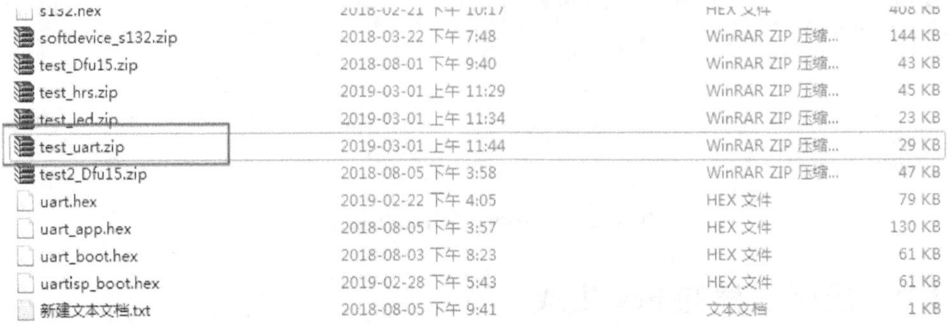

名称	日期	类型	大小
s132.hex	2018-02-21 下午 10:17	HEX 文件	408 KB
softdevice_s132.zip	2018-03-22 下午 7:48	WinRAR ZIP 压缩...	144 KB
test_Dfu15.zip	2018-08-01 下午 9:40	WinRAR ZIP 压缩...	43 KB
test_hrs.zip	2019-03-01 上午 11:29	WinRAR ZIP 压缩...	45 KB
test_led.zip	2019-03-01 上午 11:34	WinRAR ZIP 压缩...	23 KB
test_uart.zip	2019-03-01 上午 11:44	WinRAR ZIP 压缩...	29 KB
test2_Dfu15.zip	2018-08-05 下午 3:58	WinRAR ZIP 压缩...	47 KB
uart.hex	2019-02-22 下午 4:05	HEX 文件	79 KB
uart_app.hex	2018-08-05 下午 3:57	HEX 文件	130 KB
uart_boot.hex	2018-08-03 下午 8:23	HEX 文件	61 KB
uartisp_boot.hex	2019-02-28 下午 5:43	HEX 文件	61 KB
新建文本文档.txt	2018-08-05 下午 9:41	文本文档	1 KB

图 8.78 生成了 ZIP 文件

8.4.4 程序的烧录步骤

打开刚才存放 hex 文件的 key 文件夹,在此处打开 DOS 命令(Shift+右键打开)。输入命令进行烧录。

① 在 Program softDevice 中烧录协议栈 hex 文件 s132_nrf52_6.0.0_softdevice.hex,如图 8.79 所示,输入命令 nrfjprog - f NRF52 -- program s132.hex。

```
I:\key>nrfjprog -f NRF52 --program s132.hex
Parsing hex file.
Reading flash area to program to guarantee it is erased.
Checking that the area to write is not protected.
Programing device.
```

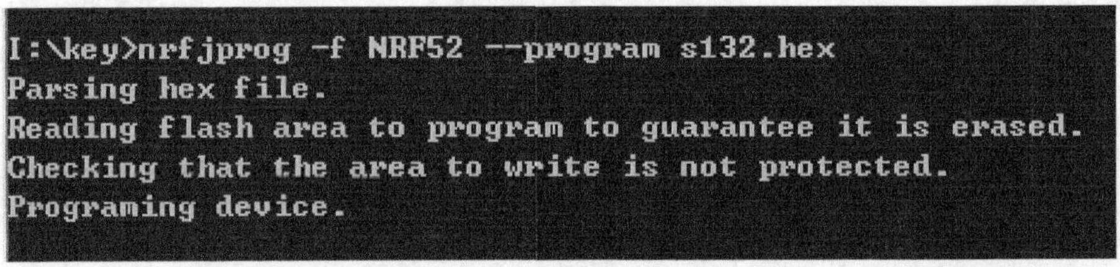

图 8.79 烧录协议栈

② 在 Program Boot 中烧录 boot 的 hex 文件 uartisp_boot.hex,输入命令行命令:nrfjprog - f NRF52 -- program uartisp_boot.hex。

```
I:\key>nrfjprog -f NRF52 --program uartisp_boot.hex
Parsing hex file.
Reading flash area to program to guarantee it is erased.
Checking that the area to write is not protected.
Programing device.
```

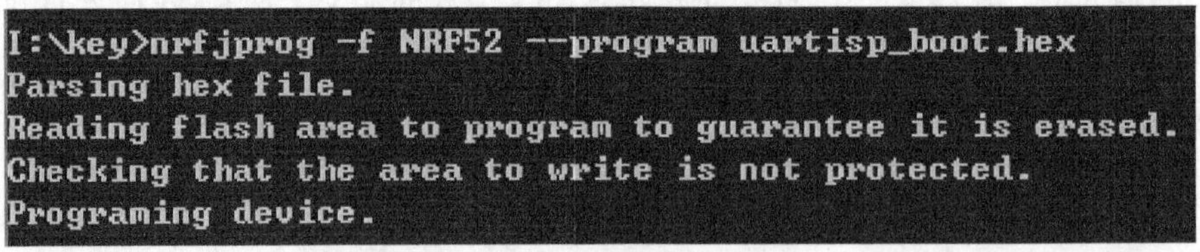

图 8.80 烧录 boot

③ 前面两步完成后,去掉仿真器,连接串口,通过串口升级 Program Application 中烧录应用的 hex 文件,输入串口烧录命令 nrfutil dfu serial - pkg test_uart.zip - p COM5,命令最后为串口的端号,如图 8.81 所示。

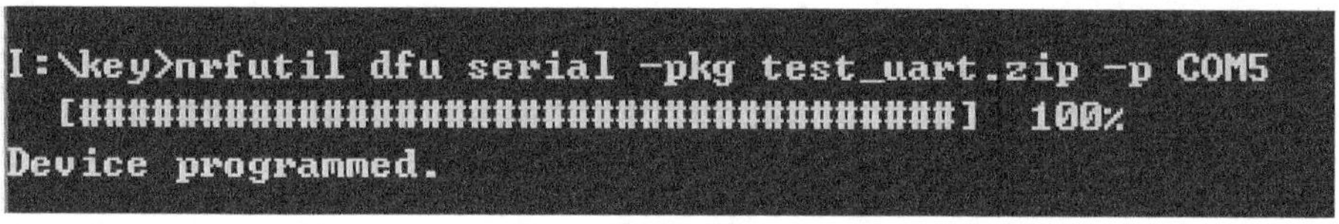

```
I:\key>nrfutil dfu serial -pkg test_uart.zip -p COM5
  [#################################]  100%
Device programmed.
```

图 8.81　串口进行升级

8.5　本章小结

  本章详细介绍了 DFU 升级的文件制作步骤，以 Dual Bank 升级模式为蓝本，实现了 Secure DFU 的升级功能，详细描述了公钥、密钥的生成，以及 lib 文件的生成。探讨空中升级 OTA 和串口升级两种 DFU 的升级模式，方便开发者后期更新自己的应用固件。

第 9 章

空中升级 DFU 程序的移植

第 8 章我们学习了升级整个 DFU 的过程。串口 DFU 升级不需要修改应用程序，本章将讲述如何把任意的应用程序改造成带 DFU OTA 功能的程序。开发者可把自己的程序改成带 DFU OTA 的模式。

本章以 SDK15 为例子演示，因为 SDK12 后的版本采用非按键式（Buttonless）DFU，一旦 Buttonless DFU 例子从 Bootloader 跳到了 APP 应用，升级 DFU，就不需要通过按键来切换了，只需要通过 APP 发送切换指令即可。因此移植的主要目标有两个方面：

- 使工程具有通过 APP 切换到 Bootloader 模式的功能。
- 如果设备支持 bonding，还需把 Device Manager 相关代码复制到工程中。

下面以蓝牙串口透传例程演示在程序中添加 DFU 功能。

9.1 配置文件使能

9.1.1 配置文件使能方法

在 SDK12 之后，代码中出现了一个专门的配置文件 sdk_config.h，这个文件包含了全部需要使能的功能，由于需要使能的功能非常多，因此官方专门做了一个配置向导的编辑界面，如图 9.1 所示。

配置使能对应功能有两种方法。一种直接在 sdk_config.h 代码中把需要使能的配置参数由 0 改成 1，如图 9.2 所示。

另外一种方法，在 sdk_config.h 文件上单击 Configuration Wizard 选项卡，在需要使能的服务或者功能上双击勾选，如图 9.3 所示。勾选后返回 Text Editor，可以看到勾选后 .h 文件上对应的选项使能了。

9.1.2 DFU 需要使能的选项

在工程中，要在蓝牙串口透传程序中添加 DFU 功能，主要使能下面几个部分：

（1）使能 DFU 功能。这是核心部分，勾选 nRF_DFU 选项下 BLE_DFU_EANBLED，如图 9.4 所示。

第 9 章 空中升级 DFU 程序的移植

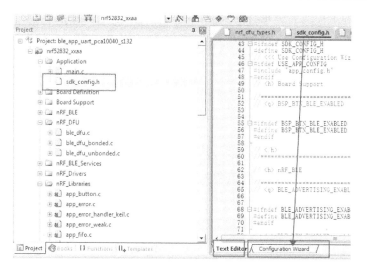

图 9.1 配置向导

图 9.2 使能 DFU

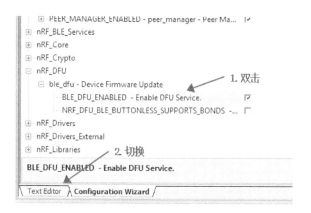

图 9.3 勾选使能 DFU(1)

图 9.4 勾选使能 DFU(2)

（2）添加绑定功能。绑定功能实际上与内存和设备管理相关，如图 9.5 所示，勾选 nRF_BLE 选项下的 PEER_MANAGER_ENABLE。

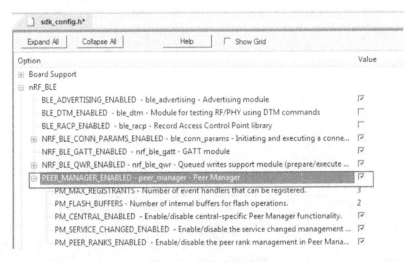

图 9.5　使能配对管理

（3）添加 FDS 存储功能和 CRC 功能。FDS 存储功能是固件存储必须使能的功能，CRC 功能是错误校验必须具备的功能。如图 9.6 所示，勾选 nRF_Libraries 选项下的 FDS_ENABLE 和 CRC16_ENABLE，如图 9.6 所示。

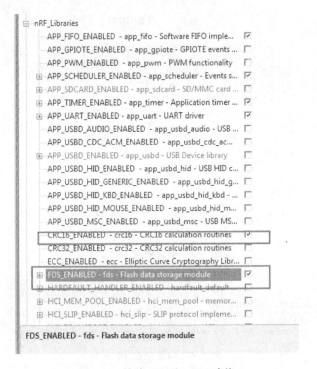

图 9.6　使能 FDS 和 CRC 功能

第 9 章 空中升级 DFU 程序的移植

(4) 协议栈初始化参数的改变。蓝牙串口服务和 DFU 服务,都有独立的 128 位的私有服务,引出服务个数必须设置为 2,同时在 Attribute Table 空间中可以改变特征值,即保证多个服务下特征值的运行空间。因此,如图 9.7 所示,需要勾选两项。

勾选 nRF_SoftDevice -->NRF_SDH_BLE_EANBLED -->BLE Stack configuration 下的 NRF_SDH_BLE_SERVICE_CHANGED

将 nRF_SoftDevice -->NRF_SDH_BLE_EANBLED -->BLE Stack configuration 下的 NRF_SDH_BLE_VS_UUID_COUNT 改写为 2。

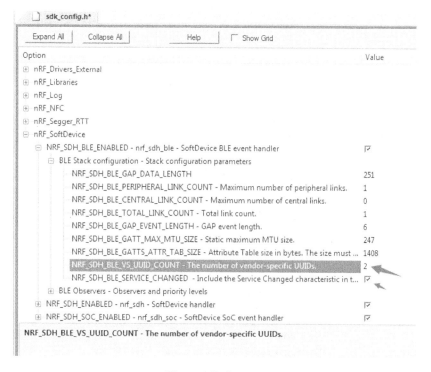

图 9.7 修改 UUID

同时注意修改 RAM 空间,加大服务协议栈的空间,按表 9.1 所列进行修改。

表 9.1 RAM 修改

原始 RAM:	Start	Size	变更后 RAM:	0xD568	Size
	0x20002A98	0xD568		0x20002AA8	0xD558

修改如图 9.8 所示。

改写原则:一个独立的 128 位 UUID 服务,占用 RAM 空间大小为 0x10。因此,Start 起始位 0x20002A98 +0x10;应用的空间就减少了 0x10,Size 0xD568-0x10。

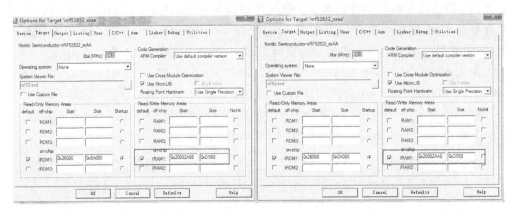

图 9.8 修改 RAM

9.2 工程文件的添加

使能了服务功能后,需添加服务与驱动文件函数,下面介绍需要添加的几个文件。

9.2.1 DFU 功能支持文件的添加

(1) 添加 DFU 功能文件。首先右击工程,选择 Manage Project Items 工程管理选项,如图 9.9 所示。

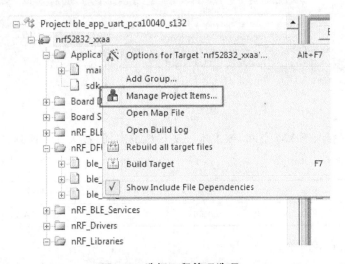

图 9.9 选择工程管理选项

(2) 新建文件夹 nRF_DFU,添加 Components\ble\ble_services\ble_dfu 文件目录下的三个文件,如图 9.10 所示。

(3) 添加后工程目录如图 9.11 所示。

第 9 章 空中升级 DFU 程序的移植

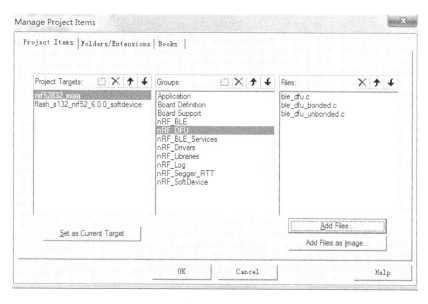

图 9.10 添加文件到工程

图 9.11 添加成功

（4）添加工程路径 Components\ble\ble_services\ble_dfu，如图 9.12 所示，添加后单击 OK 按钮。

9.2.2 Peer 绑定功能支持文件的添加

（1）在 nRF_BLE 目录中添加工程路径 Components\ble\peer_manager 下的所有文件，这些文件主要负责安全管理和配对管理，添加后单击 OK 按钮，形成的工程目录树如图 9.13 所示。

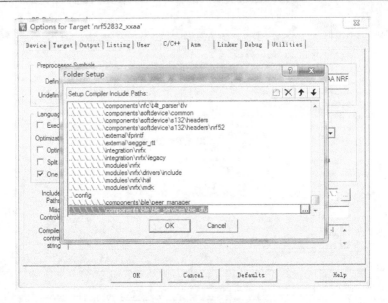

图 9.12 添加文件路径

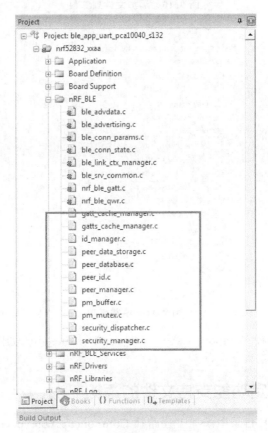

图 9.13 添加配对管理文件

(2) 在工程中添加工程路径 Components\ble\peer_manager,如图 9.14 所示,添加后单击 OK 按钮。

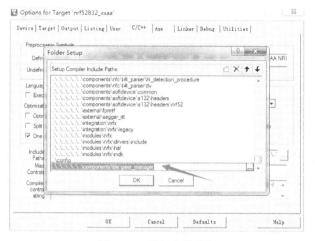

图 9.14 添加文件路径

9.2.3 FDS 和 CRC 支持文件的添加

(1) 在 nRF_Libraries 目录中添加工程路径 Components\libraries\fds 里的文件 fds.c,这些文件主要负责片内 FLASH 的存储,同时添加工程路径 Components\libraries\crc16 里的文件 crc16.c,这个文件夹中的文件主要负责 CRC 校验。添加后单击 OK 按钮,形成的工程目录树如图 9.15 所示。

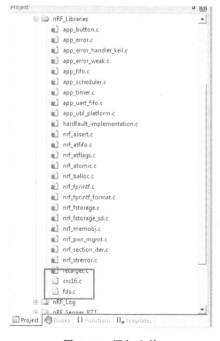

图 9.15 添加文件

(2) 在工程中添加工程文件路径 Components\libraries\fds 和 Components\libraries\crc16,如图 9.16 所示,添加后单击 OK 按钮。

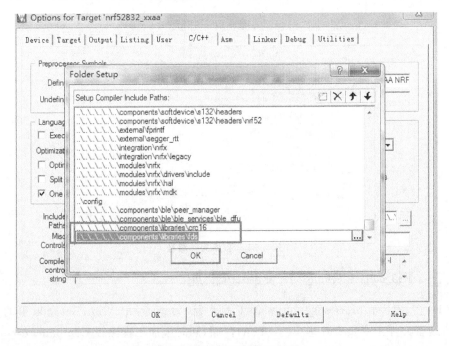

图 9.16 添加 fds 文件路径

(3) 新建 nRF_svc 目录,添加工程路径 Components\libraries\svc 里的文件 nrf_dfu_svci.c,添加后单击 OK 按钮,形成的工程目录树如图 9.17 所示。

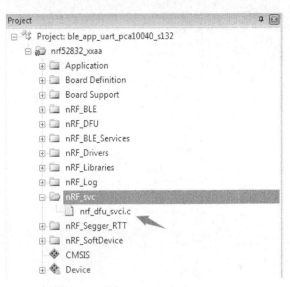

图 9.17 添加文件

（4）在工程中添加工程路径 Components\libraries\svc 和 Components\libraries\bootloader\dfu，如图 9.18 所示，添加后单击 OK 按钮。

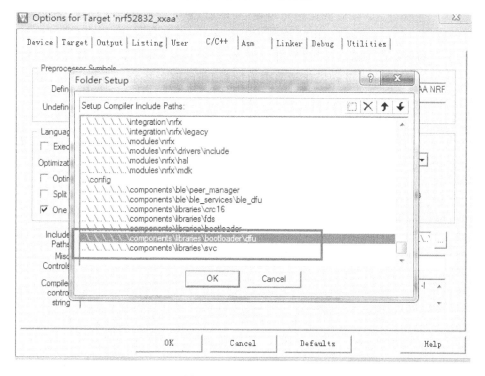

图 9.18　添加文件路径

9.3　主函数代码的添加

9.3.1　头文件的添加

添加完工程需要使用的文件后，在主函数 main.c 文件的最开头，添加如下头文件：

```
01. #include "ble_srv_common.h"
02. #include "nrf_dfu_ble_svci_bond_sharing.h"
03. #include "nrf_svci_async_function.h"
04. #include "nrf_svci_async_handler.h"
05. #include "ble_dfu.h"
06. #include "peer_manager.h"
07. #include "fds.h"
08. #include "ble_conn_state.h"
09. #include "ble.h"
10. #include "nrf_power.h"
```

9.3.2 服务初始化 DFU 服务的声明

分为三个部分：① 在服务初始化函数中，添加 DFU 服务初始化函数；② 添加 DFU 事件处理函数；③ APP 触发 DFU 功能转换函数。具体描述如下。

(1) 在初始化服务函数中添加 DFU 服务声明，因为 DFU 属于独立于串口服务的 128 位主服务，故要在服务初始化函数中添加对 DFU 服务初始化函数声明。代码如下所示：

```
01. static void services_init(void)//服务初始化
02. {
03.   uint32_t                    err_code;
04.   ble_nus_init_t              nus_init;
05.   nrf_ble_qwr_init_t qwr_init = {0};
06.   ble_dfu_buttonless_init_t dfus_init = {0};
07.
08.   qwr_init.error_handler = nrf_qwr_error_handler;
09.
10.   err_code = nrf_ble_qwr_init(&m_qwr, &qwr_init);
11.   APP_ERROR_CHECK(err_code);
12.
13.   //初始化串口服务
14.   memset(&nus_init, 0, sizeof(nus_init));
15.
16.   nus_init.data_handler = nus_data_handler;
17.
18.   err_code = ble_nus_init(&m_nus, &nus_init);
19.   APP_ERROR_CHECK(err_code);
20.
21.   //初始化异步 SVCI 接口到引导加载程序
22.   err_code = ble_dfu_buttonless_async_svci_init();
23.   APP_ERROR_CHECK(err_code);
24.
25.   dfus_init.evt_handler = ble_dfu_evt_handler;//声明 DFU 事件处理回调函数
26.
27.   //添加 DFU 初始化函数
28.   err_code = ble_dfu_buttonless_init(&dfus_init);
29.   APP_ERROR_CHECK(err_code);
30. }
```

(2) ble_dfu_evt_handler 作为 DFU 事件的处理函数，应对对应的 DFU 事件。给出的演示代码里仅仅是串口的输出信息，用户可以添加自己的代码。代码如下所示：

```
01. static void ble_dfu_evt_handler(ble_dfu_buttonless_evt_type_t event)
```

```
02. {
03. switch (event)
04. {
05. case BLE_DFU_EVT_BOOTLOADER_ENTER_PREPARE:
06. NRF_LOG_INFO("Device is preparing to enter bootloader mode.");
07. //你的工作:断开所有当前连接的绑定设备
08. //这是接收服务更改指示所必需的
09. //在设备固件更新成功(或中止)后启动
10. break;
11.
12. case BLE_DFU_EVT_BOOTLOADER_ENTER:
13. //你的工作:将特定于应用程序的未写数据写入到 FLASH 中,通过在 app_shutdown_handler
14. //中报告错误来延迟重置,从而控制该操作的结束
15. NRF_LOG_INFO("Device will enter bootloader mode.");
16. break;
17.
18. case BLE_DFU_EVT_BOOTLOADER_ENTER_FAILED:
19. NRF_LOG_ERROR("Request to enter bootloader mode failed asynchroneously.");
20. break;
21.
22. case BLE_DFU_EVT_RESPONSE_SEND_ERROR:
23. NRF_LOG_ERROR("Request to send a response to client failed.");
24. APP_ERROR_CHECK(false);
25. break;
26.
27. default:
28. NRF_LOG_ERROR("Unknown event from ble_dfu_buttonless.");
29. break;
30. }
31. }
```

(3) 设置 APP 触发处理事件函数,默认为空,可以添加对应操作。

```
01. /**@brief Handler for shutdown preparation.
02.  *
03.  * @details During shutdown procedures, this function will be called at a 1 second interval
04.  *          untill the function returns true. When the function returns true, it means that the
05.  *          app is ready to reset to DFU mode.
06.  * @param[in]   event   Power manager event.
07.  * @retval  True if shutdown is allowed by this power manager handler, otherwise false.
08.  */
09. static bool app_shutdown_handler(nrf_pwr_mgmt_evt_t event)
10. {
11. switch (event)
```

```
12. {
13.     case NRF_PWR_MGMT_EVT_PREPARE_DFU:
14.         NRF_LOG_INFO("Power management wants to reset to DFU mode.");
15.         // YOUR_JOB: Get ready to reset into DFU mode
16.         //
17.         // If you aren't finished with any ongoing tasks, return "false" to
18.         // signal to the system that reset is impossible at this stage.
19.         //
20.         // Here is an example using a variable to delay resetting the device.
21.         //
22.         // if (!m_ready_for_reset)
23.         // {
24.         //      return false;
25.         // }
26.         // else
27.         //{
28.         //
29.         //      // Device ready to enter
30.         //      uint32_t err_code;
31.         //      err_code = sd_softdevice_disable();
32.         //      APP_ERROR_CHECK(err_code);
33.         //      err_code = app_timer_stop_all();
34.         //      APP_ERROR_CHECK(err_code);
35.         //}
36.         break;
37.
38.     default:
39.         // YOUR_JOB: Implement any of the other events available from the power management module:
40.         //      - NRF_PWR_MGMT_EVT_PREPARE_SYSOFF
41.         //      - NRF_PWR_MGMT_EVT_PREPARE_WAKEUP
42.         //      - NRF_PWR_MGMT_EVT_PREPARE_RESET
43.         return true;
44. }
45.
46. NRF_LOG_INFO("Power management allowed to reset to DFU mode.");
47. return true;
48. }
49.
50. //lint -esym(528, m_app_shutdown_handler)
51. /**@brief Register application shutdown handler with priority 0.
52. */
53. NRF_PWR_MGMT_HANDLER_REGISTER(app_shutdown_handler, 0);
```

9.3.3 配对函数的添加

配对函数在判断配对绑定设备时使用。第 4 章蓝牙绑定配对中专门进行了讲述，这里我们仅关注需添加的参数：

（1）添加配对参数的宏定义，配置配对绑定中需要设置的安全参数，代码如下：

```
01. #define   SEC_PARAM_BOND              1
02. #define   SEC_PARAM_MITM              0
03. #define   SEC_PARAM_LESC              0
04. #define   SEC_PARAM_KEYPRESS          0
05. #define   SEC_PARAM_IO_CAPABILITIES   BLE_GAP_IO_CAPS_NONE
06. #define   SEC_PARAM_OOB               0
07. #define   SEC_PARAM_MIN_KEY_SIZE      7
08. #define   SEC_PARAM_MAX_KEY_SIZE      16
```

（2）添加设置配对事件处理函数，配置配对绑定中需要设置的安全参数，添加代码如下所示：

```
01. /**配对处理回调函数.*/
02. static void pm_evt_handler(pm_evt_t const * p_evt)
03. {
04.     ret_code_t err_code;
05.
06.     switch (p_evt->evt_id)
07.     {
08.         case PM_EVT_BONDED_PEER_CONNECTED:
09.         {
10.             NRF_LOG_INFO("Connected to a previously bonded device.");
11.         } break;
12.
13.         case PM_EVT_CONN_SEC_SUCCEEDED:
14.         {
15.             NRF_LOG_INFO("Connection secured: role: %d, conn_handle: 0x%x, procedure: %d.",
16.                 ble_conn_state_role(p_evt->conn_handle),
17.                 p_evt->conn_handle,
18.                 p_evt->params.conn_sec_succeeded.procedure);
19.         } break;
20.
21.         case PM_EVT_CONN_SEC_FAILED:
22.         {
23.         } break;
24.
```

```c
25. case PM_EVT_CONN_SEC_CONFIG_REQ:
26. {
27. pm_conn_sec_config_t conn_sec_config = {.allow_repairing = false};
28. pm_conn_sec_config_reply(p_evt->conn_handle, &conn_sec_config);
29. } break;
30.
31. case PM_EVT_STORAGE_FULL:
32. {
33. // Run garbage collection on the flash.
34. err_code = fds_gc();
35. if (err_code == FDS_ERR_NO_SPACE_IN_QUEUES)
36. {
37. // Retry.
38. }
39. else
40. {
41. APP_ERROR_CHECK(err_code);
42. }
43. } break;
44.
45. case PM_EVT_PEERS_DELETE_SUCCEEDED:
46. {
47. advertising_start(false);
48. } break;
49.
50. case PM_EVT_PEER_DATA_UPDATE_FAILED:
51. {
52. // Assert.
53. APP_ERROR_CHECK(p_evt->params.peer_data_update_failed.error);
54. } break;
55.
56. case PM_EVT_PEER_DELETE_FAILED:
57. {
58. // Assert.
59. APP_ERROR_CHECK(p_evt->params.peer_delete_failed.error);
60. } break;
61.
62. case PM_EVT_PEERS_DELETE_FAILED:
63. {
64. // Assert.
65. APP_ERROR_CHECK(p_evt->params.peers_delete_failed_evt.error);
```

```
66.     } break;
67.
68.     case PM_EVT_ERROR_UNEXPECTED:
69.     {
70.         // Assert.
71.         APP_ERROR_CHECK(p_evt->params.error_unexpected.error);
72.     } break;
73.
74.     case PM_EVT_CONN_SEC_START:
75.     case PM_EVT_PEER_DATA_UPDATE_SUCCEEDED:
76.     case PM_EVT_PEER_DELETE_SUCCEEDED:
77.     case PM_EVT_LOCAL_DB_CACHE_APPLIED:
78.     case PM_EVT_LOCAL_DB_CACHE_APPLY_FAILED:
79.         // This can happen when the local DB has changed.
80.     case PM_EVT_SERVICE_CHANGED_IND_SENT:
81.     case PM_EVT_SERVICE_CHANGED_IND_CONFIRMED:
82.     default:
83.         break;
84.     }
85. }
```

（3）添加设置配对管理初始化函数 peer_manager_init()，设置初始化配对绑定功能，代码如下所示：

```
01. static void peer_manager_init()
02. {
03.     ble_gap_sec_params_t sec_param;
04.     ret_code_t           err_code;
05.
06.     err_code = pm_init();
07.     APP_ERROR_CHECK(err_code);
08.
09.     memset(&sec_param, 0, sizeof(ble_gap_sec_params_t));
10.
11.     // Security parameters to be used for all security procedures.
12.     sec_param.bond         = SEC_PARAM_BOND;
13.     sec_param.mitm         = SEC_PARAM_MITM;
14.     sec_param.lesc         = SEC_PARAM_LESC;
15.     sec_param.keypress     = SEC_PARAM_KEYPRESS;
16.     sec_param.io_caps      = SEC_PARAM_IO_CAPABILITIES;
17.     sec_param.oob          = SEC_PARAM_OOB;
18.     sec_param.min_key_size = SEC_PARAM_MIN_KEY_SIZE;
```

```
19. sec_param.max_key_size = SEC_PARAM_MAX_KEY_SIZE;
20. sec_param.kdist_own.enc = 1;
21. sec_param.kdist_own.id = 1;
22. sec_param.kdist_peer.enc = 1;
23. sec_param.kdist_peer.id = 1;
24.
25. err_code = pm_sec_params_set(&sec_param);
26. APP_ERROR_CHECK(err_code);
27.
28. err_code = pm_register(pm_evt_handler);
29. APP_ERROR_CHECK(err_code);
30. }
```

(4) 设置解绑功能，重新广播时需要解除绑定，添加解除绑定代码如下：

```
01. /**清除绑定功能 */
02. static void delete_bonds(void)
03. {
04. ret_code_t err_code;
05.
06. NRF_LOG_INFO("Erase bonds!");
07.
08. err_code = pm_peers_delete();
09. APP_ERROR_CHECK(err_code);
10. }
```

(5) 重新编写广播开始函数，广播时添加解绑部分。注意重新广播函数会在 APP 触发 DFU 功能函数里调用，需在 main.c 函数最开头声明，代码如下所示：

```
01. static void advertising_start(bool erase_bonds);
02. //重新开始广播
03. static void advertising_start(bool erase_bonds)
04. {
05. if (erase_bonds == true)
06. {
07. delete_bonds();//剔除绑定
08. }
09. else
10. {
11. uint32_t err_code = ble_advertising_start(&m_advertising, BLE_ADV_MODE_FAST);
12. APP_ERROR_CHECK(err_code);
13.
14. NRF_LOG_DEBUG("advertising is started");
```

9.3.4 主函数的修改和宏的声明

主函数中，需要修改如下几个部分：添加配对管理函数 peer_manager_init()；修改广播开始函数为 advertising_start(erase_bonds)，具体代码如下：

```
01. int main(void)
02. {
03.     bool erase_bonds;
04.
05.     // Initialize.
06.     uart_init();
07.     log_init();
08.     timers_init();
09.     buttons_leds_init(&erase_bonds);
10.     power_management_init();
11.     ble_stack_init();
12. peer_manager_init();
13.     gap_params_init();
14.     gatt_init();
15.     services_init();
16.     advertising_init();
17.     conn_params_init();
18.
19.     // Start execution.
20.     printf("\r\nUART started.\r\n");
21.     NRF_LOG_INFO("Debug logging for UART over RTT started.");
22.     advertising_start(erase_bonds);
23.     // Enter main loop.
24.     for (;;)
25.     {
26.         idle_state_handle();
27.     }
28. }
```

最后需要添加两个宏定义，如图 9.19 和图 9.20 所示。在工程设置界面 C/C++ 选项下的 Preprocessor Symbols 中添加两个定义：NRF_DFU_TRANSPORT_BLE=1 和 BL_SETTINGS_ACCESS_ONLY。

添加完成后，编译生成应用 hex，该 hex 和官方的 ble_app_buttonless_dfu 例子具有相同的 DFU 升级方式。升级方法参考第 8 章的"DFU 升级实现详解"。

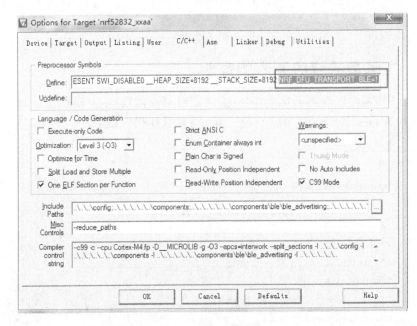

图 9.19　添加宏定义(1)

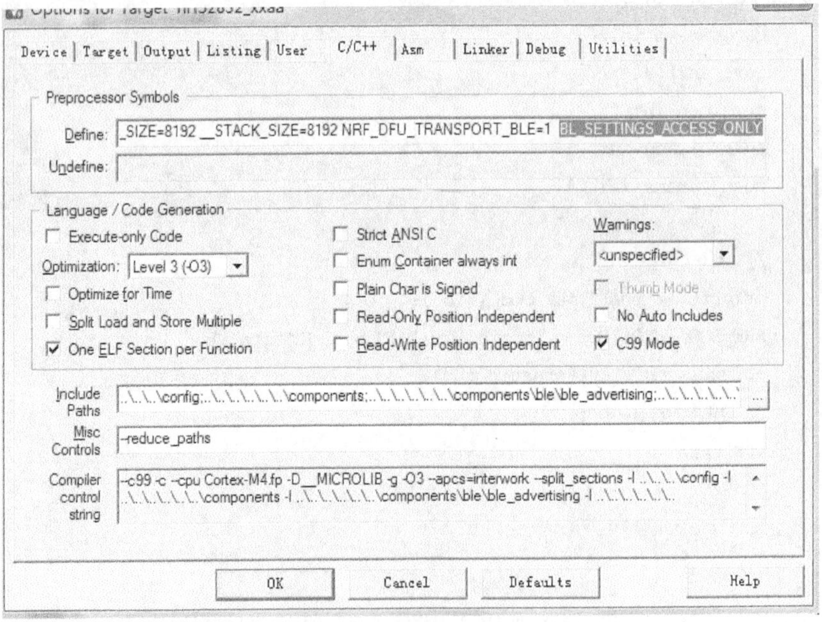

图 9.20　添加宏定义(2)

第 3 篇　蓝牙主机搭建

第 10 章

主机工程的搭建

本章将以 SDK15.3 为基础,搭建一个主机工程样例,分析最新版本的 SDK 在主机工程方面的巨大变化。同时让读者了解哪些文件是主机所需要的,如何搭建主机设备。

在蓝牙 BLE 设备中,主机设备也称为客户端(Client),与从机设备,即服务端(Server)对应。从机广播后,主机蓝牙如何处理,主机样例工程需要关注什么? 如何搞清楚其主体框架? 下面我们详细讨论这几个问题。

10.1 样例工程的搭建

10.1.1 工程文件目录的分配

在建立主机工程样例之前,首先需要分配工程目录文件夹。不管是直接使用官方的 SDK 模板还是自己建立工程,第一步就是弄清工程需要的文件夹。在 nRF52xx 蓝牙系列书籍上册第 2 章"蓝牙工程包 SDK 详解"中,详细介绍过 SDK 工程文件夹内文件的作用。SDK 工程目录如图 10.1 左侧所示,如果自建工程项目,可以复制 components 文件包、examlpes 文件包、external 文件包、integration 文件包和 modules 文件包,作为样例的目录格式,如图 10.1 右侧所示。

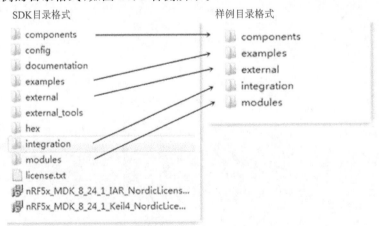

图 10.1 工程文件包的选择

自建的主机工程样例之所以保持工程SDK的文件夹格式，就是为了一目了然，方便学习，方便看懂官方SDK参考工程，也方便后期移植。

自建的工程样例文件夹的examples文件包中放置自建的驱动文件和MDK工程文件，工程文件包结构如图10.2所示。

为了方便官方代码的移植，在examples文件包中，新建文件夹路径为：ble_central/ble_app_template_c/pca10040/s132/arm5_no_packs，在这个文件夹路径下放置新建的keil工程。

强烈建议按照这个路径方式搭建工程，后期移植官方文件会节省很多时间，其

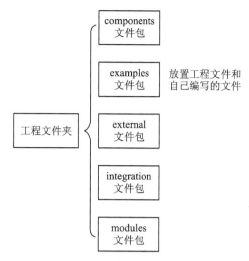

图10.2 工程目录格式

中ble_central表示主机工程，ble_app_template_c表示主机样例工程，pca10040表示兼容官方nRF52832DK开发板，s132表示使用的协议栈为S132版本，arm5_no_packs表示工程是Keil5工程。Keil新建工程请参考nRF52xx蓝牙系列书籍上册第3章"开发环境Keil的使用及工程建立"中的讲解，这里不再赘述。

10.1.2 工程选项卡的设置

工程建立后，需要在工程选项卡中做一些设置，对应主机工程，需要注意的设置介绍如下。

(1) 设置Target选项卡

① 参数Xtal(MHz)：表示软件仿真的频率，很多读者询问为什么用默认的参数64 MHz，而实际使用的晶振为32 MHz？因为Keil目前还不支持nRF52xx系列的软件仿真，这个参数并不影响工程的硬件仿真调试。

② System Viewer File功能，仿真时用于观察和修改芯片的外设寄存器文件。可以通过View→System Viewer激活显示窗口，使用环境默认文件，或者勾选Use Custom File，并载入工程路径中的文件，如图10.3所示。可打开芯片的数据手册，手册中列出了所有寄存器的位和功能指示，在仿真过程中可以查看和修改。

③ Use MicrLIB选项：勾选微库，微库是默认C库的备选库，旨在与需要装入到极少量内存中的深层嵌入式应用程序配合使用，这些应用程序不在操作系统中运行。微库进行了高度优化使代码变得很小，常见的需要微库的代码如printf()、memcpy()等。

④ 设置内存：包括ROM和RAM大小。

以nRF52832为例，其内存结构为冯·诺依曼结构，即ROM和RAM统一编址，如图10.4所示。

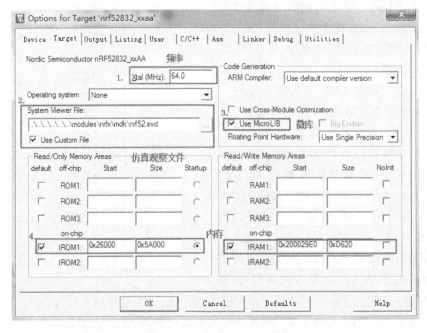

图 10.3　Target 选项卡配置

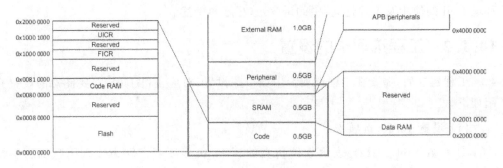

图 10.4　nRF52832 内存分布

首先讨论 ROM 地址的设置，如果是外设代码，由于不使用协议栈，起始地址可以为 0。但是主机例程需要使用协议栈，则需找到协议栈占用的 ROM 大小。在 SDK 包中，在 components/softdevice/s132/doc 文件夹中，提供了协议栈占用 ROM 大小空间的说明文档，如图 10.5 所示。

协议栈占用的空间文档中解释如下：

FLASH：占用空间 152 KB（0x26000 字节）。

RAM：占用空间 5.54 KB（0x1628 字节），这是最低要求的内存，实际需求取决于函数 sd_ble_enable() 选择的配置。

因此，主机应用程序占用的 FLASH 空间应在协议栈空间之后，配置如表 10.1 所列。

第 10 章 主机工程的搭建

图 10.5 协议栈说明文件

表 10.1 应用程序 ROM 分配

	起始地址 Start	大小 Size
ROM 配置	0x26000	0x80000－0x26000＝0x5A000

RAM 空间范围为 0x20000000～0x20010000，协议栈占用的 RAM 空间最小为 0x1628 字节，注意这个最小空间是不现实的，当有任何服务和协议栈配置都需要占用空间时，官方没有给出具体的占用公式，只是要求大家在 APP 空间够用的情况下，通过程序调试打印出具体需要的 RAM 空间。在协议栈初始化函数中具有一段 RAM 空间打印的代码，如图 10.6 所示。

```
ret_code_t nrf_sdh_ble_enable(uint32_t * const p_app_ram_start)
{
    // Start of RAM, obtained from linker symbol.
    uint32_t const app_ram_start_link = *p_app_ram_start;

    ret_code_t ret_code = sd_ble_enable(p_app_ram_start);
    if (*p_app_ram_start > app_ram_start_link)
    {
        NRF_LOG_WARNING("Insufficient RAM allocated for the SoftDevice.");

        NRF_LOG_WARNING("Change the RAM start location from 0x%x to 0x%x.",
                       app_ram_start_link, *p_app_ram_start);
        NRF_LOG_WARNING("Maximum RAM size for application is 0x%x.",
                       ram_end_address_get() - (*p_app_ram_start));
    }
    else
    {
        NRF_LOG_DEBUG("RAM starts at 0x%x", app_ram_start_link);
        if (*p_app_ram_start != app_ram_start_link)
        {
            NRF_LOG_DEBUG("RAM start location can be adjusted to 0x%x.", *p_app_ram_start);

            NRF_LOG_DEBUG("RAM size for application can be adjusted to 0x%x.",
                         ram_end_address_get() - (*p_app_ram_start));
        }
    }

    if (ret_code == NRF_SUCCESS)
    {
        m_stack_is_enabled = true;
    }
    else
    {
        NRF_LOG_ERROR("sd_ble_enable() returned %s.", nrf_strerror_get(ret_code));
    }

    return ret_code;
}
```

图 10.6 RAM 提示代码

设置 LOG 打印级别为 DEBUG 级别,如图 10.7 所示。

图 10.7　选择 DEBUG 级别

把 RAM 设置为最小值 0x1628,分配如表 10.2 所列。

表 10.2　应用程序 RAM 分配

	起始地址 Start	长度 Size
RAM 配置	0x2000000＋0x1628	0x10000－0x1268＝0xD620

下载后,会打印如图 10.8 所示的 LOG 提示,提示内存不够,需要修改内容。

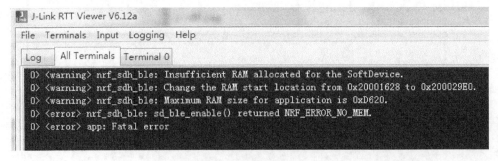

图 10.8　打印提示修改 RAM

工程编译后,提示内存不够,需要把设置的地址扩大到 0x2000000+0x29E0。配置如表 10.3 所列。

表 10.3 应用程序 RAM 分配

	起始地址 Start	长度 Size
RAM 配置	0x2000000+0x29E0	0x10000−0x29E0=0xD620

(2) 设置 Output 选项卡。如果需要输出 hex 文件,可按如下步骤进行设置:
在图 10.9 所示页面,
① 勾选 Create Executable 下的 Create HEX File。
② 单击 Select Folder for Objecrs 选项,选择生成的 hex 的保存路径。
③ 在 Name of Executable 框格中,写入要生成的 hex 的名称。

图 10.9 Output 选项卡配置

(3) 配置 C/C++选项卡,如图 10.10 所示。
① 宏定义添加

在 Preprocessor Symbols 框中,添加全局宏,全局宏定义对整个工程都有效。由于要添加多个宏,因此每个宏之间用空格隔开。通常我们需要定义如下几个宏:
- BOARD_PCA10040:将兼容官方 nRF52832DK 开发板的硬件配置文件 pca10040.h,比如与 LED 灯、按键、串口等使用的引脚配置兼容。如果自己配置引脚,则可以在 pca10040.h 文件中修改,或者自己定义头文件。
- CONFIG_GPIO_AS_PINRESET:设置复位引脚,设置了这个宏定义之后,引脚 P0.21 只能作为复位引脚使用,而无法作为普通 IO 口使用。
- FLOAT_ABI_HARD:使用浮点运算。
- NRF52:工程所使用的芯片类别。
- NRF52832_XXAA:工程所使用的芯片型号。

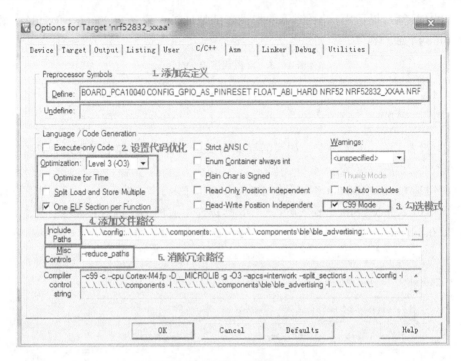

图 10.10 C/C++选项卡配置

- NRF52_PAN_74:芯片硬件异常的解决方式。
- NRF_SD_BLE_API_VERSION=6:协议栈版本号为6,如果使用SDK15.3,其协议栈版本为6.1.1,如果使用SDK15.0,其协议栈版本为6.0.0。这些版本都定义为6。
- S132:协议栈为S132(以 nRF52832 为例)。
- SOFTDEVICE_PRESENT:工程为 BLE 工程,需要加协议栈运行。
- SWI_DISABLE0:软件中断 SWI0 关闭。
- __HEAP_SIZE=8192:栈大小空间。
- __STACK_SIZE=8192:堆大小空间。

② 配置优化

在 Optimization 选项中选择 Level3(-O3):称为最高优化级别,高优化级别中包含了前面所有的优化级别。设置为 Level0(-O0)表示最低优化级别,仿真调试时设置为最低级别,调试好的最终代码设置为 Level3(-O3),减少代码所占空间。

勾选 One ELF Section per Function:主要功能是对冗余函数的优化。通过这个选项,可以在最后生成的二进制文件中将冗余函数排除掉(虽然其所在的文件已经参与了编译链接),以便最大程度地优化最后生成的二进制代码。选择这种优化功能特别重要,尤其是在对生成的二进制文件大小有严格要求的场合。SDK 中习惯将一系列接口函数放在一个文件里,将其整个包含在工程中,即使这个文件只有一个函数被用到。这样,最后生成的二进制文件中就有可能包含众多的冗余函数,造成宝贵存储空间的浪费。选项 One ELF Section per Function 对于一个大工程的优化效果尤其突出,有时候甚至可以达到减半的效果。

③ 勾选 C99 Mode 选项

在 ANSI 的标准确立后,C++在自己的标准化创建过程中继续发展壮大。但是只修正了一些 C89 标准中的细节和增加了更多更广的国际字符集支持。这个标准在 1999 年 ISO 9899:1999 上发表,通常被称为 C99。在 SDK 中使用组件库,需要勾选这个选项。

④ Include Paths 添加文件路径

把工程中使用文件存放的路径添加进去,工程中的文件比较多,具体路径参考 10.2 节的内容。

⑤ Misc Controls:在 Misc Control 中添加"-- reduce_paths"可以消除冗余路径。

(4) 配置 Linker 选项卡,如图 10.11 所示。

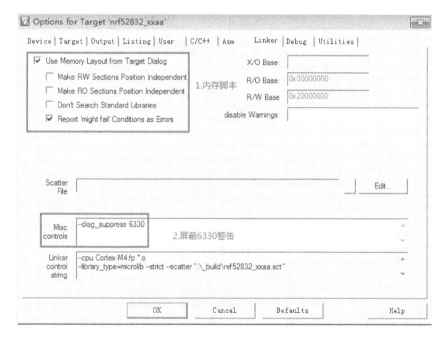

图 10.11　Linker 选项卡配置

① Linker 选项卡中勾选 Use Memory Layout from Target Dialog 选项(选中这一项实际上是默认在 Target 中对 FLASH 和 RAM 的地址配置,编译链接时会产生一个默认的脚本文件),并且在 Target 中设置好 RAM、ROM 地址。SDK 会根据 Target 选项中设定的 RAM 和 ROM 地址自动加载生成一个加载文件。最后链接器会根据此文件中的信息链接目标文件,生成 axf 镜像文件。不勾选这个选项,则需加载外部对应的 sct 文件。

② 在 Misc control 中填写-- diag_suppress 6330,用来屏蔽 6330 的警告。

10.2 样例工程文件的添加

首先,打开 SDK 中如图 10.12 所示路径的工程文件,工程文件以 Keil 建立。

› 1.主机样例 › examples › ble_central › ble_app_template_c › pca10040 › s132 › arm5_no_packs ›

图 10.12 工程路径

第一部分:新建 Application 工程目录,该工程树中主要有两个文件,如图 10.13 所示。第一个是主函数 main.c 文件,第二个是 sdk_config.h 配置文件,该文件非常重要,各种外设或者驱动使能,都在这个文件里配置。

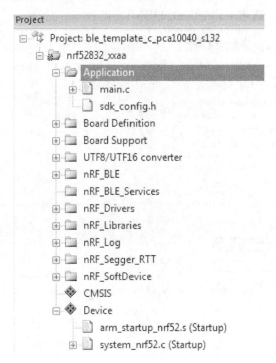

图 10.13 "Application"工程目录

添加的文件路径如表 10.4 所列。

表 10.4 Application 目录中添加的文件和文件路径

文件名称	路径
main.c	主机样例\examples\ble_central\ble_app_template_c\
sdk_config.h	主机样例\examples\ble_central\ble_app_template_c\pca10040\s132\config

第二部分:Board Definition 板载定义和 Board Support 支持目录树,如图 10.14 所

示,主要完成按键和 LED 灯功能的配置,比如协议栈下按键唤醒、按键休眠、长按与短按等功能。这两个文件在蓝牙工程里是可选的,可自行编写或者根据硬件修改。

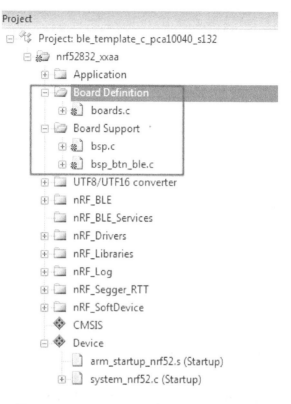

图 10.14　Board Definition 和 Board Support 目录

添加的文件路径如表 10.5 所列。

表 10.5　Board Definition 和 Board Support 目录中添加的文件和文件路径

文件名称	路　　径
board.c	主机样例\components\boards\
bsp.c	主机样例\components\libraries\bsp\
bsp_btn_ble.c	主机样例\components\libraries\bsp\

第三部分:UTF8/UTF16 converter 目录,这个目录从字面意思上可以理解为 UTF8 码和 UTF16 码之间的转换程序,如图 10.15 所示。

目录中需要添加的文件路径如表 10.6 所列。

表 10.6　UTF8/UTF16 converter 目录中添加的文件和文件路径

文件名称	路　　径
utf.c	主机样例\external\utf_converter\

第四部分：nRF_BLE 文件夹。该文件夹提供一些蓝牙底层配置代码，比如广播配置代码、连接参数配置代码、GATT 配置代码、peer 设备匹配管理代码、安全参数设置代码等，如图 10.16 所示。

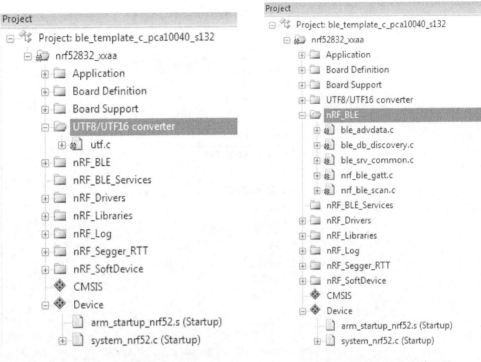

图 10.15　UTF8/UTF16 converter 目录　　图 10.16　nRF_BLE 文件目录

目录中需要添加的文件路径如表 10.7 所列。

表 10.7　nRF_BLE 目录中添加的文件和文件路径

文件名称	路　径
ble_advdata.c	主机样例\components\ble\common
ble_db_discovery.c	主机样例\components\ble\ble_db_discovery
ble_srv_common.c	主机样例\components\ble\common
nrf_ble_gatt.c	主机样例\components\ble\nrf_ble_gatt
nrf_ble_scan.c	主机样例\components\ble\nrf_ble_scan

第五部分：nRF_BLE_Services 文件夹，该文件夹在样例中为空，表示没有加入主机服务，如果有主机服务加入时，需要在这个文件夹中添加文件。

第六部分：nRF_Drivers 文件夹，提供外设驱动函数，这个文件夹提供的新版本外设驱动文件库，区别于老版本外设驱动，用 nrfx 表示新版驱动，不过 sdk15 外设仍可以兼容老版本外设驱动文件库，如图 10.17 所示。

图 10.17 nRF_Drivers 文件目录

目录中需要添加的文件路径如表 10.8 所列。

表 10.8 nRF_Drivers 目录中添加的文件和文件路径

文件名称	路径
nrf_drv_clock.c	主机样例\integration\nrfx\legacy
nrf_drv_uart.c	主机样例\integration\nrfx\legacy
nrfx_atomic.c	主机样例\modules\nrfx\soc
nrfx_clock.c	主机样例\modules\nrfx\drivers\src
nrfx_gpiote.c	主机样例\modules\nrfx\drivers\src
nrfx_prs.c	主机样例\modules\nrfx\drivers\src\prs
nrfx_uart.c	主机样例\modules\nrfx\drivers\src
nrfx_uarte.c	主机样例\modules\nrfx\drivers\src

第七部分：nRF_Libraries 文件夹，提供外设驱动函数代码。nrf528xx 提供的一些现成的库函数，与硬件紧密相连。带有 nrf 前缀的是和 nRF 芯片处理相关的库函数，包含了一些内存处理、打印、缓冲、能量管理等文件。带有 APP 前缀的文件是和应用相

关的库函数，是以外设驱动为基础的二级驱动文件，如图10.18所示。

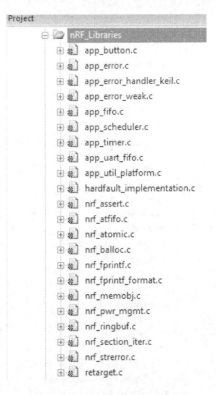

图 10.18　nRF_Libraries 目录

目录中需要添加的文件路径如表10.9所列。

表 10.9　nRF_Libraries 目录中添加的文件和文件路径

文件名称	路径
app_button.c	主机样例\components\libraries\button
app_error.c	主机样例\components\libraries\util
app_error_handler_keil.c	主机样例\components\libraries\util
app_error_weak.c	主机样例\components\libraries\util
app_fifo.c	主机样例\components\libraries\fifo
app_scheduler.c	主机样例\components\libraries\scheduler
app_timer.c	主机样例\components\libraries\timer
app_uart_fifo.c	主机样例\components\libraries\uart
app_util_platform.c	主机样例\components\libraries\util
hardfault_implementation.c	主机样例\components\libraries\hardfault
nrf_assert.c	主机样例\components\libraries\util

续表 10.9

文件名称	路径
nrf_atfifo.c	主机样例\components\libraries\atomic_fifo
nrf_atomic.c	主机样例\components\libraries\atomic
nrf_balloc.c	主机样例\components\libraries\balloc
nrf_fprintf.c	主机样例\external\fprintf
nrf_fprintf_format.c	主机样例\external\fprintf
nrf_memobj.c	主机样例\components\libraries\memobj
nrf_pwr_mgmt.c	主机样例\components\libraries\pwr_mgmt
nrf_ringbuf.c	主机样例\components\libraries\ringbuf
nrf_section_iter.c	主机样例\components\libraries\experimental_section_vars
nrf_strerror.c	主机样例\components\libraries\strerror
retarget.c	主机样例\components\libraries\uart

第八部分：nRF_log 工程目录树和 nRF_Segger_RTT 工程目录树，提供打印输出接口和人机交互方式。LOG 打印输出使用两种通道，一种是 UART 串口，在 log 驱动文件夹里有配置；另一种是使用 jLink 仿真器的 RTT 打印输出方式，在串口端口被占用时使用。如图 10.19 所示。

目录中需要添加的文件路径如表 10.10 所列。

表 10.10 nRF_log 和 nRF_Segger_RTT 目录中添加的文件和文件路径

文件名称	路径
nrf_log_backend_rtt.c	主机样例\components\libraries\log\src
nrf_log_backend_serial.c	主机样例\components\libraries\log\src
nrf_log_default_backends.c	主机样例\components\libraries\log\src
nrf_log_frontend.c	主机样例\components\libraries\log\src
nrf_log_str_formatter.c	主机样例\components\libraries\log\src
SEGGER_RTT.c	主机样例\external\segger_rtt
SEGGER_RTT_Syscalls_KEIL.c	主机样例\external\segger_rtt
SEGGER_RTT_printf.c	主机样例\external\segger_rtt

第九部分：nRF_SoftDevice 工程目录树，包含的文件主要用于配置协议栈初始化时协议栈的参数。由于协议栈实际上是不开源的，仅留下了配置接口，客户通过这些配置接口配置相关协议栈的参数来设置协议栈运行状态，如图 10.20 所示。

目录中需要添加的文件路径如表 10.11 所列。

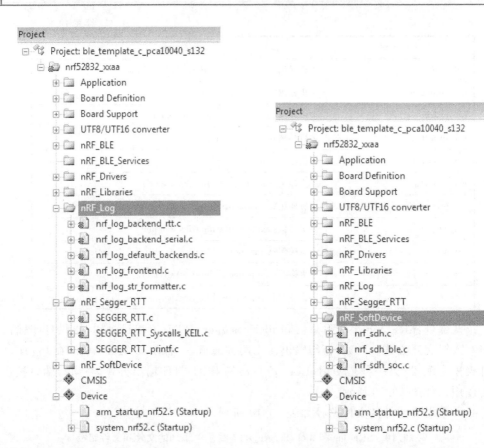

图 10.19　nRF_log 和 nRF_Segger_RTT 目录　　图 10.20　nRF_SoftDevice 工程目录

表 10.11　nRF_SoftDevice 目录中添加的文件和文件路径

文件名称	路　径
nrf_sdh.c	主机样例\components\softdevice\common
nrf_sdh_ble.c	主机样例\components\softdevice\common
nrf_sdh_soc.c	主机样例\components\softdevice\common

10.3　主函数的搭建

　　蓝牙主机工程的基本构成搭建完毕后,需在主函数文件中编写主函数。主函数 main()是一个程序的基本框架。在蓝牙样板工程中主函数 main()里编写代码。模板工程主函数的代码功能及意义如下:

```
01. int main(void)
02. {
```

```
03.     //初始化
04.     log_init();//LOG 输出
05.     timer_init();//定时器初始化
06.     buttons_leds_init();//板级设备初始化
07.     power_management_init();//功耗管理
08.     ble_stack_init();//协议栈初始化
09.     gatt_init();//GATT 初始化
10.     scan_init();//扫描初始化
11.
12.     //开始执行
13.     NRF_LOG_INFO("BLE central template example started.");
14.     scan_start();//开始扫描
15.
16.     // Enter main loop.
17.     for (;;)
18.     {
19.         idle_state_handle();
20.     }
21. }
```

主函数功能很多,其中大部分初始化函数都和从机工程里的函数一模一样,区别就是主机工程里多了 scan_init()扫描初始化函数和 scan_start()扫描开始函数,这两个函数将在下一章里详细分析。

第 11 章
蓝牙主机扫描详解

主机扫描和从机广播是互相对应的。从机开始广播后,主机会发起扫描,扫描过程会发现从机设备,这个过程称为主机扫描。本章将详细探讨主机扫描的参数、方式及设计等方面。通过修改蓝牙主机样例程序,设计主动扫描和被动扫描器。

11.1 主机扫描的概念

主机扫描模式称为 SCANNING STATE,表示主机设备寻找从机设备过程中所处的状态。在蓝牙 5.0 核心协议手册 Vol 6,Part D 第 2724 页对扫描状态有详细的介绍。本章将提取其中的两个状态作为主要内容进行探讨。

11.1.1 被动扫描状态

被动扫描:在被动扫描中,扫描设备仅仅监听广播,不向广播设备发送任何数据。一个设备可以使用被动扫描寻找该地区的广播设备,接收来自对等设备的广播包并将其报告给主机。

主机设备通过 LE Set Scan Parameters 命令设置扫描参数,设置完毕后,主机就可以在协议栈中使用 LE Set Scan Enable 命令启动扫描。扫描过程中,如果控制器接收到符合过滤策略和其他规则的广播数据包,则发送一个 LE Advertising Report 事件给主机。除了广播包的设备地址外,报告事件还包括广播数据包中的数据,以及接收广播数据包时的信号接收强度。可利用信号强度及位于广播数据包中的发射功率,共同确定信号的路径损失,从而给出大致的范围,这个应用就是防丢器和蓝牙定位。

被动扫描状态不需向从机发送任何数据。图 11.1 所示为被动扫描广播的过程。

主机可将 LE Set Scan Enable 命令设置为"停止扫描",以停止扫描操作。

11.1.2 主动扫描状态

主动扫描更复杂,不仅可以捕获到对端设备的广播数据包,而且可以捕获可能的扫描响应包。设备可以使用主动扫描获取有关设备的更多信息,这些信息可能对填充用户界面很有用。主动扫描涉及更多的链接层广播信息。

在参数配置和扫描启动方面,主动扫描和被动扫描一致。不同点是主动扫描可以

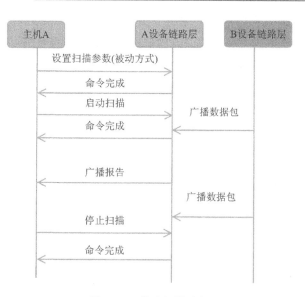

图 11.1 被动扫描过程

捕获扫描响应包,并且区分广播数据包和扫描响应数据包。主机设备通过 LE Set Scan Parameters 命令设置扫描参数,设置完毕,主机就可以在协议栈中使用 LE Set Scan Enable 命令启动扫描。扫描过程中,如果控制器接收到符合过滤策略和其他规则的广播数据包,则发送一个 LE Advertising Report 事件给主机。如果从机设备返回一个扫描回应包,也会产生一个 LE Advertising Report 事件给主机。图 11.2 所示为主动扫描广播设备的过程。

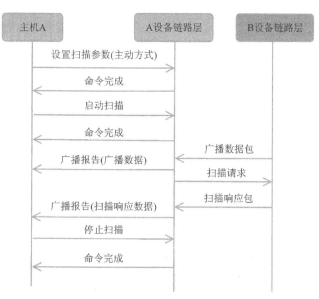

图 11.2 主动扫描过程

控制器收到扫描数据包后将向主机发送一个广播报告事件（adv_report），该事件同样包括了链路层数据包的广播类型。因此，主机能够判断对端设备是否可以连接或者扫描，并且区分出广播数据包和扫描响应数据包。

11.1.3　扫描参数配置命令

扫描是主机设备在一定范围内寻址其他低功耗蓝牙设备广播的过程。扫描设备在扫描过程中会使用广播信道。与广播过程不同的是，扫描过程没有严格的时间定义和信道规则。扫描过程按照 host 层所设定的扫描参数进行。在蓝牙 5.0 核心规范 Vol 2，Part E 第 1261 页对设置扫描参数命令的描述如表 11.1 所列。

表 11.1　LE 扫描参数命令

命　令	操作码	命令参数	返回参数
HCI_LE_Set_Scan_Parameters	0x000B	LE_Scan_Type, LE_Scan_Interval, LE_Scan_Window, Own_Address_Type, Scanning_Filter_Policy	Status

表中的命令参数解析如下：

- LE_Scan_Type 表示可以设置的扫描类型，命令长度为 1 字节，如表 11.2 所列。

表 11.2　扫描类型

参　数	功能描述
0x00	被动扫描。不发送扫描 PDUs（默认）
0x01	主动扫描。可以发送扫描 PDUs
0x02—0xFF	为将来的使用预留

- LE_Scan_Interval：表示扫描的时间间隔，命令长度为 2 字节，如表 11.3 所列。

表 11.3　扫描间隔

参　数	功能描述
N=0xXXXX	定义为从控制器开始最后一次 LE 扫描到开始后续 LE 扫描的时间间隔 范围：0x0004～0x4000 默认值：0x0010（10 ms） 时间＝N×0.625 ms 时间范围：2.5 ms～10.24 s

- LE_Scan_Window：表示扫描持续时间，命令长度为 2 字节，如表 11.4 所列。
- Own_Address_Type：表示主机扫描解析地址，命令长度为 1 字节，如表 11.5 所列。

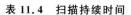

表 11.4　扫描持续时间

参　数	功能描述
N=0xXXXX	LE 扫描的持续时间。LE_Scan_Window 应小于或等于 LE_Scan_Interval 范围：0x0004～0x4000 默认值：0x0010（10 ms） 时间＝N×0.625 ms 时间范围：2.5 ms～10.24 s

表 11.5　扫描解析地址

参　数	功能描述
0x00	公共设备地址（默认）
0x01	随机设备地址
0x02	控制器从解析列表中根据本地 IRK 生成可解析的私有地址。如果解析列表不包含匹配项，则使用公共地址
0x03	控制器从解析列表中根据本地 IRK 生成可解析的私有地址。如果解析列表不包含匹配项，则使用来自 LE_Set_Ran-dom_Address 的随机地址
所有其他值	为将来的使用预留

- Scanning_Filter_Policy：表示主机扫描过滤策略，命令长度为 1 字节，如表 11.6 所列。

表 11.6　扫描过滤策略

参　数	功能描述
0x00	接收所有的广播包，除了定向广播包不发送到这个设备（默认）
0x01	只接收来自广播客户地址在白名单中的设备的广播包。未发送到本设备的定向广播包被忽略
0x02	接受所有的广播包，除了定向广播包，其中发起者的身份地址不针对这个设备。 注意：定向广播包，其中发起者的地址是一个可解析的私有地址，不能被解析，也被接收
0x03	接收所有广播包，但： ● 广播客户的身份地址不在白名单中的广播包； ● 定向广播包，其中发起者的身份地址不针对该设备； 注意：定向广播包，其中发起者的地址是一个可解析的私有地址，不能被解析，也被接收
0x04—0xFF	为将来的使用预留

11.2　主机扫描器设计

主机扫描可以扫描广播的关键数据，应用在很多场合。

11.2.1 扫描参数配置

观察 nRF528xx 的主机程序,在主函数 main.c 中调用了主机扫描初始化函数 scan_init(),配置主机扫描参数,主机扫描过程按照配置的参数进行。scan_init()函数内部代码如下:

```
01.  static void scan_init(void)
02.  {
03.      ret_code_t          err_code;
04.      nrf_ble_scan_init_t init_scan;
05.
06.      memset(&init_scan, 0, sizeof(init_scan));//清空扫描参数
07.
08.      init_scan.connect_if_match = 0;//自动连接设置为 1
09.      init_scan.conn_cfg_tag = APP_BLE_CONN_CFG_TAG;//设置连接目标为 1
10.  //   init_scan.p_scan_param = m_scan_params;  //如果不使用默认配置
11.
12.      err_code = nrf_ble_scan_init(&m_scan, &init_scan, scan_evt_handler);
                                                                       //初始化扫描
13.      APP_ERROR_CHECK(err_code);
14.  }
```

Nordic 的 SDK15.3 版本代码开始的主机扫描功能加入了过滤连接功能。过滤连接功能可以简单地称为扫描过滤器,将在后续章节详细探讨。在扫描初始化函数 scan_init()中,调用了一个关键的函数 nrf_ble_scan_init(),用于配置扫描参数、连接参数和对扫描事件处理回调函数的声明。该函数说明如表 11.7 所列。

表 11.7 nrf_ble_scan_init 函数

函数:ret_code_t nrf_ble_scan_init(nrf_ble_scan_t   * const p_scan_ctx, 　　　　　　　　　　　　　　　nrf_ble_scan_init_t const * const p_init, 　　　　　　　　　　　　　　　nrf_ble_scan_evt_handler_t evt_handler);
*功能:函数初始化扫描模块
*参数[输出]:p_scan_ctx 指向扫描模块实例的指针,这个指针必须由应用程序提供,由该函数初始化,并用于标识这个特定的模块实例 *参数[输入]:p_init 可以初始化为 NULL。如果为空,则从静态配置中加载初始化模块所需的参数。如果模块要自动建立链接,则必须使用相关数据初始化链接 *参数[输入]:evt_handler 扫描事件的处理程序。如果在主应用程序中没有实现任何处理,则可以将其初始化为 NULL
返回值:NRFX_SUCCESS 如果初始化成功
返回值:NRF_ERROR_NULL 当空指针作为输入传递时

现详细分析该函数的三个形参:

第 11 章 蓝牙主机扫描详解

- 第一个参数 p_scan_ctx：扫描模块实例指针，可以代表本次启动的扫描器，结构体类型为 nrf_ble_scan_t，具体参数展开如下：

```
01. typedef struct
02. {
03. #if (NRF_BLE_SCAN_FILTER_ENABLE == 1)
04.     nrf_ble_scan_filters_t scan_filters;        //扫描滤波数据
05. #endif
06.     bool    connect_if_match;                   //如果设置为true,则在筛选匹配或成功识
07.                                                 别来自白名单的设备之后,模块将自动连接
08.     ble_gap_conn_params_t   conn_params;        //连接参数
09.     uint8_t     conn_cfg_tag;                   //变量,以跟踪在文件匹配或白名单匹配导
10.                                                 致连接时将使用什么连接设置
11.     ble_gap_scan_params_t   scan_params;        //GAP扫描参数
12.     nrf_ble_scan_evt_handler_t evt_handler;     //扫描事件的处理程序。如果在主应用程序
13.                                                 中没有实现处理,可以将其初始化为NULL
14.     uint8_t     scan_buffer_data[NRF_BLE_SCAN_BUFFER];//广播报告被存储在协议栈中的缓冲
15.     ble_data_t  scan_buffer;                    // 结构存储的指针,指向协议栈将存储广播
16.                                                 报告的缓冲区
17. }nrf_ble_scan_t;
```

- 第二个参数 p_init：扫描初始化配置参数，结构体类型为 nrf_ble_scan_init_t，具体展开如下所示：

```
18. typedef struct
19. { //BLE GAP 扫描参数需要初始化模块。可以初始化为空。如果为空,则从静态配置加载
       初始化模块所需的参数
20. ble_gap_scan_params_t const * p_scan_param;
21. //如果设置为true,则在筛选匹配或成功识别来自白名单的设备后,模块将自动连接。
22. bool    connect_if_match;
23. //连接参数。可以初始化为空。如果为空,则使用默认的静态配置
24. ble_gap_conn_params_t const * p_conn_param;
25. //变量,以跟踪在文件匹配或白名单匹配导致连接时将使用什么连接设置
26. uint8_t     conn_cfg_tag;
27. } nrf_ble_scan_init_t;
```

- 第三个参数 evt_handler：扫描事件的处理回调函数，包含连接过滤、连接报告等参数，结构体类型为 scan_evt_t，参数具体展开如下所示：

```
28. typedef struct
29. {
30.     nrf_ble_scan_evt_t scan_evt_id;//扫描操作传递到主应用程序的事件类型
31.     union
32.     {
33.         nrf_ble_scan_evt_filter_match_t    filter_match;        //扫描过滤匹配
```

```
34.         ble_gap_evt_scan_req_report_t    req_report;      //扫描请求报告参数
35.         ble_gap_evt_timeout_t    timeout;    //超时事件参数
36.         ble_gap_evt_adv_report_t const  * p_whitelist_adv_report;
                                                    //白名单的广播报告事件参数
37.         ble_gap_evt_adv_report_t const  * p_not_found;    //当过滤器未被发现时,
38.                                                 广播报告事件参数
39.         nrf_ble_scan_evt_connected_t    connected;    //连接事件参数
40.         nrf_ble_scan_evt_connecting_err_t connecting_err;   //连接时的错误事件
41.                     返回协议栈 API 函数 sd_ble_gap_scan_start 的错误码
42.      } params;
43.         ble_gap_scan_params_t const * p_scan_params;    //扫描参数。需要这些参数来建
                                                                立连接
44.   } scan_evt_t;
```

在函数的第二个参数 p_init 声明了扫描参数模块,扫描配置参数结构体在代码 ble_gap.h 文件中定义如下:

```
01.  typedef struct
02.  { uint8_t              extended              : 1;
03.    uint8_t              report_incomplete_evts : 1;
04.    uint8_t              active                : 1;
05.    uint8_t              filter_policy         : 2;
06.    uint8_t              scan_phys;
07.    uint16_t             interval;
08.    uint16_t             window;
09.    uint16_t             timeout;
10.    ble_gap_ch_mask_t    channel_mask;
11.  } ble_gap_scan_params_t;
```

扫描参数的详细内容如下:

- extended 如果为 1,扫描器将接收扩展的广播包。如果为 0,扫描器将不接收在二级广播频道上的广播包,无法播放接收长广播 PDUs。
- report_incomplete_evts 如果为 1,则参数 ble_gap_evt_adv_report_t 类型的事件可能具有参数 ble_gap_adv_report_type_t;,状态设置为参数 BLE_GAP_ADV_DATA_STATUS_INCOMPLETE_MORE_DATA,当与参数 sd_ble_gap_connect 一起使用时,此参数将被忽略。

  注意:可用来中止从扩展包接收更多包广播活动,并只适用于延长扫描,请参见参数 sd_ble_gap_scan_start。

- active 参数表示选择扫描模式,扫描模式分为被动扫描和主动扫描,1 表示主动扫描,0 表示被动扫描。
- filter_policy 表示扫描过滤策略,即接收任何广播数据包或者仅接受白名单设备的广播数据包。实际上就是决定是否使用白名单,是否使用白名单过滤广播

数据包。注意,如果定向广播数据包中的目的地址不是自己的,那么该数据必须被抛弃,即使广播数据包的发送者在自己的白名单内也不例外。官方对筛选定义的代码有四种情况,如表 11.8 所列,对应 11.1.3 小节蓝牙核心规范内规定的命令参数。

表 11.8 过滤策略宏定义代码

define BLE_GAP_SCAN_FP_ACCEPT_ALL   0x00
接收所有的广播包,除去广播地址不是指向该设备的定向广播
define BLE_GAP_SCAN_FP_WHITELIST   0x01
接收在白名单里的所有广播,除去广播地址不是指向该设备的定向广播
define BLE_GAP_SCAN_FP_ALL_NOT_RESOLVED_DIRECTED   0x02
接收所有的广播包,包含定向广播包。如果广播 MAC 地址是私密地址,将无法被解析
define BLE_GAP_SCAN_FP_WHITELIST_NOT_RESOLVED_DIRECTED   0x03
接收白名单里的所有的广播包,包含定向广播包。如果广播 MAC 地址是私密地址,将无法被解析

- scan_phys 扫描的 PHYs 参数。如果 scan_phys 设置为参数 BLE_GAP_PHY_AUTO,则 PHY 长度默认为参数 BLE_GAP_PHY_1MBPS。如果参数 ble_gap_scan_params_t::extended 被设置为 0,那么唯一支持的 PHY 就是参数 BLE_GAP_PHY_1MBPS。

当与参数 sd_ble_gap_scan_start 一起使用时,位字段表示扫描器将用于扫描主要广播频道的 PHYs。扫描器将接受参数 BLE_GAP_PHYS_SUPPORTED 作为辅助广播频道 PHYs。当与 sd_ble_gap_connect 一起使用时,该位字段将用于扫描设备设置主广播频道的 PHYs。扫描设备将接受参数 BLE_GAP_PHYS_SUPPORTED PHYs 作为从广播频道的 PHYs。如果 scan_phys 包含参数 BLE_GAP_PHY_1MBPS 和参数 BLE_GAP_PHY_2MBPS,则主扫描 PHY 为参数 BLE_GAP_PHY_1MBPS。

- interval 表示扫描间隔,控制器间隔多长时间扫描一次。即两个连续的扫描窗口开始时间的时间间隔。在 nrf 上设置为 0x0004 and 0x4000 in 0.625 ms units (2.5 ms to 10.24 s)。
- window 表示扫描窗口,即每次扫描的持续时间,在持续时间内,扫描设备一直在广播信道上运行。在 nrf 上设置为 0x0004 and 0x4000 in 0.625 ms units (2.5 ms to 10.24 s)。
- timeout 表示扫描超时,超过指定的时间后,没有扫描到设备将停止扫描。可设置范围为 0x0001~0xFFFF,以 s 为单位,0x0000 表示没有 timeout。

扫描窗口和扫描间隔这两个参数非常重要。扫描窗口的设置要小于或者等于扫描间隔,并且都是 0.625 ms 的整数倍。这两个参数决定了控制器主机的扫描占空比。比如,如果设置扫描间隔为 100 ms,扫描窗口为 10 ms,那么主机控制器的占空比就是 10%。特别注意可以捕获的定向广播数据包的最低占空比为 0.4%,即每秒扫描时间为 3.75 ms,这些时间设置也适用于任何蓝牙 BLE 4.x 处理器,并不仅仅限于 nrodic 的蓝牙处理器。如果把时间间隔设置为相同的大小,控制器会进行连续扫描,每个间隔会改变扫描频率,切换扫描信道。

- channel_mask 表示屏蔽的通道。至少有一个主要通道,即通道索引 37~39 其中之一设置为 0。不支持屏蔽次要通道。

设置扫描参数的函数 nrf_ble_scan_init 的内部代码如下:

```
12. ret_code_t nrf_ble_scan_init(nrf_ble_scan_t         * const p_scan_ctx,
13.                              nrf_ble_scan_init_t const * const p_init,
14.                              nrf_ble_scan_evt_handler_t   evt_handler)
15. {
16.     VERIFY_PARAM_NOT_NULL(p_scan_ctx);
17.     p_scan_ctx->evt_handler = evt_handler;
18.
19. #if (NRF_BLE_SCAN_FILTER_ENABLE == 1)//如果扫描滤波器使能了
20.     //清空所有扫描过滤器
21.     memset(&p_scan_ctx->scan_filters, 0, sizeof(p_scan_ctx->scan_filters));
22. #endif
23.
24.     //如果指向初始化结构的指针存在(单独配置了扫描参数),则使用该扫描配置
25.     if (p_init != NULL)
26.     {
27.         p_scan_ctx->connect_if_match = p_init->connect_if_match;
28.         p_scan_ctx->conn_cfg_tag = p_init->conn_cfg_tag;
29.         //如果扫描参数配置不为 null,则使用该连接扫描配置
30.         if (p_init->p_scan_param != NULL)
31.         {
32.             p_scan_ctx->scan_params = *p_init->p_scan_param;
33.         }
34.         else
35.         {
36.             //否则,使用静态的默认配置
37.             nrf_ble_scan_default_param_set(p_scan_ctx);
38.         }
39.         //如果连接参数配置不为 null,则使用该连接参数配置
40.         if (p_init->p_conn_param != NULL)
41.         {
42.             p_scan_ctx->conn_params = *p_init->p_conn_param;
```

```
43.         }
44.         else
45.         {
46.             //使用默认的静态连接参数配置
47.             nrf_ble_scan_default_conn_param_set(p_scan_ctx);
48.         }
49.     }
50.     // 如果指针为空,则使用静态默认配置(连接参数和扫描参数)
51.     else
52.     {
53.         nrf_ble_scan_default_param_set(p_scan_ctx);
54.         nrf_ble_scan_default_conn_param_set(p_scan_ctx);
55.         p_scan_ctx->connect_if_match = false;
56.     }
57.
58.     //分配一个缓冲区,协议栈下广播报告将被存储在该缓冲中
59.     p_scan_ctx->scan_buffer.p_data = p_scan_ctx->scan_buffer_data;
60.     p_scan_ctx->scan_buffer.len = NRF_BLE_SCAN_BUFFER;
61.
62.     return NRF_SUCCESS;
63. }
```

默认的扫描参数配置函数如下:

```
01. static void nrf_ble_scan_default_param_set(nrf_ble_scan_t * const p_scan_ctx)
02. {
03.     // Set the default parameters.
04.     p_scan_ctx->scan_params.active = 1;
05.     p_scan_ctx->scan_params.interval = NRF_BLE_SCAN_SCAN_INTERVAL;
06.     p_scan_ctx->scan_params.window = NRF_BLE_SCAN_SCAN_WINDOW;
07.     p_scan_ctx->scan_params.timeout = NRF_BLE_SCAN_SCAN_DURATION;
08.     p_scan_ctx->scan_params.filter_policy = BLE_GAP_SCAN_FP_ACCEPT_ALL;
09.     p_scan_ctx->scan_params.scan_phys = BLE_GAP_PHY_1MBPS;
10. }
```

在 sdk_config.h 配置文件中,配置默认的扫描参数,如图 11.3 所示。

如果不使用默认的配置参数,可以直接在默认参数上修改,也可以在主函数里自定义参数,具体参考 11.3 节的内容。

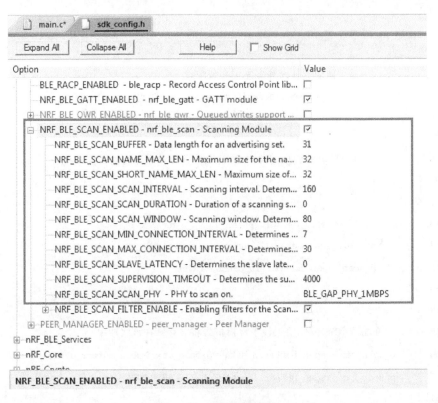

图 11.3　扫描参数配置

11.2.2　扫描报告事件

主机扫描后收到广播包，会触发扫描报告事件 advertising report event。在蓝牙 5.0 核心规范 vol2，part E 第 1193 页的描述如表 11.9 所列。

表 11.9　广播报告事件

事　件	操作码	事件参数
LE Advertising Report	0x3E	Subevent_Code, Num_Reports, Event_Type[i], Address_Type[i], Address[i], Length_Data[i], Data[i], RSSI[i]

LE 广播报告事件表明一个或多个蓝牙设备对主动扫描作出了响应，或者被动扫描期间接收到的广播。控制器可以对这些广播报告进行排队。在一个 LE 广播报告事

件中可包含从多个设备发送来的信息。通过 LE 使能扫描命令使能扫描，才会生成事件。对应的事件参数如下：

- Subevent_Code：广播事件的子事件编码，命令长度为 1 字节，如表 11.10 所列。

表 11.10　子事件编码

参　　数	功能描述
0x02	LE 广播报告事件的子事件代码

- Num_Reports：事件响应的数量，命令长度为 1 字节，如表 11.11 所列。

表 11.11　事件响应数量

参　　数	功能描述
0x01～0x19	事件中响应的数量
其他值	为将来的使用预留

- Event_Type[i]：广播事件的广播类型，命令长度为 1 字节×Num_Reports，如表 11.12 所列。

表 11.12　广播事件内的广播类型

参　　数	功能描述
0x00	可连接和可扫描的无定向广告（ADV_IND）
0x01	可连接定向广告（ADV_DIRECT_IND）
0x02	可扫描无定向广告（ADV_SCAN_IND）
0x03	非可连接无定向广告（ADV_NONCONN_IND）
0x04	扫描响应（SCAN_RSP）
其他值	为将来的使用预留

- Address_Type[i]：广播设备地址类型，命令长度为 1 字节×Num_Reports，如表 11.13 所列。

表 11.13　广播设备地址类型

参　　数	功能描述
0x00	公共设备地址 Public Device Address
0x01	随机设备地址 Random Device Address
0x02	公共标识地址 Public Identity Address
0x03	随机（静态）身份地址 Random (static) Identity Address
其他值	为将来的使用预留

- Address[i]：广播设备地址，命令长度为 6 字节×Num_Reports，如表 11.14 所列。

表 11.14 广播设备地址

参　数	功能描述
0xXXXXXXXXXXXX	公共设备地址，随机设备地址，公共标识地址或随机(静态)标识地址

- Length_Data[i]：广播数据长度，命令长度为 1 字节×Num_Reports，如表 11.15 所列。

表 11.15 广播数据长度

参　数	功能描述
0x00—0x1F	每个响应设备的数据[i]字段的长度
其他值	为将来的使用预留

- Data[i]：广播数据，命令长度为 Length_Data[i]字节，如表 11.16 所列。

表 11.16 广播数据

参　数	功能描述
	这个数组的每个元素都有一个可变长度

- RSSI[i]：广播信号强度，命令长度为 1 字节×Num_Reports，如表 11.17 所列。

表 11.17 广播信号强度

参　数	功能描述
N	大小：1 字节(带符号整数) 范围：$-127 \leqslant N \leqslant +20$ 单位：dBm
127	RSSI 不可用
21 to 126	为将来的使用预留

控制器收到扫描数据包后将向主机发送一个广播报告事件，Nordic 官方库中给出了一个扫描报告的结构体，内容如下：

```
01. typedef struct
02. {
03.     /* 广播报告类型 */
04.     ble_gap_adv_report_type_t  type;
05.
06.     /* 蓝牙配对设备地址，如果 peer_addr 被解析：那么参数 ble_gap_addr_t::addr_id_peer
           被设置为1，同时该地址是对等方的身份地址。*/
07.     ble_gap_addr_t  peer_addr;
```

08.
09.　　/*当参数ble_gap_adv_report_type_t::directed被设置为1,包含目的地址的广播事件。如果协议栈能够解析地址,参数ble_gap_addr_t::addr_id_peer被设置为1,direct_addr包含本地的认证地址。如果广播事件的目标地址是BLE_GAP_ADDR_TYPE_RANDOM_PRIVATE_RESOLVABLE类型,协议栈是服务解析的,应用程序可以尝试解析这个地址,以查明广播活动是否指向我们*/
10.　　ble_gap_addr_t　　　direct_addr;
11.
12.　　/*指向被接收的主广播包的物理层PHY*/
13.　　uint8_t　　　primary_phy;
14.
15.　　/*指向被接收的第二个广播包的物理层PHY。查看参数BLE_GAP_PHYS,如果在二级广播频道上没有收到信息包,则此字段为0*/
16.　　uint8_t　　　secondary_phy;
17.
18.　　/*TX功率报告是由广播客户端最后收到的包头。如果最后收到的数据包不包含TX字段,则这个字段被设置为BLE_GAP_POWER_LEVEL_INVALID*/
19.　　int8_t　　　tx_power;
20.　　/*接收的信号强度*/
21.　　int8_t　　　rssi;
22.　　/**接收到最后一个广播包的频道索引(0-39)*/
23.　　uint8_t　　　ch_index;
24.　　/*设置接收广播数据的ID*/
25.　　uint8_t　　　set_id;
26.　　/*接收的广播数据的广播数据ID号*/
27.　　uint16_t　　　data_id:12;
28.
29.　　/*接收的广播数据或者扫描回包数据(Received advertising or scan response data)。如果参数ble_gap_adv_report_type_t::status未被设置为参数BLE_GAP_ADV_DATA_STATUS_INCOMPLETE_MORE_DATA,参数sd_ble_gap_scan_start中提供的数据缓存立即释放*/
30.
31.　　ble_data_t　　　data;
32.
33.　　/*在此扩展广播事件中,下一个广播包的偏移量。注意:只有当@ref ble_gap_adv_report_type_t::status被设置为@ref BLE_GAP_ADV_DATA_STATUS_INCOMPLETE_MORE_DATA时,该字段才会被设置*/
34.　　ble_gap_aux_pointer_t　　　aux_pointer;
35. }
36.　　ble_gap_evt_adv_report_t;
37.

对以上结构体参数解释如下:

● 第一个参数ble_gap_adv_report_type_t type,这个广播事件类型的结构体定义如下：

```
typedef struct
{
  uint16_t connectable    : 1; /* 可连接广播事件类型 */
  uint16_t scannable      : 1; /* 可扫描广播事件类型 */
  uint16_t directed       : 1; /* 定向广播事件类型 */
  uint16_t scan_response  : 1; /* 收到扫描响应 */
  uint16_t extended_pdu   : 1; /* 收到一套加长广播 */
  uint16_t status         : 2; /* 数据状态,参考参数 BLE_GAP_ADV_DATA_STATUS */
  uint16_t reserved       : 9; /* 保留部分 */
} ble_gap_adv_report_type_t;
```

可以通过报告输出对应参数，判断扫描的广播类型、广播数据状态等参数，其中 status 数据状态可以具有以下几种情况：

```
/* 广播活动的所有数据已经收到 */
#define BLE_GAP_ADV_DATA_STATUS_COMPLETE            0x00
/* 需要接收的更多数据 */
#define BLE_GAP_ADV_DATA_STATUS_INCOMPLETE_MORE_DATA 0x01
/* 不完整的数据。缓冲区大小不足以接收更多 */
#define BLE_GAP_ADV_DATA_STATUS_INCOMPLETE_TRUNCATED 0x02
/* 未能接收到剩余数据 */
#define BLE_GAP_ADV_DATA_STATUS_INCOMPLETE_MISSED    0x03
```

- peer_addr:扫描设备的 MAC 地址；
- direct_addr:扫描定向广播的 MAC 地址；

  这两个都是扫描的从机设备地址，但是 direct_addr 是定向广播的设备 MAC 地址；
- primary_phy:主广播的物理层速度；
- secondary_phy:第二扩展广播的物理层速度。

蓝牙 4.x 协议规定蓝牙广播数据包每包数据最大只支持 31 字节数据传输，广播信道限制在 37、38、39 三个信道。在原有的用于传输广播数据的 PDU(ADV_IND、ADV_DIRECT_IND、ADV_NONCONN_IND 及 ADV_SCAN_IND,称作 legacy PDUs)的基础上，蓝牙 5 增加了扩展的 PDU(ADV_EXT_IND、AUX_ADV_IND、AUX_SYNC_IND 及 AUX_CHAIN_IND,称作 extended advertising PDUs),同时也允许蓝牙在除 37、38、39 三个通道之外的其他 37 个信道上发送长度介于 0~255 字节的数据。

蓝牙 5.0 把广播信道抽象为两种，一种叫主广播信道(Primary Advertisement Channels)，另一种叫次广播信道，或者第二广播信道(Secondary Advertising Packets)。

主广播信道只工作在 37、38、39 三个信道，最大广播长度为 31 字节，广播的数据类型增加了 ADV_EXT_IND 指令，意为告知监听设备，要广播大数据包广播了。ADV_EXT_IND 指令包含要在第二类次广播信道上发送的内容、第二广播信道发送广播数据的信道、物理 PHY 层、1M PHY、Coded PHY、2M PHY 等。

目前 PHY 物理层上速度设置如下：

```
#define BLE_GAP_PHY_AUTO        0x00    /**< Automatic PHY selection. Refer @ref sd_ble_
gap_phy_update for more information. */
#define BLE_GAP_PHY_1MBPS       0x01    /**< 1 Mbps PHY. */
#define BLE_GAP_PHY_2MBPS       0x02    /**< 2 Mbps PHY. */
#define BLE_GAP_PHY_CODED       0x04    /**< Coded PHY. */
#define BLE_GAP_PHY_NOT_SET     0xFF    /**< PHY is not configured. */
```

- ch_index:广播信号的频道；
- tx_power:广播发射功率；
- Rssi:接收信号的强度,以 DB 为单位；
- ble_data_t data 广播数据内容。

```
typedef struct
{
    uint8_t    * p_data;    /*广播或者扫描回应的数据*/
    uint16_t   len;         /*广播或者扫描回应的数据长度*/
} ble_data_t;
```

11.3 被动扫描和主动扫描实验

前面几节从理论上分析了主机扫描过程,以及扫描后获取广播包的内容,下面通过实际案例验证。

11.3.1 扫描参数的设置

以蓝牙主机样例为基础,首先需设置扫描参数,即在 scan_start()执行扫描之前,修改扫描参数,进行扫描初始化。具体代码如下：

```
01. static ble_gap_scan_params_t const m_scan_params =
02. {
03.     .active = 0,//扫描模式
04.     .interval = SCAN_INTERVAL,//扫描间隔
05.     .window = SCAN_WINDOW,//扫描窗口
06.     .timeout = SCAN_DURATION,//扫描超时时间
07.     .scan_phys = BLE_GAP_PHY_1MBPS,//物理层
08.     .filter_policy = BLE_GAP_SCAN_FP_ACCEPT_ALL,//过滤策略
09. };
```

注意,被动扫描和主动扫描的唯一区别是.active 设置不同。.active=0 为被动扫描,.active=1 为主动扫描。把参数代入到扫描初始化函数中,代码如下：

```
01. /*扫描以及滤波器的初始化*/
02. static void scan_init(void)
03. {
04.     ret_code_t          err_code;
05.     nrf_ble_scan_init_t init_scan;
06.
07.     memset(&init_scan, 0, sizeof(init_scan));//清空扫描参数
08.
09.     init_scan.connect_if_match = 0;//自动连接设置为0
10.     init_scan.conn_cfg_tag = APP_BLE_CONN_CFG_TAG;//设置连接目标为1
11.     init_scan.p_scan_param = m_scan_params; //如果不使用默认配置,自己定义
12.
13.     err_code = nrf_ble_scan_init(&m_scan, &init_scan, scan_evt_handler);
                                                                //初始化扫描
14.     APP_ERROR_CHECK(err_code);
15. }
```

11.3.2 启动与关闭扫描

设置完扫描参数并进行扫描初始化后,调用 nrf_ble_scan.c 文件中的 nrf_ble_scan_start()函数启动主机扫描,函数介绍如表 11.18 所列。

表 11.18 nrf_ble_scan_start 函数

函数:ret_code_t nrf_ble_scan_start(nrf_ble_scan_t const * const p_scan_ctx);
* 功能:开始主机扫描。该函数根据初始化期间设置的配置开始扫描
* 参数[输出]:p_scan_ctx 指向扫描模块实例的指针。这个结构指针必须由应用程序提供,并由这个函数初始化,稍后用于标识特定的模块实例
返回值:NRFX_SUCCESS 如果扫描开始。否则,将返回错误代码
返回值:NRF_ERROR_NULL 当空指针作为输入传递时
返回值:返回协议栈 API 函数 sd_ble_gap_scan_start 的错误代码

代码编写实例如下所示:

```
01. static void scan_start(void)
02. {
03.     ret_code_t ret;
04.
05.     ret = nrf_ble_scan_start(&m_scan);//开始扫描
06.     APP_ERROR_CHECK(ret);
07.
08.     ret = bsp_indication_set(BSP_INDICATE_SCANNING);//扫描指示灯开始指示
09.     APP_ERROR_CHECK(ret);
10. }
```

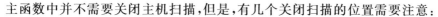

主函数中并不需要关闭主机扫描,但是,有几个关闭扫描的位置需要注意:
- 在开始设置扫描参数的 nrf_ble_scan_default_param_set() 函数里,首先调用 API 函数 nrf_ble_scan_stop 关闭之前的扫描。
- 在启动主机扫描函数 nrf_ble_scan_start() 中,调用协议栈 API 函数 sd_ble_gap_scan_start() 开始扫描之前,会调用 API 函数 nrf_ble_scan_stop 关闭之前的扫描。
- 在扫描完成后,主机发起连接时,连接从机目标的函数内会调用 API 函数 nrf_ble_scan_stop 关闭扫描。
- 在扫描参数 timeout 扫描超时,超过指定的时间后,没有扫描到设备将自动停止扫描。

因此,关闭扫描基本由这些函数内部自动处理,无需在主函数里处理。如果开发者有需要,可以调用 nrf_ble_scan_stop 函数关闭扫描。

11.3.3 扫描报告

主机扫描到从机的广播后,广播参数通过 adv_report 得到报告,可通过串口或者 LOG 打印输出,在蓝牙派发函数 on_ble_evt 中输出报告,当发生广播报告时打印输出报告内容。首先在协议栈初始化函数里添加派发函数,在协议栈观察函数 NRF_SDH_BLE_OBSERVER 中添加回调函数 ble_evt_handler,具体代码如下:

```
01. //协议栈初始化
02. static void ble_stack_init(void)
03. {
04.     .......................................
05.     .......................................
06.     // Register a handler for BLE events.
07.     NRF_SDH_BLE_OBSERVER(m_ble_observer,APP_BLE_OBSERVER_PRIO,
08.                          ble_evt_handler, NULL);
09. }
```

在蓝牙事件回调函数中,需定义蓝牙广播报告 p_adv_report,报告的数据类型为 ble_gap_evt_adv_report_t。因为广播报告事件 ID 表示为 BLE_GAP_EVT_ADV_REPORT,触发这个 ID 事件后,就可以开始打印输出广播报告了。广播报告包含的内容参考 11.2.2 小节,代码编写如下:

```
10. static void ble_evt_handler(ble_evt_t const * p_ble_evt, void * p_context)
11. {
12.
13.     ble_gap_evt_adv_report_t  const * p_adv_report = &p_ble_evt->evt.gap_evt.params.adv_report;
14.
15.     switch (p_ble_evt->header.evt_id)
```

```
16.     {
17.         case BLE_GAP_EVT_ADV_REPORT://发送扫描报告事件
18.         //MAC 输出
19.         NRF_LOG_INFO("Connecting to target %02x%02x%02x%02x%02x%02x",
20.                     p_adv_report->peer_addr.addr[0],
21.                     p_adv_report->peer_addr.addr[1],
22.                     p_adv_report->peer_addr.addr[2],
23.                     p_adv_report->peer_addr.addr[3],
24.                     p_adv_report->peer_addr.addr[4],
25.                     p_adv_report->peer_addr.addr[5]
26.                     );
27.         //是否为主广播频道
28.         NRF_LOG_INFO(" primary_phy %d", p_adv_report->primary_phy);
29.         //TX 发射功率
30.         NRF_LOG_INFO(" tx_power %d", p_adv_report->tx_power);
31.         //接收信号强度
32.         NRF_LOG_INFO(" rssi %d", p_adv_report->rssi);
33.         //广播数据或者扫描回包的长度
34.         NRF_LOG_INFO(" data len: %d", p_adv_report->data.len);
35.
36.         if (p_adv_report->type.scan_response)//如果是事件类型为扫描回应包
37.             {
38.                 if (p_adv_report->data.len > 0)//其中数据长度如果大于1
39.                 {
40.                     NRF_LOG_INFO("Scan response received:");//扫描回应包接收
41.                     NRF_LOG_RAW_HEXDUMP_INFO(p_adv_report->data.p_data,
42.                     p_adv_report->data.len);//打印数据和数据长度
43.                 }
44.             else
45.                 {
46.                     NRF_LOG_INFO("Empty scan response received.");
47.                 }
48.             }
49.         else
50.             {
51.                 NRF_LOG_INFO("Advertising packet received:");//广播包接收
52.                 NRF_LOG_RAW_HEXDUMP_INFO(p_adv_report->data.p_data,
53.                 p_adv_report->data.len);//打印数据和数据长度
54.             }
55.             //继续扫描
56.             sd_ble_gap_scan_start(NULL, &m_scan_buffer);
57.             break;
58.         default:
59.             break;
```

第 11 章 蓝牙主机扫描详解

60.   }
61. }

配置参数.active=0 为被动扫描,修改完后,编译下载。下载完后,打开 log RTT 打印助手。此时需要一个从机设备,下载蓝牙样例到从机设备,只有广播包,没有广播回包。主机扫描后会在 RTT Viewer 助手中报告,如图 11.4 所示,图中,

从机设备地址:MAC 地址;
广播类型:primary_phy 主广播频道;
tx_power:广播发射强度;
rssi:接收到的从机信号强度;
data len:广播信号的数据长度;
Advertising packet received:扫描到的广播数据。

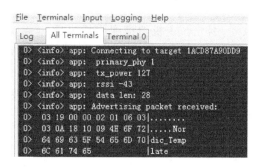

图 11.4 被动扫描

配置参数.active=1 为主动扫描,修改完后,编译下载,下载完后,打开 RTT Viewer 调试助手。此时需要一个从机设备,因为主动扫描可以扫描广播回包,因此下载自定义广播例子至从机设备,该例子有广播包也有广播回包。主机扫描后会在串口助手中报告如图 11.5 所示,与图 11.4 的区别就是后面包含收到 Scan response received 广播回包的内容。

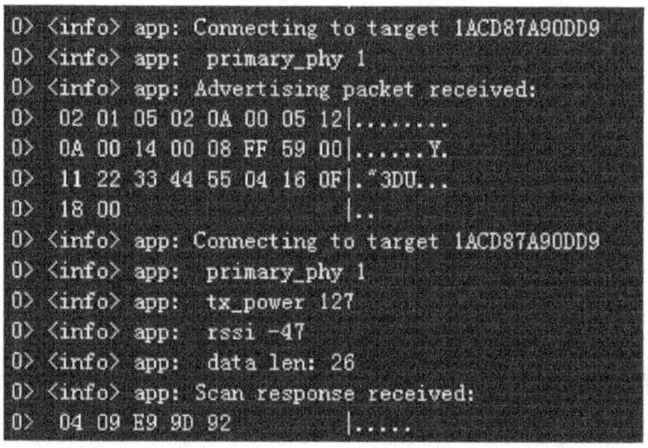

图 11.5 主动扫描

第 12 章

主机解析广播数据

12.1 广播数据包格式

广播报告里的参数很多,大部分是广播包固有的,不可以更改。广播报告中的广播包数据 data 可以自由改动,因此在主机扫描到广播包后,需要解析广播包的数据。广播数据格式参考蓝牙 5.0 核心规范 Vol3 Part 2086 页描述,如图 12.1 所示:分为有效部分(Singificant part)和无效部分(Non-Singificant part)。不是每个广播都需要把 31 字节填满,没有填满的自动补 0,这就是无效部分。有效部分则由 N 个 AD Structure 结构构成,AD 为 advertisement 广播的简写。

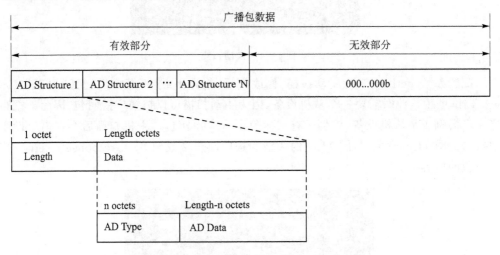

图 12.1 广播包和扫描回应包的数据格式

其中每个 AD Structure 都由 Length|AD Type|AD Data 模式组成:

◎ Length:AD Type 和 AD Data 的长度。

◎ AD Type:AD Data 广播数据的类型。广播数据的类型由蓝牙协议栈小组 SIG 明确定义,可以参考官方网站,链接如下:

https://www.bluetooth.com/specifications/assigned-numbers/generic-access-profile

在 Nordic 的 SDK 中,把定义使用程序形式表示出来,AD Type 的定义在程序的

"ble_gap.h"头文件中,如图 12.2 所示。

```
236
237  **@defgroup BLE_GAP_AD_TYPE_DEFINITIONS GAP Advertising and Scan Response Data format
258   * @note Found at https://www.bluetooth.org/Technical/AssignedNumbers/generic_access_profile.htm
259   * @{ */
260  #define BLE_GAP_AD_TYPE_FLAGS                              0x01  /**< Flags for discoverability. */
261  #define BLE_GAP_AD_TYPE_16BIT_SERVICE_UUID_MORE_AVAILABLE  0x02  /**< Partial list of 16 bit service UUIDs. */
262  #define BLE_GAP_AD_TYPE_16BIT_SERVICE_UUID_COMPLETE        0x03  /**< Complete list of 16 bit service UUIDs. */
263  #define BLE_GAP_AD_TYPE_32BIT_SERVICE_UUID_MORE_AVAILABLE  0x04  /**< Partial list of 32 bit service UUIDs. */
264  #define BLE_GAP_AD_TYPE_32BIT_SERVICE_UUID_COMPLETE        0x05  /**< Complete list of 32 bit service UUIDs. */
265  #define BLE_GAP_AD_TYPE_128BIT_SERVICE_UUID_MORE_AVAILABLE 0x06  /**< Partial list of 128 bit service UUIDs. */
266  #define BLE_GAP_AD_TYPE_128BIT_SERVICE_UUID_COMPLETE       0x07  /**< Complete list of 128 bit service UUIDs. */
267  #define BLE_GAP_AD_TYPE_SHORT_LOCAL_NAME                   0x08  /**< Short local device name. */
268  #define BLE_GAP_AD_TYPE_COMPLETE_LOCAL_NAME                0x09  /**< Complete local device name. */
269  #define BLE_GAP_AD_TYPE_TX_POWER_LEVEL                     0x0A  /**< Transmit power level. */
270  #define BLE_GAP_AD_TYPE_CLASS_OF_DEVICE                    0x0D  /**< Class of device. */
271  #define BLE_GAP_AD_TYPE_SIMPLE_PAIRING_HASH_C              0x0E  /**< Simple Pairing Hash C. */
272  #define BLE_GAP_AD_TYPE_SIMPLE_PAIRING_RANDOMIZER_R        0x0F  /**< Simple Pairing Randomizer R. */
273  #define BLE_GAP_AD_TYPE_SECURITY_MANAGER_TK_VALUE          0x10  /**< Security Manager TK Value. */
274  #define BLE_GAP_AD_TYPE_SECURITY_MANAGER_OOB_FLAGS         0x11  /**< Security Manager Out Of Band Flags. */
275  #define BLE_GAP_AD_TYPE_SLAVE_CONNECTION_INTERVAL_RANGE    0x12  /**< Slave Connection Interval Range. */
276  #define BLE_GAP_AD_TYPE_SOLICITED_SERVICE_UUIDS_16BIT      0x14  /**< List of 16-bit Service Solicitation UUIDs. */
277  #define BLE_GAP_AD_TYPE_SOLICITED_SERVICE_UUIDS_128BIT     0x15  /**< List of 128-bit Service Solicitation UUIDs. */
278  #define BLE_GAP_AD_TYPE_SERVICE_DATA                       0x16  /**< Service Data - 16-bit UUID. */
279  #define BLE_GAP_AD_TYPE_PUBLIC_TARGET_ADDRESS              0x17  /**< Public Target Address. */
280  #define BLE_GAP_AD_TYPE_RANDOM_TARGET_ADDRESS              0x18  /**< Random Target Address. */
281  #define BLE_GAP_AD_TYPE_APPEARANCE                         0x19  /**< Appearance. */
282  #define BLE_GAP_AD_TYPE_ADVERTISING_INTERVAL               0x1A  /**< Advertising Interval. */
283  #define BLE_GAP_AD_TYPE_LE_BLUETOOTH_DEVICE_ADDRESS        0x1B  /**< LE Bluetooth Device Address. */
284  #define BLE_GAP_AD_TYPE_LE_ROLE                            0x1C  /**< LE Role. */
285  #define BLE_GAP_AD_TYPE_SIMPLE_PAIRING_HASH_C256           0x1D  /**< Simple Pairing Hash C-256. */
286  #define BLE_GAP_AD_TYPE_SIMPLE_PAIRING_RANDOMIZER_R256     0x1E  /**< Simple Pairing Randomizer R-256. */
287  #define BLE_GAP_AD_TYPE_SERVICE_DATA_32BIT_UUID            0x20  /**< Service Data - 32-bit UUID. */
288  #define BLE_GAP_AD_TYPE_SERVICE_DATA_128BIT_UUID           0x21  /**< Service Data - 128-bit UUID. */
289  #define BLE_GAP_AD_TYPE_LESC_CONFIRMATION_VALUE            0x22  /**< LE Secure Connections Confirmation Value */
290  #define BLE_GAP_AD_TYPE_LESC_RANDOM_VALUE                  0x23  /**< LE Secure Connections Random Value */
291  #define BLE_GAP_AD_TYPE_URI                                0x24  /**< URI */
292  #define BLE_GAP_AD_TYPE_3D_INFORMATION_DATA                0x3D  /**< 3D Information Data. */
293  #define BLE_GAP_AD_TYPE_MANUFACTURER_SPECIFIC_DATA         0xFF  /**< Manufacturer Specific Data. */
294   * @} */
```

图 12.2　AD Type 的定义

◎ AD Data:需要广播的数据。

12.2　广播数据包内容解析

12.2.1　UUID 解析

如果开发者自定义广播,在广播包内加入 UUID,那么主机可以通过广播包解析,分析出广播包内带有的 UUID。广播包解析的原理很简单,严格按照广播包内的广播数据组成结构进行分析。一个广播包的数据由多个 AD Structure 结构组成,每个 AD Structure 结构由 1 字节 Length 和 Length 字节 Data 组成,所以先读取第一字节,判断 Data 的数据长度。Data 数据由 AD Type 和 AD Data 组成,UUID 的 AD Type 长度也为 1 字节,剩下的 Length-1 字节就是 AD Data 的内容。AD Data 的内容就是 UUID。演示 UUID AD Type 类型的几种最常见类型如下:

```
BLE_GAP_AD_TYPE_16BIT_SERVICE_UUID_COMPLETE
BLE_GAP_AD_TYPE_128BIT_SERVICE_UUID_COMPLETE
BLE_GAP_AD_TYPE_16BIT_SERVICE_UUID_MORE_AVAILABLE
BLE_GAP_AD_TYPE_128BIT_SERVICE_UUID_MORE_AVAILABLE
```

判断 AD Type 类型是否为 UUID 类型,如果是,打印后面的 AD Data 部分,编写广播包数据解析代码 adv_ecode(),具体如下:

```c
01.  static uint32_t adv_ecode(const ble_gap_evt_adv_report_t * p_adv_report)
02.  {
03.      uint8_t i;
04.      uint32_t  index = 0;
05.      uint32_t res ;
06.      uint8_t * p_data;
07.      uint8_t * data;
08.      p_data = p_adv_report ->data.p_data;//广播报告数据赋值给指针
09.      //检索广播数据
10.      while (index < p_adv_report ->data.len)
11.      {
12.          uint8_t field_length = p_data[index];//第一字节表示 AD Type 和 AD Data 的长度
13.          uint8_t field_type = p_data[index + 1];//UUID 的 AD Type 也是 1 字节
14.          //判断 AD Type 类型,如果 AD Type 是完整的 16 位 UUID 列表或者部分 16 位 UUID 列
                表,打印出 UUID
15.          if ((field_type == BLE_GAP_AD_TYPE_16BIT_SERVICE_UUID_COMPLETE) || (field_
                type == BLE_GAP_AD_TYPE_16BIT_SERVICE_UUID_MORE_AVAILABLE))
16.              //log 打印
17.              NRF_LOG_INFO("16bit uuid:");
18.              //log 打印 UUID
19.              for(i = 0;i<field_length - 1;i++)
20.              NRF_LOG_INFO(" %02X",p_data[index + 2 + i]);
21.              res = NRF_SUCCESS;//返回成功
22.          }
23.          //如果 AD Type 是完整的 128 位 UUID 列表或者部分 128 位 UUID 列表,打印出 UUID
24.          else if ((field_type == BLE_GAP_AD_TYPE_128BIT_SERVICE_UUID_COMPLETE) || (field_
                type == BLE_GAP_AD_TYPE_128BIT_SERVICE_UUID_MORE_AVAILABLE))
25.          {
26.              NRF_LOG_INFO("128bit uuid:");
27.              //串口打印设备名称
28.              for(i = 0;i<field_length - 1;i++)NRF_LOG_INFO(" %02X",p_data[index + 2 + i]);
29.              res = NRF_SUCCESS;
30.          }
31.          index + = field_length + 1;//留给后面其他的 AD Structure 结构
32.      }
33.      return res;
34.  }
```

广播包数据解析代码 adv_ecode()函数可以放置在很多位置,推荐放置在蓝牙事件回调函数内,当发生广播报告事件后,主机开始报告广播,对广播包数据进行解析。注意广播解析需要一定时间,因此可以加入判断函数,判断解析是否完成。当完成数据解析后,再继续扫描。具体编写代码如下:

```c
01.
02. static void ble_evt_handler(ble_evt_t const * p_ble_evt, void * p_context)
03. {
04.     ret_code_t           err_code;
05.     ble_gap_evt_adv_report_t const * p_adv_report =
06.                         &p_ble_evt->evt.gap_evt.params.adv_report;
07.
08.     switch (p_ble_evt->header.evt_id)
09.     {
10.         case BLE_GAP_EVT_ADV_REPORT:
11.             if (p_adv_report->type.scan_response)
12.             {
13.                 if (p_adv_report->data.len > 0)
14.                 {
15.                     NRF_LOG_INFO("Scan response received:");
16.                     NRF_LOG_RAW_HEXDUMP_INFO(p_adv_report->data.p_data,
17.                                              p_adv_report->data.len);
18.                     if(adv_ecode(p_adv_report) == NRF_SUCCESS)//开始解析扫描回应包
19.                     {
20.                     }
21.                 }
22.                 else
23.                 {
24.                     NRF_LOG_INFO("Empty scan response received.");
25.                 }
26.             }
27.             else
28.             {
29.                 NRF_LOG_INFO("Advertising packet received:");
30.                 NRF_LOG_RAW_HEXDUMP_INFO(p_adv_report->data.p_data,
31.                                          p_adv_report->data.len);
32.                 if(adv_ecode(p_adv_report) == NRF_SUCCESS)//开始解析广播包
33.                 {
34.
35.                 }
36.             }
37.
38.             // 继续扫描
39.             sd_ble_gap_scan_start(NULL, &m_scan_buffer);
40.             break;
41.         default:
42.             break;
```

```
43.    }
44. }
```

在蓝牙主机扫描例程的基础上,修改代码,编译下载。下载完后,打开 RTT Viewer 调试助手。此时需要一个从机设备,在广播包内包含 UUID,下载从机"自定义广播"例子至从机设备,该例子的广播包数据内包含了 UUID。主机扫描后会在串口助手中报告如图 12.3 所示内容。

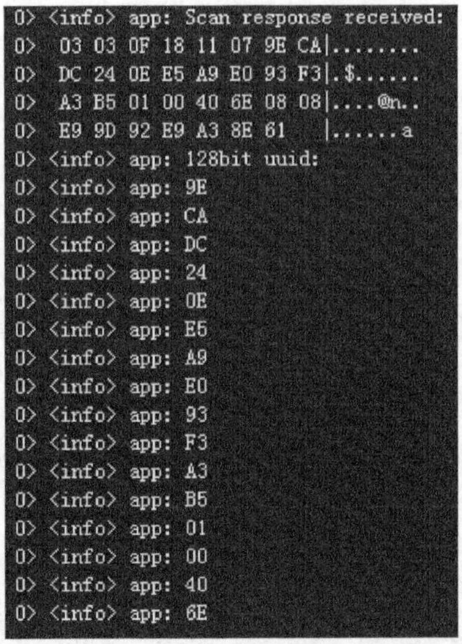

```
0> <info> app: Scan response received:
0> 03 03 0F 18 11 07 9E CA|........
0> DC 24 0E E5 A9 E0 93 F3|.$......
0> A3 B5 01 00 40 6E 08 08|....@n..
0> E9 9D 92 E9 A3 8E 61    |......a
0> <info> app: 128bit uuid:
0> <info> app: 9E
0> <info> app: CA
0> <info> app: DC
0> <info> app: 24
0> <info> app: 0E
0> <info> app: E5
0> <info> app: A9
0> <info> app: E0
0> <info> app: 93
0> <info> app: F3
0> <info> app: A3
0> <info> app: B5
0> <info> app: 01
0> <info> app: 00
0> <info> app: 40
0> <info> app: 6E
```

图 12.3 打印广播 UUID

12.2.2 广播名称解析

广播名称的解析也需严格按照广播包内的广播数据组成结构进行分析。一个广播包的数据由多个 AD Structure 结构组成,每个 AD Structure 结构则由 1 字节 Length 和 Length 字节 Data 组成,需先读取第一字节,判断 Data 的数据长度。Data 数据又由 AD Type 和 AD Data 组成,广播名称的 AD Type 长度也为 1 字节,剩下的 Length−1 字节就是 AD Data 的内容了。AD Data 这部分内容里就是广播名称。本例演示广播名称 AD Type 类型的几种最常见类型:

```
BLE_GAP_AD_TYPE_COMPLETE_LOCAL_NAME
BLE_GAP_AD_TYPE_SHORT_LOCAL_NAME
```

判断 AD Type 类型是否为广播名称类型,如果是,则进入打印后面的 AD Data 部分,编写广播包数据解析代码 adv_ecode(),具体如下:

```
01. static uint32_t adv_ecode(const ble_gap_evt_adv_report_t * p_adv_report)
02. {
03.     uint8_t i;
```

第 12 章　主机解析广播数据

```
04.    uint32_t   index = 0;
05.    uint32_t res ;
06.    uint8_t * p_data;
07.    uint8_t * data;
08.    p_data = p_adv_report ->data.p_data;
09.    //检索广播数据
10.    while (index < p_adv_report ->data.len)
11.    {
12.        uint8_t field_length = p_data[index];
13.        uint8_t field_type = p_data[index + 1];
14.
15.        if ((field_type == BLE_GAP_AD_TYPE_COMPLETE_LOCAL_NAME) || (field_type == BLE_GAP_AD_TYPE_SHORT_LOCAL_NAME))
16.        {
17.            NRF_LOG_INFO("name:");//串口打印设备名称
18.            for(i = 0;i<field_length - 1;i ++ ) data[i] = p_data[index + 2 + i];
19.            NRF_LOG_RAW_HEXDUMP_INFO(data,field_length);
20.            return NRF_SUCCESS;
21.        }
22.
23.        index + = field_length + 1;
24.    }
25.    return res;
26. }
```

广播包数据解析代码 adv_ecode()函数可以放置在很多位置,本例演示放置在蓝牙扫描事件回调函数 can_evt_handle()内。当发生广播扫描事件后,主机开始报告广播,同时解析广播数据包。注意广播解析需要一定时间,因此可以加入判断函数,判断解析是否完成。具体编写代码如下:

```
01. static void scan_evt_handler(scan_evt_t const * p_scan_evt)
02. {
03.    ret_code_t err_code;
04.
05.    switch(p_scan_evt ->scan_evt_id)
06.    {
07.        case NRF_BLE_SCAN_EVT_NOT_FOUND:
08.        {
09.            ble_gap_evt_adv_report_t const *  p_adv_report = p_scan_evt ->params.p_not_found;
10.            //广播扫描没有找到需要连接的设备,则开始解码
11.            if(adv_ecode(p_adv_report) == NRF_SUCCESS)
12.            {
```

```
13.
14.         }
15.
16.     } break;
17. }
```

在蓝牙主机扫描示例的基础上,修改代码,编译下载。下载完后,打开 RTT Viewer 调试助手。此时需要一个从机设备,在广播包内包含蓝牙名称,因此下载从机"蓝牙简称与全名获取"例子至从机设备,该例子的广播包数据内包含了蓝牙名称。主机扫描后会在串口助手中报告,如图 12.4 所示,显示扫描到的广播包内包含的广播名称。

```
0> <info> app: name:
0> 51 69 6E 67 66 65 A9    |Qingfe.
```

图 12.4　打印广播名称

12.2.3　信号强度解析

信号强度参数的解析也需严格按照广播包内的广播数据组成结构进行分析。一个广播包的数据由多个 AD Structure 结构组成,每个 AD Structure 结构则由 1 字节 Length 和 Length 字节 Data 组成,需先读取第一字节,判断 Data 的数据长度。Data 数据又由 AD Type 和 AD Data 组成,信号强度参数的 AD Type 长度也为 1 字节,剩下的 Length-1 字节就是 AD Data 的内容了。AD Data 内容里就是广播名称。本例演示信号强度参数 AD Type 类型的类型为:

BLE_GAP_AD_TYPE_TX_POWER_LEVEL

判断 AD Type 类型是否为信号强度参数,如果是,则进入打印后面的 AD Data 部分,编写广播包数据解析代码 adv_ecode(),具体如下:

```
01. static uint32_t adv_ecode(const ble_gap_evt_adv_report_t * p_adv_report)
02. {
03.     uint8_t i;
04.     uint32_t index = 0;
05.     uint32_t res ;
06.     uint8_t * p_data;
07.     uint8_t * data;
08.     p_data = p_adv_report->data.p_data;
09.     //检索广播数据
10.     while (index < p_adv_report->data.len)
11.     {
12.         uint8_t field_length = p_data[index];
13.         uint8_t field_type = p_data[index + 1];
14.
```

```
15.    if((field_type == BLE_GAP_AD_TYPE_TX_POWER_LEVEL))//如果是发射强度参数
16.    {
17.        NRF_LOG_INFO("tx power:");//串口打印信号强度
18.        for(i = 0;i<field_length-1;i++) data[i] = p_data[index + 2 + i];
19.        NRF_LOG_RAW_HEXDUMP_INFO(data,field_length);
20.        return NRF_SUCCESS;
21.    }
22.
23.    index += field_length + 1;
24.  }
25.  return res;
26. }
```

在蓝牙主机扫描示例的基础上,修改代码,编译下载。下载完后,打开 RTT Viewer 调试助手。此时需要一个从机设备,在广播包内包含蓝牙发射强度,因此下载从机"蓝牙自定义广播"例子到从机设备,该例子的广播包数据内包含了蓝牙发射强度设置,把发射强度设置改为 3 dbm。主机扫描后会在串口助手中报告,如图 12.5 所示,显示扫描到的广播包内包含的广播发射强度。

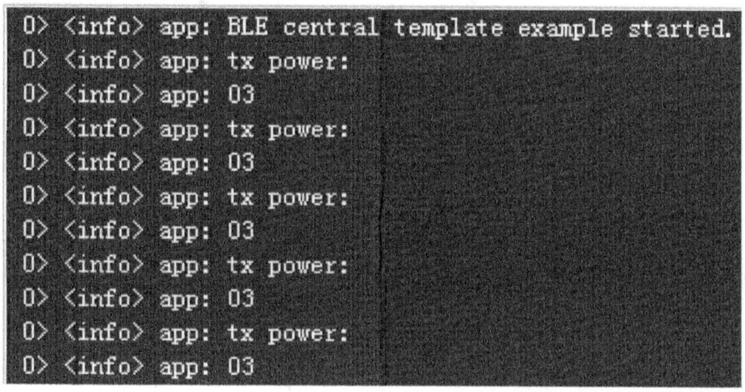

图 12.5　打印广播发射强度

12.2.4　其他数据

不管广播包里包含了什么数据,广播报告里的数据都可以进行解析。根据数据的 AD Type 判断数据类型,再根据 AD Structure 结构解析数据。数据解析结果输出的位置,可以放在广播报告回调函数里或者扫描事件回调函数内。其他数据的解析这里就不再演示。

第 13 章

白名单过滤策略

13.1 过滤策略的概念

白名单(white list)是 BLE 协议中最简单、最直白的一种安全机制。所谓的白名单,就是一组蓝牙 MAC 地址。作为从机,通过设置白名单,可以只允许特定的蓝牙设备(白名单中列出的)扫描(scan)、连接(connect)。作为主机,可以只扫描、连接特定的蓝牙设备(白名单中列出的)。这是一种简单的防止非法设备扫描、连接或者不需要的设备扫描、连接的一种机制。这种机制相当于一种过滤器,主机通过白名单过滤设备。整个过滤机制由蓝牙协议栈底层实现,并且仅通过 MAC 地址区分。

在本书第 11 章"蓝牙主机扫描详解"中,介绍了蓝牙核心规范对 Scanning_Filter_Policy 命令的规定:该命令表示主机扫描过滤策略,命令长度为 1 字节,如表 13.1 所列。

表 13.1 Scanning_Filter_Policy 命令

参 数	功能描述
0x00	接收所有的广播包,除了定向广播包不发送到这个设备(默认)
0x01	只接收来自广播地址在白名单中的设备的广播包。未发送到本设备的定向广播包被忽略
0x02	接收所有的广播包,包含定向广播,但是除了其发起者的身份地址不针对此设备的定向广播包 注意:定向广播包,其中发起者的地址是一个可解析的私有地址,不能被解析,也被接收
0x03	接收所有广播包,包括: • 广播客户的身份地址不在白名单中的广播包 • 定向广播包,其中发起者的身份地址不针对该设备 注意:定向广播包,其中发起者的地址是一个可解析的私有地址,不能被解析,也被接收
0x04~0xFF	为将来的使用预留

在 Nordic 的 SDK 内,通过宏定义定义 filter_policy 扫描过滤策略,实现接收任何广播数据或者仅仅接收白名单设备的广播数据包。实际上就是决定是否使用白名单,是否使用白名单过滤广播数据包。注意,如果定向广播数据包中的目的地址并非是自己的,那么该数据必须被抛弃,即使广播数据包的发送者在自己的白名单内也不例外。官方筛选定义了四种扫描过滤策略,分别对应蓝牙核心规范内规定的命令参数,如

表13.2所列。

表 13.2 filter_policy 扫描过滤策略

#define BLE_GAP_SCAN_FP_ACCEPT_ALL	0x00
接收所有的广播包,除去广播地址不是指向该设备的定向广播包	
#define BLE_GAP_SCAN_FP_WHITELIST	0x01
接收在白名单里的所有广播包,除去广播地址不指向该设备的定向广播包	
#define BLE_GAP_SCAN_FP_ALL_NOT_RESOLVED_DIRECTED	0x02
接收所有的广播包,包含定向广播包。如果广播 MAC 地址是私密地址,则无法被解析	
#define BLE_GAP_SCAN_FP_WHITELIST_NOT_RESOLVED_DIRECTED	0x03
接收白名单里的所有广播包,包含定向广播包。如果广播 MAC 地址是私密地址,则无法被解析	

13.2 白名单的配置

主机配置白名单扫描的基本过程如图 13.1 所示。首先,配置扫描参数,把扫描参数中的 filter_policy 扫描过滤策略配置为白名单模式。启动主机扫描,开始扫描时,触发扫描回调事件;触发白名单扫描请求事件后,就可以开始添加白名单了,白名单添加成功后,会在白名单扫描报告回调中报告扫描结果。

白名单的处理是在协议栈底层进行的,因此添加白名单的过程是通过 sd 开头的协议栈函数实现的。添加白名单的协议栈函数 sd_ble_gap_whitelist_set 详细介绍如表 13.3 所列。

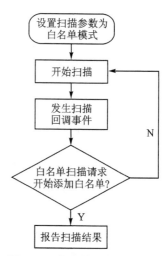

图 13.1 白名单扫描设置过程

表 13.3 sd_ble_gap_whitelist_set 函数

函数:uint32_t, sd_ble_gap_whitelist_set(ble_gap_addr_t const * const * pp_wl_addrs, uint8_t len);
* 功能:在协议栈中设置活动白名单 注意:一次只能使用一个白名单,并且白名单在 BLE 角色之间共享。如果 BLE 角色正在使用白名单,则无法设置白名单 如果使用设备标识列表中的信息解析地址,那么白名单过滤策略将应用于对等标识地址,而不是通过 air 发送的可解析地址
* 参数[in] pp_wl_addrs:指向对等地址白名单的指针,如果为空,白名单将被清除 * 参数[in] len:白名单内地址的数量,最大值由参数 BLE_GAP_WHITELIST_ADDR_MAX_COUNT 配置

表 13.3

返回值：NRF_SUCCESS	白名单已成功设置/清除
返回值：NRF_ERROR_INVALID_ADDR	提供的白名单（或其中一个条目）无效
返回值：BLE_ERROR_GAP_WHITELIST_IN_USE	白名单由 BLE 角色使用，无法设置或清除
返回值：BLE_ERROR_GAP_INVALID_BLE_ADDR	提供了无效的地址类型
返回值：NRF_ERROR_DATA_SIZE	给定的白名单数量无效（0 或太大）；这只能在 pp_wl_addrs 不为空时返回

13.3 白名单扫描实验

13.3.1 白名单的添加

按照 13.2 节的分析，在配置白名单时，首先需设置扫描参数。扫描开始时，可以配置扫描参数。区别于接收所有的广播模式，白名单模式配置为 BLE_GAP_SCAN_FP_WHITELIST 模式。其他的参数可以保持不变，具体代码如下：

```
01. static ble_gap_scan_params_t const m_scan_params =
02. {
03.     .active = 1,
04.     .interval = SCAN_INTERVAL,
05.     .window = SCAN_WINDOW,
06.     .timeout = SCAN_DURATION,
07.     .scan_phys = BLE_GAP_PHY_1MBPS,
08.     .filter_policy = BLE_GAP_SCAN_FP_WHITELIST,
09. };
```

开始扫描后，触发扫描回调事件。如果设置白名单扫描成功后，则会在扫描回调函数 scan_evt_handler 中触发 NRF_BLE_SCAN_EVT_WHITELIST_REQUEST 事件，在该事件下添加白名单。白名单直接调用 sd_ble_gap_whitelist_set 函数，扫描地址的指针类型为 ble_gap_addr_t，也就是该指针指向的内存存放了一个 48 位的 MAC 地址。如果白名单只有 1 个 MAC 地址，则可以直接调用。如果白名单配置成功，则会触发白名单报告事件 NRF_BLE_SCAN_EVT_WHITELIST_ADV_REPORT，在该事件下报告相关的信息，包括扫描的地址、信号强度等。具体代码如下：

```
01. static void scan_evt_handler(scan_evt_t const * p_scan_evt)
02. {
03.     ret_code_t err_code;
04.     ble_gap_addr_t peer_addr;//配置扫描地址指针
05.     ble_gap_addr_t const * p_peer_addr;
06.     case NRF_BLE_SCAN_EVT_WHITELIST_REQUEST:
07.     {
```

```
08.         memset(&peer_addr, 0x00, sizeof(peer_addr));
09.         //引用解析地址的标识地址
10.         peer_addr.addr_id_peer = 1;
11.         //设置白名单地址模式
12.         peer_addr.addr_type = BLE_GAP_ADDR_TYPE_RANDOM_STATIC;
13.         //赋值白名单地址
14.         peer_addr.addr[5] = 0xF2;
15.         peer_addr.addr[4] = 0xDD;
16.         peer_addr.addr[3] = 0xC6;
17.         peer_addr.addr[2] = 0x5B;
18.         peer_addr.addr[1] = 0x0D;
19.         peer_addr.addr[0] = 0x99;
20.         p_peer_addr = &peer_addr;
21.         // 设置白名单
22.         err_code = sd_ble_gap_whitelist_set(&p_peer_addr,1);
23.         if (err_code == NRF_SUCCESS)
24.         {
25.             NRF_LOG_INFO("Successfully set whitelist!");
26.         }
27.         APP_ERROR_CHECK(err_code);
28.     }
29.     break;
30.     // 白名单设备数据扫描报告
31.     case NRF_BLE_SCAN_EVT_WHITELIST_ADV_REPORT:
32.     {
33.         ble_gap_evt_adv_report_t const * p_adv_report
34.             = p_scan_evt->params.p_whitelist_adv_report;
35.         //MAC 地址 输出
36.         NRF_LOG_INFO("Scan to target %02x%02x%02x%02x%02x%02x",
37.             p_adv_report->peer_addr.addr[0],
38.             p_adv_report->peer_addr.addr[1],
39.             p_adv_report->peer_addr.addr[2],
40.             p_adv_report->peer_addr.addr[3],
41.             p_adv_report->peer_addr.addr[4],
42.             p_adv_report->peer_addr.addr[5]
43.             );
44.
45.     }
46.     break;
47. }
```

准备一个开发板下载 BLE 从机例程。打开手机 APP nRF CONNECT,读取该从机设备的 MAC 地址。在蓝牙主机扫描的例程基础上,修改代码,添加白名单。可添加用手机读取的从机设备的 MAC 地址作为白名单，修改完成后编译代码通过。下载协议栈，再编译、下载应用。下载完后，打开 RTT Viewer 调试助手。主机如果扫描到白名单的设备，会在 RTT 助手中报告如图 13.2 所示的结果，扫描到了目标设备。

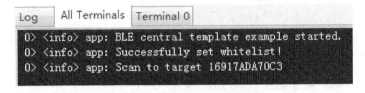

图 13.2　扫描到白名单内的设备

把白名单修改一下，不是从机的 MAC 地址，开启主机扫描后，在 RTT 助手中报告如图 13.3 所示的结果，没有提示扫描到目标设备。

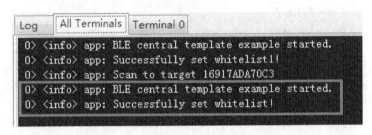

图 13.3　没有扫描到白名单内的设备

13.3.2　多个白名单的添加

在主机白名单扫描中，可添加多个白名单地址。白名单的数量最大值由参数 BLE_GAP_WHITELIST_ADDR_MAX_COUNT 配置。这个数量不能无限增加，根据蓝牙规范的通信信道限制，白名单的最大数目为 8。因此配置多个白名单时，最多只能为 8。sd_ble_gap_whitelist_set 函数写入的白名单为地址数据，如果有多个白名单，那么这个地址应该指向一个二维数组，因此需要在代码里定义一个二维数组，类似如表 13.4 所列。

表 13.4　多个白名单存储

p_peer_addr[i]数组,i=2~8	数组元素			
p_peer_addr[0]	addr[0]	addr[1]	…………	addr[5]
p_peer_addr[1]	addr[0]	addr[1]	…………	addr[5]
p_peer_addr[2]	addr[0]	addr[1]	…………	addr[5]
…………	…………	…………	…………	…………
p_peer_addr[8]	addr[0]	addr[1]	…………	addr[5]

表中 p_peer_addr[i]表示白名单的数组，每个数组存储一个 MAC 地址，数组数量

最大为 8 个。每个数组为一个 48 位的 MAC 地址空间,长度为 6 字节。根据表里内容声明数组,演示配置两个 MAC 地址的代码如下:

```
01. //扫描事件回调.
02. static void scan_evt_handler(scan_evt_t const * p_scan_evt)
03. {
04.     ret_code_t err_code;
05.     ble_gap_addr_t peer_addr[2];
06.     ble_gap_addr_t const * p_peer_addr[2];
07.
08.     switch(p_scan_evt->scan_evt_id)
09.     {
10.         // 白名单扫描请求
11.         case NRF_BLE_SCAN_EVT_WHITELIST_REQUEST:
12.         { // 设置白名单 1 类型
13.             memset(&peer_addr[0], 0x00, sizeof(peer_addr[0]));
14.             peer_addr[0].addr_id_peer = 1;
15.             peer_addr[0].addr_type = BLE_GAP_ADDR_TYPE_RANDOM_STATIC;
16.             // 设置白名单 1 地址
17.             peer_addr[0].addr[5] = 0xC4;
18.             peer_addr[0].addr[4] = 0x70;
19.             peer_addr[0].addr[3] = 0xDA;
20.             peer_addr[0].addr[2] = 0x7A;
21.             peer_addr[0].addr[1] = 0x91;
22.             peer_addr[0].addr[0] = 0x16;
23.             p_peer_addr[0] = &peer_addr[0];
24.             // 设置白名单 2 类型
25.             memset(&peer_addr[1], 0x00, sizeof(peer_addr[1]));
26.             peer_addr[1].addr_id_peer = 1;
27.             peer_addr[1].addr_type = BLE_GAP_ADDR_TYPE_RANDOM_STATIC;
28.             // 设置白名单 2 地址
29.             peer_addr[1].addr[5] = 0xC2;
30.             peer_addr[1].addr[4] = 0x70;
31.             peer_addr[1].addr[3] = 0xDA;
32.             peer_addr[1].addr[2] = 0x7A;
33.             peer_addr[1].addr[1] = 0x91;
34.             peer_addr[1].addr[0] = 0x16;
35.             p_peer_addr[1] = &peer_addr[1];
36.             // 添加白名单
37.             err_code = sd_ble_gap_whitelist_set(p_peer_addr, 0x02);
38.             if (err_code == NRF_SUCCESS)
39.             {
40.                 NRF_LOG_INFO("Successfully set whitelist!");
41.             }
42.         }
```

```
43.         break;
44.
45.     // 白名单设备数据扫描报告
46.     case NRF_BLE_SCAN_EVT_WHITELIST_ADV_REPORT:
47.     {
48.
49.         ble_gap_evt_adv_report_t const * p_adv_report
50.                     = p_scan_evt->params.p_whitelist_adv_report;
51.     //报告输出 MAC 地址
52.     NRF_LOG_INFO("Scan to target %02x%02x%02x%02x%02x%02x",
53.                     p_adv_report->peer_addr.addr[0],
54.                     p_adv_report->peer_addr.addr[1],
55.                     p_adv_report->peer_addr.addr[2],
56.                     p_adv_report->peer_addr.addr[3],
57.                     p_adv_report->peer_addr.addr[4],
58.                     p_adv_report->peer_addr.addr[5]
59.                     );
60.     }
61.         break;
62.     default:
63.         break;
64.     }
65. }
```

准备两个开发板下载 BLE 从机例程。打开手机 APP nRF CONNECT,读取这两个从机设备的 MAC 地址。在蓝牙主机扫描例程的基础上,修改代码,添加白名单。主机程序需要同时添加两个白名单,分别为手机读取的两个从机的 MAC 地址,修改完成后编译代码通过,下载协议栈,再编译、下载应用。下载完后,打开 RTT Viewer 调试助手。主机如果扫描到白名单的设备,则会在 RTT 助手中报告如图 13.4 所示的结果,扫描到目标设备,并且进行报告。

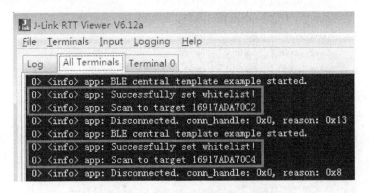

图 13.4 扫描到白名单内的设备

第 14 章

主机扫描过滤器

14.1 扫描过滤器原理

14.1.1 过滤策略对比

主机设备的工作环境下可能有很多蓝牙从设备进行广播,在各种各样的蓝牙设备的广播下,如何找到自己需要的从机设备成为工程师需要考虑的一个问题。比如你需要连接带有特定传感器的蓝牙设备的广播,却发现还有很多其他的广播干扰。为了应对这种场合,Nordic 在 SDK15.3 版本后,推出了扫描过滤器功能。

扫描过滤器依靠软件库 nrf_ble_scan.c 实现多种信息的过滤,这些信息包含广播名称、设备 MAC 地址、服务 UUID、服务外观等。这种过滤功能和第 13 章讲解的白名单类似,白名单仅能过滤设备的 MAC 地址,且数量有限,最多 8 个白名单,如果要过滤其他信息则无法实现。本章探讨的扫描过滤器可以很好地解决这个问题,可以过滤广播包中的其他信息。由于扫描过滤器功能纯粹依靠软件实现,并非由蓝牙核心规范底层实现,因此程序库需要占用应用程序的空间,消耗资源。表 14.1 对比了两种过滤策略的优缺点,注意,白名单的优先级高于软件过滤器,一旦通过白名单的筛选,过滤器即无法过滤设备。

表 14.1 白名单和过滤器对比

对比过滤方式	白名单	过滤器
原　　理	依靠底层蓝牙协议栈核心规范实现过滤	依靠纯软件库 nrf_ble_scan.c 实现过滤
优先级	高	低
优缺点	优点:节省应用程序规模,依靠协议栈底层实现设备过滤 缺点:只能过滤设备的 MAC 地址,且不能发起连接	优点:可以过滤多种广播信息,比如名称、设备 MAC 地址、UUID、外观等。依靠扫描软件库解析广播报告,同时可以直接发起连接 缺点:增加了应用程序的规模

14.1.2 扫描事件派发

通过阅读软件库 nrf_ble_scan.c 内的代码,可以很好地理解软件过滤器的基本原理和运行规律。过滤器基本原理参考第 12 章的方法，对广播 data 数据进行解析。

设备信息参数的过滤过程，实际上发生在回调派发函数中，因此，需要在主函数 main.c 文件开头添加扫描的观察函数 NRF_BLE_SCAN_DEF，具体代码如下：

```
NRF_BLE_SCAN_DEF(m_scan);
#define NRF_BLE_SCAN_DEF(_name)
static nrf_ble_scan_t _name;
NRF_SDH_BLE_OBSERVER(_name ## _ble_obs,
                     NRF_BLE_SCAN_OBSERVER_PRIO,
                     nrf_ble_scan_on_ble_evt, &_name);
```

在扫描观察函数中，调用了派发回调函数 nrf_ble_scan_on_ble_evt()。配置主机扫描后，开始扫描广播设备，如果发现广播，则在回调函数中触发广播报告事件 BLE_GAP_EVT_ADV_REPORT，在该事件下处理广播包，具体代码如下：

```
01. void nrf_ble_scan_on_ble_evt(ble_evt_t const * p_ble_evt, void * p_contex)
02. {
03.     nrf_ble_scan_t    * p_scan_data = (nrf_ble_scan_t *)p_contex;
04.     ble_gap_evt_adv_report_t const * p_adv_report =
05.                                  &p_ble_evt->evt.gap_evt.params.adv_report;
06.     ble_gap_evt_t const   * p_gap_evt = &p_ble_evt->evt.gap_evt;
07.
08.     switch (p_ble_evt->header.evt_id)
09.     {    //发生广播报告事件
10.         case BLE_GAP_EVT_ADV_REPORT:
11.             nrf_ble_scan_on_adv_report(p_scan_data, p_adv_report);
12.             break;
13.         ...........................
14.         ...........................
15.         default:
16.             break;
17.     }
18. }
```

处理广播包的函数为 nrf_ble_scan_on_adv_report(p_scan_data, p_adv_report)，是软件库 nrf_ble_scan.c 内广播过滤的关键函数，不需用户编写。阅读函数代码，对了解软件过滤器的基本原理非常重要。拆解分析如下：

(1) 在广播报告事件下判断，如果使用了白名单，则忽略软件过滤器，直接发起连接。

```
01.    if (is_whitelist_used(p_scan_ctx))//如果使用了白名单
02.    {
03.        //则产生白名单广播报告事件
04.        scan_evt.scan_evt_id = NRF_BLE_SCAN_EVT_WHITELIST_ADV_REPORT;
```

```
05.        scan_evt.params.p_not_found = p_adv_report;
06.        p_scan_ctx->evt_handler(&scan_evt);
07.        UNUSED_RETURN_VALUE(
08.                   sd_ble_gap_scan_start(NULL,&p_scan_ctx->scan_buffer));
09.        //直接对白名单目标发起连接
10.        nrf_ble_scan_connect_with_target(p_scan_ctx, p_adv_report);
11.
12.        return;
13.    }
```

继续判断过滤器是否使能。如果 NRF_BLE_SCAN_FILTER_ENABLE 为 1,则表示过滤器使能。如果过滤的数量大于 0,则表示对应过滤器被使能。代码如下:

```
14. //如果过滤器功能被使能
15. #if (NRF_BLE_SCAN_FILTER_ENABLE == 1)
16.    bool const all_filter_mode = p_scan_ctx->scan_filters.all_filters_mode;
17.    bool        is_filter_matched = false;
18.    //如果过滤名字的数量大于 0
19. #if (NRF_BLE_SCAN_NAME_CNT > 0)
20.    bool const name_filter_enabled =
21.               p_scan_ctx->scan_filters.name_filter.name_filter_enabled;
22. #endif
```

软件过滤器分为 6 种类型:全名称过滤器、简称过滤器、设备地址过滤器、UUIDs 过滤器、外观过滤器 5 种类型和 5 种类型组合的混合模式。在使用这 6 种类型过滤器之前,需要设置过滤器内包含的过滤参数数量。例如:过滤扫描 3 个广播全名的设备,因此全名过滤器的数量 NRF_BLE_SCAN_NAME_CNT 设置为 3。过滤器类型和数量参数的对应如表 14.2 所列。

表 14.2 过滤器类型

序号	过滤器模式	描述	数量参数
1	SCAN_NAME_FILTER	全名称过滤器	NRF_BLE_SCAN_NAME_CNT
2	SCAN_SHORT_NAME_FILTER	简称过滤器	NRF_BLE_SCAN_SHORT_NAME_CNT
3	SCAN_ADDR_FILTER	设备地址过滤器	NRF_BLE_SCAN_ADDRESS_CNT
4	SCAN_UUID_FILTER	UUIDs 过滤器	NRF_BLE_SCAN_UUID_CNT
5	SCAN_APPEARANCE_FILTER	外观过滤器	NRF_BLE_SCAN_APPEARANCE_CNT
6	SCAN_ALL_FILTER	前面所有过滤器的组合	

(2) 开始比较扫描广播包并解析。对比解析的广播包的广播参数是否和设置的过滤参数一致,如果一致,则设置过滤器配置参数 is_filter_matched 为 true。

```
23.    # if (NRF_BLE_SCAN_NAME_CNT > 0)
24.        //如果前面判断全名过滤器使能了
25.        if (name_filter_enabled)
26.        {
27.            filter_cnt ++ ;
28.            //比较广播报告和配置的过滤信息
29.            if (adv_name_compare(p_adv_report, p_scan_ctx))
30.            {
31.                filter_match_cnt ++ ;
32.                // 如果信息匹配
33.                scan_evt.params.filter_match.filter_match.name_filter_match = true;
34.                is_filter_matched = true;
35.            }
36.        }
```

混合过滤器模式的过滤器数量与生成通知所需匹配的过滤器的数量相等，则触发事件 NRF_BLE_SCAN_EVT_FILTER_MATCH 进行筛选，并对目标设备发起连接。

单个参数筛选模式下，如果 is_filter_matched 为真，且不为混合过滤模式，则触发事件 NRF_BLE_SCAN_EVT_FILTER_MATCH 进行筛选，并对目标设备发起连接。具体代码如下：

```
38.    // 在混合多过滤器模式下,过滤器的数量必须与生成通知所需匹配的过滤器的数量相等
39.    if (all_filter_mode && (filter_match_cnt == filter_cnt))
40.    {
41.        scan_evt.scan_evt_id = NRF_BLE_SCAN_EVT_FILTER_MATCH;//产生筛选事件
42.        nrf_ble_scan_connect_with_target(p_scan_ctx, p_adv_report);
43.    }
44.    // 在正常筛选模式下,仅需要一个筛选匹配即可生成到主应用程序的通知
45.    else if ((!all_filter_mode) && is_filter_matched)
46.    {
47.        scan_evt.scan_evt_id = NRF_BLE_SCAN_EVT_FILTER_MATCH;//产生筛选事件
48.        nrf_ble_scan_connect_with_target(p_scan_ctx, p_adv_report);//发起连接
49.    }
```

14.2　过滤器的配置过程

在蓝牙主机扫描示例的基础上配置过滤器。初始化扫描参数后，需调用 nrf_ble_scan_filter_set() 函数配置过滤器，设置过滤器模式，调用 nrf_ble_scan_filters_enable() 函数使能过滤器；配置完成后，主机中扫描派发函数开始判断扫描信息并过滤，如果信息匹配，则发起连接或者在扫描处理事件函数中打印过滤报告。如果不匹配，则不进行下一步连接操作，或者不做任何处理。过滤器配置流程如图 14.1 所示。

在扫描初始化中，添加过滤器，设置过滤器模式的库函数为 nrf_ble_scan_filter_set()，函数具体介绍如表 14.3 所列。

第 14 章 主机扫描过滤器

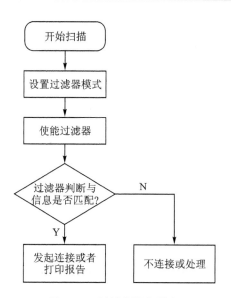

图 14.1 过滤器运行流程

表 14.3 nrf_ble_scan_filter_set 函数

函数：ret_code_t nrf_ble_scan_filter_set(nrf_ble_scan_t　　　* const p_scan_ctx, 　　　　　　　　　　　　　　　　　　nrf_ble_scan_filter_type_t type, 　　　　　　　　　　　　　　　　　　void const　　　　* p_data);	
* 功能：函数添加任何类型的过滤器 * 细节：该函数根据类型参数 ref nrf_ble_scan_filter_type_t 添加一个新的过滤器。根据过滤器类型，过滤器的数量要求如下： 　UUID，数量不超过参数 NRF_BLE_SCAN_UUID_CNT 的配置； 　设备名称，数量不超过参数 NRF_BLE_SCAN_NAME_CNT 　设备地址，数量不超过参数 NRF_BLE_SCAN_ADDRESS_CNT 　设备图标，数量不超过参数 NRF_BLE_SCAN_APPEARANCE_CNT	
* 参数[in, out] p_scan_ctx	指向扫描模块实例的指针
* 参数[in] type	过滤器类型
* 参数[in] p_data	要添加的筛选器数据
* 返回值 NRF_SUCCESS	如果成功添加了过滤器
* 返回值 NRF_ERROR_NULL	如果空指针作为输入传递
* 返回值 NRF_ERROR_DATA_SIZE	如果名称过滤器长度太长。最大名称过滤器长度对应于@ref NRF_BLE_SCAN_NAME_MAX_LEN
* 返回值 NRF_ERROR_NO_MEMORY	如果超出可用过滤器数量
* 返回值 NRF_ERROR_INVALID_PARAM	如果过滤器类型不正确。可用的过滤器类型参考参数 nrf_ble_scan_filter_type_t
* 返回值 BLE_ERROR_GAP_INVALID_BLE_ADDR	如果 BLE 地址类型无效

函数的第二个形参 type 表示过滤器的类型。在 nrf_ble_scan.c 扫描库函数中，定

义了过滤器类型结构体 nrf_ble_scan_filter_type_t，对应 5 种过滤器类型，混合模式则采用 5 种过滤器中任意几种相"或"的方式组成。结构体定义如下：

```
typedef enum
{
    SCAN_NAME_FILTER,            /* 全名称过滤器 */
    SCAN_SHORT_NAME_FILTER,      /* 简称过滤器 */
    SCAN_ADDR_FILTER,            /* 设备地址过滤器 */
    SCAN_UUID_FILTER,            /* UUIDs 过滤器 */
    SCAN_APPEARANCE_FILTER,      /* 外观过滤器 */
} nrf_ble_scan_filter_type_t;
```

使用过滤器函数 nrf_ble_scan_filters_enable() 使能配置的过滤器模式，具体介绍如表 14.4 所列。

表 14.4 nrf_ble_scan_filters_enable 函数

函数：ret_code_t nrf_ble_scan_filters_enable(nrf_ble_scan_t * const p_scan_ctx, uint8_t mode, bool match_all);	
*功能：启用过滤功能	
*细节：过滤器可以相互组合。例如可启用一个或多个过滤器。例如，(NRF_BLE_SCAN_NAME_FILTER | NRF_BLE_SCAN_UUID_FILTER) 启用 UUID 和名称过滤器	
*参数[in] p_scan_ctx	指向扫描模块实例的指针
*参数[in] mode	过滤模式，参考参数 NRF_BLE_SCAN_FILTER_MODE
*参数[in] match_all	如果设置了此标志，则在主应用程序生成事件 NRF_BLE_SCAN_EVT_FILTER_MATCH 之前，必须匹配所有类型的启用的过滤器。否则，匹配一个过滤器就足以触发过滤器匹配事件
*返回值 NRF_SUCCESS	如果成功启用了过滤器
*返回值 NRF_ERROR_INVALID_PARAM	如果过滤器类型不正确。可用的过滤器类型参考参数为 nrf_ble_scan_filter_type_t
*返回值 NRF_ERROR_NULL	如果空指针作为输入传递

第二个参数 mode 可以选择在 nrf_ble_scan.c 扫描库函数中定义的如下类型或者这些类型相"或"。

```
#define NRF_BLE_SCAN_NAME_FILTER          (0x01) /* 过滤设备名 */
#define NRF_BLE_SCAN_ADDR_FILTER          (0x02) /* 过滤设备地址 */
#define NRF_BLE_SCAN_UUID_FILTER          (0x04) /* 过滤器 UUID */
#define NRF_BLE_SCAN_APPEARANCE_FILTER    (0x08) /* 过滤器外观 */
#define NRF_BLE_SCAN_SHORT_NAME_FILTER    (0x10) /* 过滤设备简称 */
#define NRF_BLE_SCAN_ALL_FILTER           (0x1F) /* 使用所有过滤器的组合 */
```

第三个参数 match_all 如果设置为 true，则在主应用程序生成触发过滤器匹配事件 NRF_BLE_SCAN_EVT_FILTER_MATCH 之前，必须匹配所有启用的过滤器类型;如果设置为 false,则只需要匹配所有启用的过滤器中的一个就足以触发过滤器匹配事件。如果都没有匹配,则会触发未发现 NRF_BLE_SCAN_EVT_NOT_FOUND 事件。

14.3 过滤器的编写

14.3.1 名称过滤器

全名称过滤器和简称过滤器模式类似。本节以全名称过滤器模式演示如何实现名称的过滤。定义一个数组,赋值需要扫描过滤的广播名称,在扫描初始化中配置扫描器模式,使能对应模式的过滤器。代码如下:

```
01. //写入需要过滤设备的名称
02. static char const my_name[] = "Nordic_UART";
03. /*扫描以及过滤器的初始化*/
04. static void scan_init(void)
05. {
06.     ret_code_t           err_code;
07.     nrf_ble_scan_init_t  init_scan;
08.     //初始化扫描参数
09.     memset(&init_scan, 0, sizeof(init_scan));
10.     //设置为不自动连接
11.     init_scan.connect_if_match = false;
12.     init_scan.conn_cfg_tag = APP_BLE_CONN_CFG_TAG;
13.     //初始化扫描参数
14.     err_code = nrf_ble_scan_init(&m_scan, &init_scan, scan_evt_handler);
15.     APP_ERROR_CHECK(err_code);
16.
17.     //扫描器的过滤模式设置
18.     err_code = nrf_ble_scan_filter_set(&m_scan, SCAN_NAME_FILTER, &my_name);
19.     APP_ERROR_CHECK(err_code);
20.     //使能主机过滤器
21.     err_code = nrf_ble_scan_filters_enable(&m_scan, NRF_BLE_SCAN_NAME_FILTER,
22.                                             false);
23.     APP_ERROR_CHECK(err_code);
24. }
```

使能对应模式的过滤器后,需配置过滤器的数量,在 sdk_config.h 配置文件中,在 nRF_BLE 下的 NRF_BLE_SCAN_ENABLED 下的 NRF_BLE_SCAN_NAME_CNT 数量设置为 1 或大于 1,如图 14.2 所示。

在扫描事件回调函数 scan_evt_handler 中,触发扫描事件 NRF_BLE_SCAN_EVT_NOT_FOUND 表示没有扫描到匹配设备,则输出"Scan not found."。如果触发扫描

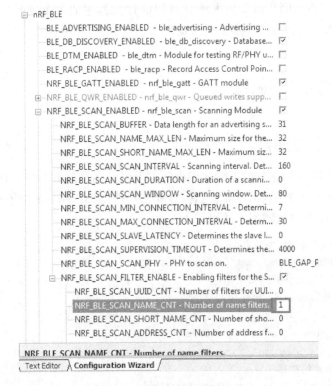

图 14.2 过滤器模式数量设置

超时事件 NRF_BLE_SCAN_EVT_NOT_FOUND,则输出"Scan timed out.",并重新开始扫描。如果触发 NRF_BLE_SCAN_EVT_FILTER_MATCH 事件,表示过滤器有匹配的广播设备,则对该广播进行解析或者其他操作。代码如下:

```
01. /*扫描事件.*/
02. static void scan_evt_handler(scan_evt_t const * p_scan_evt)
03. {
04.     ret_code_t err_code;
05. 
06.     switch(p_scan_evt->scan_evt_id)
07.     {
08.         case NRF_BLE_SCAN_EVT_NOT_FOUND:
09.         {
10.             NRF_LOG_INFO("Scan not found.");
11.         } break;
12. 
13.         case NRF_BLE_SCAN_EVT_SCAN_TIMEOUT:
14.         {
15.             NRF_LOG_INFO("Scan timed out.");
16.             scan_start();
```

```
        } break;

        //扫描数据匹配过滤器事件
        case NRF_BLE_SCAN_EVT_FILTER_MATCH:
        {
            NRF_LOG_INFO("Scan FILTER MATCH name.");
            ble_gap_evt_adv_report_t const * p_adv_report =
                p_scan_evt->params.filter_match.p_adv_report; //未连接状态下的报告
        if(adv_ecode(p_adv_report) == NRF_SUCCESS)//解析未连接状态下的广播报告
            {

            }
        } break;
        default:
            break;
    }
}
```

在蓝牙主机扫描示例的基础上，修改代码后编译下载。下载完成后，打开 RTT Viewer 调试助手。准备一个从机设备，在广播包内包含广播名称 Nordic_UART，下载从机“蓝牙串口服务”例子到从机设备。主机扫描后在串口助手中的报告如图 14.3 所示，如果有匹配的广播信息，则显示扫描到的广播包内容。

```
0> <info> app: BLE central template example started.
0> <info> app: Scan FILTER MATCH name.
0> <info> app: name:
0>  4E 6F 72 64 69 63 5F 55|Nordic_U
0>  41 52 54 00            |ART.
```

图 14.3　广播名称匹配

14.3.2　设备地址过滤器

本节演示设备地址过滤器模式。定义一个结构体指针，包含两个参数：设备地址类型和设备地址值。设备地址类型设置为静态随机地址，地址值为需要连接的设备 MAC 地址。在扫描初始化中配置扫描器模式，并且使能对应模式的过滤器。代码如下：

```
//写入需要过滤设备的地址
static ble_gap_addr_t m_target_periph_addr =
{
    .addr_type = BLE_GAP_ADDR_TYPE_RANDOM_STATIC,
    .addr = {0x16,0x91, 0x7A,0xDA,0x70,0xC3} //设置 MAC 地址
};
```

```
07.  /*扫描以及过滤器的初始化*/
08.  static void scan_init(void)
09.  {
10.      ret_code_t              err_code;
11.      nrf_ble_scan_init_t init_scan;
12.      //初始化扫描参数
13.      memset(&init_scan, 0, sizeof(init_scan));
14.      //设置为不自动连接
15.      init_scan.connect_if_match = false;
16.      init_scan.conn_cfg_tag = APP_BLE_CONN_CFG_TAG;
17.      //初始化扫描参数
18.      err_code = nrf_ble_scan_init(&m_scan, &init_scan, scan_evt_handler);
19.      APP_ERROR_CHECK(err_code);
20.      //扫描器的过滤器设置为地址过滤
21.      err_code = nrf_ble_scan_filter_set(&m_scan, SCAN_ADDR_FILTER,
22.                          &m_target_periph_addr.addr);
23.      APP_ERROR_CHECK(err_code);
24.      //使能主机过滤器
25.      err_code = nrf_ble_scan_filters_enable(&m_scan, NRF_BLE_SCAN_ADDR_FILTER,
26.                          false);
27.      APP_ERROR_CHECK(err_code);
28.  }
```

使能对应模式的过滤器后,需要配置过滤器数量,在 sdk_config.h 配置文件中,在 nRF_BLE 下的 NRF_BLE_SCAN_ENABLED 下的 NRF_BLE_SCAN_ADDRESS_CNT 数量设置为 1 或大于 1,如图 14.4 所示。

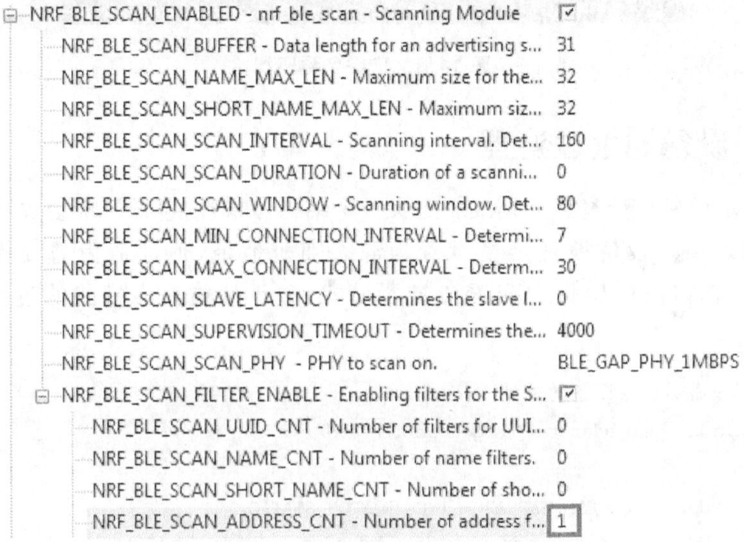

图 14.4 过滤器模式数量设置

第 14 章　主机扫描过滤器

在扫描事件回调函数 scan_evt_handler 中,触发扫描事件 NRF_BLE_SCAN_EVT_NOT_FOUND,表示没有扫描到匹配设备,则输出"Scan not found."。如果触发扫描超时事件 NRF_BLE_SCAN_EVT_SCAN_TIMEOUT,则输出"Scan timed out.",然后重新开始扫描。如果触发 NRF_BLE_SCAN_EVT_FILTER_MATCH 事件,表示过滤器有匹配的广播设备,则对该广播进行解析或者其他操作。回调函数的代码与上一节函数代码一致。

测试时准备一个从机设备,下载从机"蓝牙串口服务"例程到从机设备,用手机 APP nRF connect 读取该设备的 MAC 地址。在蓝牙主机扫描的示例基础上修改,同时把代码中的 MAC 地址设置为刚刚用手机读取的从机 MAC 地址。修改完代码后编译下载。下载完成后,打开 RTT Viewer 调试助手。主机扫描后在串口助手中的报告如图 14.5 所示,如果有匹配的广播信息,则显示扫描到的广播包内容。

```
0> <info> app: BLE central template example started.
0> <info> app: Scan FILTER MATCH MAC.
0> <info> app: Connecting to target 16917ADA70C3
```

图 14.5　设备 MAC 地址匹配

14.3.3　UUID 过滤器

本节演示服务 UUID 过滤器模式。定义两个参数:UUID 的类型和 UUID 的值。例如蓝牙串口的例子,其 UUID 类型为 BLE_UUID_TYPE_VENDOR_BEGIN。在扫描初始化中配置扫描器模式,并且使能对应模式的过滤器。特别注意,UUID 的过滤,必须在从机设备的广播中包含 UUID 信息。代码如下:

```
01. //私有服务的 UUID 过滤
02. #define NUS_SERVICE_UUID_TYPE    BLE_UUID_TYPE_VENDOR_BEGIN
03. #define NUS_BASE_UUID            {{0x9E, 0xCA, 0xDC, 0x24, 0x0E, 0xE5, \
04.                                   0xA9, 0xE0, 0x93, 0xF3, 0xA3, \
05.                                   0xB5, 0x00, 0x00, 0x40, 0x6E}}
06. #define BLE_UUID_NUS_SERVICE     0x0001
07. /**@brief 扫描以及滤波器的初始化 */
08. static void scan_init(void)
09. {
10.     ret_code_t          err_code;
11.     nrf_ble_scan_init_t init_scan;
12.     //初始化扫描参数
13.     memset(&init_scan, 0, sizeof(init_scan));
14.     //设置为不自动连接
15.     init_scan.connect_if_match = false;
16.     init_scan.conn_cfg_tag = APP_BLE_CONN_CFG_TAG;
```

```
17.     //初始化扫描参数
18.     err_code = nrf_ble_scan_init(&m_scan, &init_scan, scan_evt_handler);
19.     APP_ERROR_CHECK(err_code);
20.     //写入自定义 UUID 基数
21.     uint8_t    uuid_type;
22.     //需要使用基础 UUID
23.     ble_uuid128_t nus_base_uuid = NUS_BASE_UUID;
24.     err_code = sd_ble_uuid_vs_add(&nus_base_uuid, &uuid_type);
25.     APP_ERROR_CHECK(err_code);
26.
27.     //扫描器的过滤器设置
28.     err_code = nrf_ble_scan_filter_set(&m_scan, SCAN_UUID_FILTER, &m_nus_uuid);
29.     APP_ERROR_CHECK(err_code);
30.     //使能主机过滤器
31.     err_code = nrf_ble_scan_filters_enable(&m_scan, NRF_BLE_SCAN_UUID_FILTER,
32.                                             false);
33.     APP_ERROR_CHECK(err_code);
34. }
```

使能对应模式的过滤器后,需配置过滤器数量,在 sdk_config.h 配置文件中,将 nRF_BLE 下的 NRF_BLE_SCAN_ENABLED 下的 NRF_BLE_SCAN_UUID_CNT 数量设置为 1 或者大于 1,如图 14.6 所示。

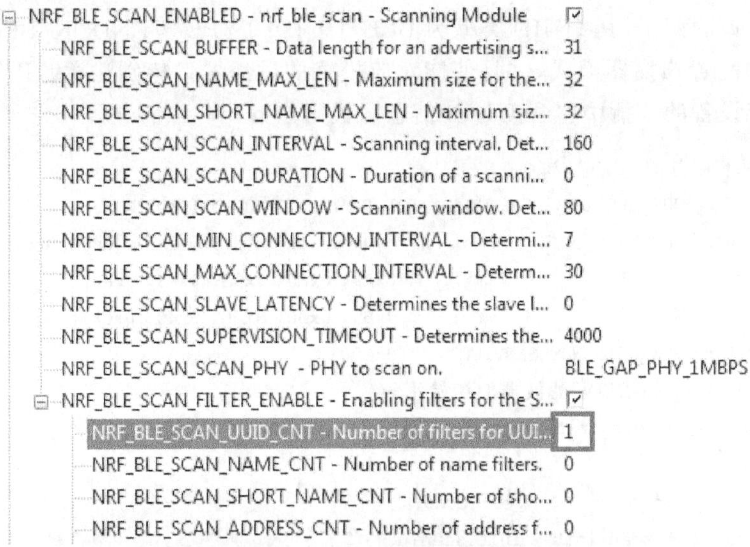

NRF_BLE_SCAN_ENABLED - nrf_ble_scan - Scanning Module	☑
NRF_BLE_SCAN_BUFFER - Data length for an advertising s...	31
NRF_BLE_SCAN_NAME_MAX_LEN - Maximum size for the...	32
NRF_BLE_SCAN_SHORT_NAME_MAX_LEN - Maximum siz...	32
NRF_BLE_SCAN_SCAN_INTERVAL - Scanning interval. Det...	160
NRF_BLE_SCAN_SCAN_DURATION - Duration of a scanni...	0
NRF_BLE_SCAN_SCAN_WINDOW - Scanning window. Det...	80
NRF_BLE_SCAN_MIN_CONNECTION_INTERVAL - Determi...	7
NRF_BLE_SCAN_MAX_CONNECTION_INTERVAL - Determ...	30
NRF_BLE_SCAN_SLAVE_LATENCY - Determines the slave l...	0
NRF_BLE_SCAN_SUPERVISION_TIMEOUT - Determines the...	4000
NRF_BLE_SCAN_SCAN_PHY - PHY to scan on.	BLE_GAP_PHY_1MBPS
NRF_BLE_SCAN_FILTER_ENABLE - Enabling filters for the S...	☑
NRF_BLE_SCAN_UUID_CNT - Number of filters for UUI...	1
NRF_BLE_SCAN_NAME_CNT - Number of name filters.	0
NRF_BLE_SCAN_SHORT_NAME_CNT - Number of sho...	0
NRF_BLE_SCAN_ADDRESS_CNT - Number of address f...	0

图 14.6 过滤器模式数量设置

在扫描事件回调函数 scan_evt_handler 中,触发扫描事件 NRF_BLE_SCAN_EVT_NOT_FOUND,表示没有扫描到匹配设备,则输出"Scan not found."。触发扫描超时事件 NRF_BLE_SCAN_EVT_SCAN_TIMEOUT,则输出"Scan timed out.",并重新

开始扫描。触发 NRF_BLE_SCAN_EVT_FILTER_MATCH 事件,表示过滤器有匹配的广播设备,则对该广播进行解析或者其他操作。回调函数的代码和 14.3.1 小节回调函数代码一致。

测试时准备一个从机设备,下载从机"蓝牙串口服务"例子至从机设备,因为例程中包含蓝牙串口服务的 UUID。在蓝牙主机扫描示例基础上修改,同时把代码中的 UUID 类型和 UUID 值修改成和蓝牙串口示例一致。修改完代码后编译下载。下载完后,打开 RTT Viewer 调试助手。主机扫描后在串口助手中的报告如图 14.7 所示,如果有匹配的广播信息,则显示扫描到的广播包内容。

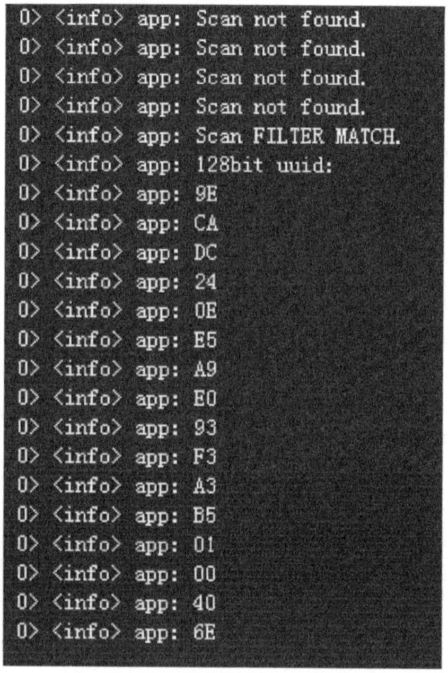

```
0> <info> app: Scan not found.
0> <info> app: Scan not found.
0> <info> app: Scan not found.
0> <info> app: Scan not found.
0> <info> app: Scan FILTER MATCH.
0> <info> app: 128bit uuid:
0> <info> app: 9E
0> <info> app: CA
0> <info> app: DC
0> <info> app: 24
0> <info> app: 0E
0> <info> app: E5
0> <info> app: A9
0> <info> app: E0
0> <info> app: 93
0> <info> app: F3
0> <info> app: A3
0> <info> app: B5
0> <info> app: 01
0> <info> app: 00
0> <info> app: 40
0> <info> app: 6E
```

图 14.7 广播中 UUID 的匹配

14.3.4 外观过滤器

本节演示外观过滤器模式。定义一个参数:图标类型值。例如蓝牙心电的例子,其心电外观的类型为 BLE_APPEARANCE_HEART_RATE_SENSOR_HEART_RATE_BELT。在扫描初始化中配置扫描器模式,并使能对应模式的过滤器。代码如下:

```
01. //写入需要过滤设备的图标
02. static uint16_t const m_target_appearance =
03.          BLE_APPEARANCE_HEART_RATE_SENSOR_HEART_RATE_BELT;
04. /**@brief 扫描以及过滤器的初始化
05. */
06. static void scan_init(void)
07. {
```

```
08.    ret_code_t              err_code;
09.    nrf_ble_scan_init_t init_scan;
10.    //初始化扫描参数
11.    memset(&init_scan, 0, sizeof(init_scan));
12.    //设置为不自动连接
13.    init_scan.connect_if_match = false;
14.    init_scan.conn_cfg_tag = APP_BLE_CONN_CFG_TAG;
15.    //初始化扫描参数
16.    err_code = nrf_ble_scan_init(&m_scan, &init_scan, scan_evt_handler);
17.    APP_ERROR_CHECK(err_code);
18.    //扫描器的过滤器设置
19.    err_code = nrf_ble_scan_filter_set(&m_scan,SCAN_APPEARANCE_FILTER,
20.                          &m_target_appearance);
21.    APP_ERROR_CHECK(err_code);
22.    //使能主机过滤器
23.    err_code = nrf_ble_scan_filters_enable(&m_scan,
24.                          NRF_BLE_SCAN_APPEARANCE_FILTER, false);
25.    APP_ERROR_CHECK(err_code);
26.
27. }
```

使能对应模式的过滤器后,需要配置过滤器数量,在 sdk_config.h 配置文件中,将 nRF_BLE 下的 NRF_BLE_SCAN_ENABLED 下的 NRF_BLE_SCAN_APPEARANCE_CNT 数量设置为 1 或大于 1,如图 14.8 所示。

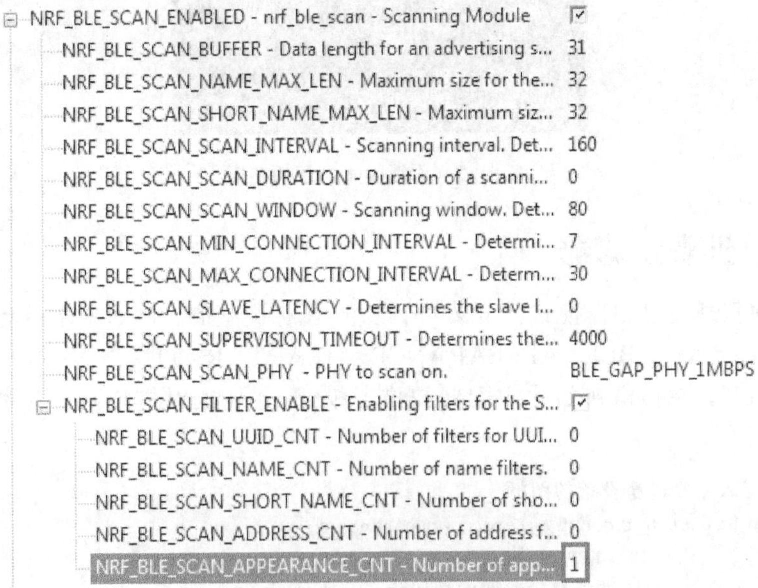

图 14.8 过滤器模式数量设置

在扫描事件回调函数 scan_evt_handler 中,触发扫描事件 NRF_BLE_SCAN_EVT_NOT_FOUND,表示没有扫描到匹配设备,则输出"Scan not found."。如果触发扫描超时事件 NRF_BLE_SCAN_EVT_SCAN_TIMEOUT,则输出"Scan timed out.",然后重新开始扫描。如果触发 NRF_BLE_SCAN_EVT_FILTER_MATCH 事件,表示过滤器有匹配的广播设备,则对该广播进行解析或者其他操作。回调函数代码和 14.3.1 小节回调函数代码一致。

测试时准备一个从机设备,下载从机"蓝牙心电服务"例子至从机设备,因为该例子的广播中包含蓝牙心电的外观参数。主机程序在蓝牙主机扫描示例基础上进行修改,同时把代码中的外观参数值修改成和蓝牙心电例子一致。修改完代码后编译下载。下载完后,打开 RTT Viewer 调试助手。主机扫描后在串口助手中的报告如图 14.9 所示,如果有匹配的广播信息,则显示扫描到的广播包内容。

```
0> <info> app: BLE central template example started.
0> <info> app: Scan FILTER MATCH appearace.
0> <info> app: appearance:
0> <info> app: 41
0> <info> app: 03
```

图 14.9 广播外观的匹配

14.3.5 过滤器组合模式

本小节演示多个过滤器模式混合的例子。设计一个包含图标、过滤设备名称和 MAC 地址的过滤器。通过函数 nrf_ble_scan_filter_set() 设置三种扫描器模式及对应参数,并通过 nrf_ble_scan_filters_enable() 函数使能对应模式的过滤器,当有多个过滤器模式混合时,通过"与"并列使能。注意:使能过滤器的第三个参数 match_all 时,如果设置为 true,则在向主应用程序生成触发过滤器匹配事件 NRF_BLE_SCAN_EVT_FILTER_MATCH 之前,必须匹配所有启用的过滤器类型;如果设置为 false,则只需要匹配所有启用的过滤器中的一个就足以触发筛选器过滤事件。代码如下:

```
01. //写入需要过滤设备的图标
02. static uint16_t const m_target_appearance =
03.            BLE_APPEARANCE_HEART_RATE_SENSOR_HEART_RATE_BELT;
04. //写入需要过滤设备的名称
05. static char const my_name[] = "Nordic_HRM";
06. //写入需要过滤设备的地址
07. static ble_gap_addr_t m_target_periph_addr =
08. {
09.     .addr_type = BLE_GAP_ADDR_TYPE_RANDOM_STATIC,
10.     .addr = {0x16, 0x91, 0x7A, 0xDA, 0x70, 0xC3}
11. };
12.
```

```
13.    /*扫描及过滤器的初始化*/
14.    static void scan_init(void)
15.    {
16.        ret_code_t              err_code;
17.        nrf_ble_scan_init_t init_scan;
18.        //初始化扫描参数
19.        memset(&init_scan, 0, sizeof(init_scan));
20.        //设置为不自动连接
21.        init_scan.connect_if_match = false;
22.        init_scan.conn_cfg_tag = APP_BLE_CONN_CFG_TAG;
23.        //初始化扫描参数
24.        err_code = nrf_ble_scan_init(&m_scan, &init_scan, scan_evt_handler);
25.        APP_ERROR_CHECK(err_code);
26.        //扫描器的过滤器设置
27.        err_code = nrf_ble_scan_filter_set(&m_scan, SCAN_APPEARANCE_FILTER,
28.                      &m_target_appearance);
29.        APP_ERROR_CHECK(err_code);
30.        //扫描器的过滤器设置
31.        err_code = nrf_ble_scan_filter_set(&m_scan, SCAN_NAME_FILTER, &my_name);
32.        APP_ERROR_CHECK(err_code);
33.        //扫描器的滤波器设置
34.        err_code = nrf_ble_scan_filter_set(&m_scan, SCAN_ADDR_FILTER,
35.                      &m_target_periph_addr.addr);
36.        APP_ERROR_CHECK(err_code);
37.        //使能主机过滤器
38.        err_code = nrf_ble_scan_filters_enable(&m_scan,
39.                         NRF_BLE_SCAN_APPEARANCE_FILTER
40.                         |NRF_BLE_SCAN_ADDR_FILTER
41.                         |NRF_BLE_SCAN_NAME_FILTER,true);
42.        APP_ERROR_CHECK(err_code);
43.    }
```

使能对应模式的过滤器后,需配置过滤器数量,在 sdk_config.h 配置文件中,在 nRF_BLE 下的 NRF_BLE_SCAN_ENABLED 下的 NRF_BLE_SCAN_NAME_CNT、NRF_BLE_SCAN_ADDRESS_CNT 和 NRF_BLE_SCAN_APPEARANCE_CNT 的数量设置为 1 或大于 1,如图 14.10 所示。

在扫描事件回调函数 scan_evt_handler 中,触发扫描事件 NRF_BLE_SCAN_EVT_NOT_FOUND,表示没有扫描到匹配设备,则输出"Scan not found."。如果触发扫描超时事件 NRF_BLE_SCAN_EVT_SCAN_TIMEOUT,则输出"Scan timed out.",然后重新开始扫描。如果触发 NRF_BLE_SCAN_EVT_FILTER_MATCH 事件,表示过滤器有匹配的广播设备,则对该广播进行解析或者其他操作。回调函数代码和 14.3.1 小节回调函数代码一致。

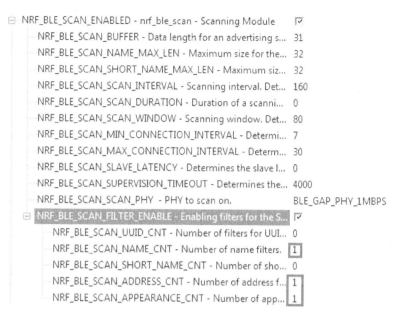

图 14.10 过滤器模式数量设置

测试时准备一个从机设备，下载从机"蓝牙心电服务"例子至从机设备，因为该例子的广播中包含蓝牙心电的外观参数、名称及对应的 MAC 地址。蓝牙主机程序在蓝牙主机扫描的例程基础上修改，同时把代码中的外观参数值、MAC 地址值、广播名称值修改成和蓝牙心电例程一致。修改完代码后编译下载。下载完后，打开 RTT Viewer 调试助手。主机扫描后串口助手中的报告如图 14.11 所示，如果有匹配的广播信息，则显示扫描到的广播包内容。

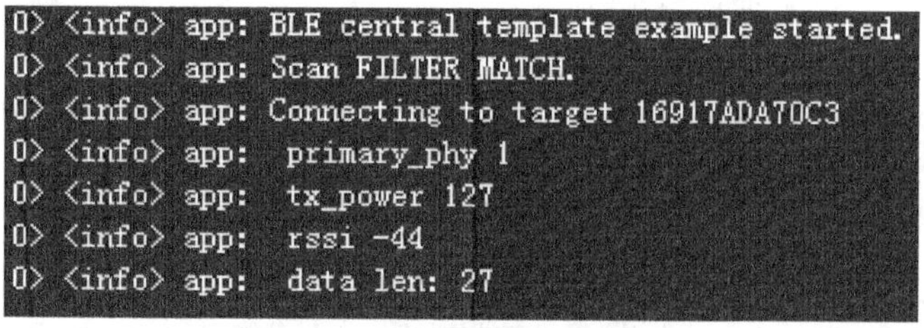

```
0> <info> app: BLE central template example started.
0> <info> app: Scan FILTER MATCH.
0> <info> app: Connecting to target 16917ADA70C3
0> <info> app:   primary_phy 1
0> <info> app:   tx_power 127
0> <info> app:   rssi -44
0> <info> app:   data len: 27
```

图 14.11 混合匹配

第 15 章

主机发起连接

15.1 连接发起

当主机设备扫描到从机设备后,就可以连接从机设备。协议栈底层程序直接提供了主机设备发起连接的 API 函数 sd_ble_gap_connect(),这个底层连接函数以需要连接的设备 MAC 地址为目标进行连接。那么在主机工程中,何时调用该函数发起连接?如何调用该函数?这两个问题成为实现主机连接功能的核心问题。

15.1.1 发起连接函数介绍

API 函数 sd_ble_gap_connect()的介绍,如表 15.1 所列。

表 15.1　sd_ble_gap_connect 函数

函数:sd_ble_gap_connect(ble_gap_addr_t const * p_peer_addr, 　　　　　　　　　　　　ble_gap_scan_params_t const * p_scan_params, 　　　　　　　　　　　　ble_gap_conn_params_t const * p_conn_params, 　　　　　　　　　　　　uint8_t conn_cfg_tag)	
*功能:创建连接(建立 GAP 链接) 注意:如果扫描过程正在进行中,在调用此函数时将自动停止。即使函数返回一个错误,扫描过程也会停止。参数为下列事件: BLE_GAP_EVT_CONNECTED,连接了一个连接 BLE_GAP_EVT_TIMEOUT,连接建立失败	
*参数[in] p_peer_addr	指向对等身份地址的指针。如果参数 ble_gap_scan_Params_t:filter_policy 被设置为使用白名单,p_peer_addr 将被忽略
*参数[in] p_scan_params	指向扫描参数结构的指针
*参数[in] p_conn_params	指向所需连接参数的指针
*参数[in] conn_cfg_tag	标记标识,由参数 sd_ble_cfg_set 或参数 BLE_CONN_CFG_TAG_DE-FAULT 设置的配置,以使用默认连接配置
*返回值:NRF_SUCCESS	成功启动连接过程
*返回值:NRF_ERROR_INVALID_ADDR	提供的参数指针无效
*返回值:NRF_ERROR_INVALID_PARAM — p_scan_params 或 p_conn_params 中的参数无效	提供的无效参数

续表 15.1

```
- 使用白名单要求,但白名单尚未设置,见参数 sd_ble_gap_whitelist_set
- 设备标识列表中没有对等地址,请参见 sd_ble_gap_device_identities_set
* 返回值:NRF_ERROR_NOT_FOUND           没有发现 conn_cfg_tag
* 返回值:NRF_ERROR_INVALID_STATE       协议栈处于执行此操作的无效状态。这可能是由于现有
                                       的本地发起的连接过程,这个连接必须在再次发起连接
                                       之前完成
* 返回值:BLE_ERROR_GAP_INVALID_BLE_ADDR    无效的对等地址
* 返回值:NRF_ERROR_CONN_COUNT              已达到可用连接的极限
* 返回值:NRF_ERROR_RESOURCES
两者之一:
- 没有足够的 BLE 角色槽可用。停止一个或多个当前活动的角色(中心、外围或观察者),然后重试
- 与 conn_cfg_tag 关联的 event_length 参数太小,无法在选定的参数 ble_gap_scan_params_t:scan_phys 上
建立连接。使用参数 sd_ble_cfg_set 来增加事件长度
* 返回值:NRF_ERROR_NOT_SUPPORTED       提供的被调用连接不支持对应物理层
```

15.1.2 调用连接函数

首先讨论第一个问题,在主机工程里何时调用发起连接函数。

一个实际的工程应用中,需要连接的从机设备是特定的,这个从机设备具有自己独立的特征。主机设备需要在一堆广播信号中,找到这个设备并发起连接。本书第 13 章和第 14 章的内容是教大家如何在一堆广播设备中,找到需要的广播设备。本书第 14 章关于扫描事件派发讲解中,在对扫描到的广播报告事件处理函数 nrf_ble_scan_on_adv_report 的解析中就有如何寻找到对应的设备,代码如下:

```
01.    if (is_whitelist_used(p_scan_ctx))//如果使用了白名单
02.    {
03.        //则产生白名单广播报告事件
04.        scan_evt.scan_evt_id = NRF_BLE_SCAN_EVT_WHITELIST_ADV_REPORT;
05.        scan_evt.params.p_not_found = p_adv_report;
06.        p_scan_ctx ->evt_handler(&scan_evt);
07.        UNUSED_RETURN_VALUE(
08.                    sd_ble_gap_scan_start(NULL,&p_scan_ctx ->scan_buffer));
09.        //直接对白名单目标发起连接
10.        nrf_ble_scan_connect_with_target(p_scan_ctx, p_adv_report);
11.        return;
12.    }
13.    ......................
14.    ......................
15.    //在混合多过滤器模式下,过滤器的数量必须与生成通知所需匹配的过滤器数量相等
16.    if (all_filter_mode && (filter_match_cnt == filter_cnt))
17.    {
```

```
18.        scan_evt.scan_evt_id = NRF_BLE_SCAN_EVT_FILTER_MATCH;//产生筛选事件
19.        nrf_ble_scan_connect_with_target(p_scan_ctx, p_adv_report);//发起连接
20.    }
21.    // 在正常筛选模式下,仅需要一个筛选匹配即可生成到主应用程序的通知
22.    else if ((!all_filter_mode) && is_filter_matched)
23.    {
24.        scan_evt.scan_evt_id = NRF_BLE_SCAN_EVT_FILTER_MATCH;//产生筛选事件
25.        nrf_ble_scan_connect_with_target(p_scan_ctx, p_adv_report);//发起连接
26. }
```

上面一段代码中,不管是采用白名单过滤策略,还是 Nordic 提供的软件过滤策略,找到对应设备后,最终的目标都是对过滤后的设备发起连接。发起连接时调用函数 nrf_ble_scan_connect_with_target(),其代码如下:

```
01. static void nrf_ble_scan_connect_with_target(nrf_ble_scan_t const * const p_scan_ctx,
02.                                              ble_gap_evt_adv_report_t const * const p_adv_report)
03. {
04.     ret_code_t err_code;
05.     scan_evt_t scan_evt;
06.
07.     //赋值对等地址、连接参数、扫描参数、默认目标
08.     ble_gap_addr_t const         * p_addr = &p_adv_report->peer_addr;
09.     ble_gap_scan_params_t const  * p_scan_params = &p_scan_ctx->scan_params;
10.     ble_gap_conn_params_t const  * p_conn_params = &p_scan_ctx->conn_params;
11.     uint8_t                        con_cfg_tag = p_scan_ctx->conn_cfg_tag;
12.
13.     // 如果自动连接被禁用,则返回不连接
14.     if (!p_scan_ctx->connect_if_match)
15.     {
16.         return;
17.     }
18.     // 停止扫描
19.     nrf_ble_scan_stop();
20.
21.     memset(&scan_evt, 0, sizeof(scan_evt));
22.     //建立连接.
23.     err_code = sd_ble_gap_connect(p_addr,//地址
24.                                   p_scan_params,//扫描参数
25.                                   p_conn_params,//连接参数
26.                                   con_cfg_tag);//目标
27.
28.     NRF_LOG_DEBUG("Connecting");
29.     ......
```

```
30.         ......................
31. }
```

在函数 nrf_ble_scan_connect_with_target() 中直接调用主机设备发起连接的 API 函数 sd_ble_gap_connect(),这就回答了第一个问题何时调用:当主机扫描广播时,通过过滤策略找到目标设备,然后对目标设备发起连接,此时就需要调用该 API 了。

再来谈谈第二个问题,如何调用该函数进行连接。通过上面一段代码可以看到,在发起广播的时候,需要配置自动连接,才能运行到下面执行 sd 的连接函数。如果没有配置自动连接,就会返回不进行连接操作。因此,需要在主函数的扫描初始化函数中配置自动连接,把 connect_if_match 设为 true,才能在找到目标广播设备的情况下,发起连接操作。配置代码段如下:

```
01. /*扫描初始化函数*/
02. static void scan_init(void)
03. {
04.     ret_code_t          err_code;
05.     nrf_ble_scan_init_t init_scan;
06.     uint8_t     uuid_type;
07.     memset(&init_scan, 0, sizeof(init_scan));
08.     ///配置自动连接
09.     init_scan.connect_if_match = true;
10.     init_scan.conn_cfg_tag = APP_BLE_CONN_CFG_TAG;
11.
12.     //需要使用基础 UUID 作为过滤策略
13.     ble_uuid128_t nus_base_uuid = NUS_BASE_UUID;
14.     err_code = sd_ble_uuid_vs_add(&nus_base_uuid, &uuid_type);
15.     APP_ERROR_CHECK(err_code);
16.
17.     err_code = nrf_ble_scan_init(&m_scan, &init_scan, scan_evt_handler);
18.     APP_ERROR_CHECK(err_code);
19.     //设置的 UUID 扫描器,从机设备的广播里必须包含 UUID 信息
20.     err_code = nrf_ble_scan_filter_set(&m_scan, SCAN_UUID_FILTER, &m_nus_uuid);
21.     APP_ERROR_CHECK(err_code);
22.     //使能过滤器
23.     err_code = nrf_ble_scan_filters_enable(&m_scan, NRF_BLE_SCAN_UUID_FILTER,
24.         false);
25.     APP_ERROR_CHECK(err_code);
26. }
```

把 connect_if_match 设为 true,主机扫描到目标设备后,进入到连接目标函数 nrf_ble_scan_connect_with_target() 中自动发起连接。

15.2 连接事件处理

如果发起连接,会触发事件回调。主函数需要改写两个事件回调处理函数:扫描事件回调处理函数和蓝牙事件处理回调函数。这两个事件处理函数的优先级不同,首先执行优先级高的事件处理回调函数。

在 sdk_config.h 中,修改定义 #define NRF_BLE_SCAN_OBSERVER_PRIO 为 1,表示扫描事件处理优先级最高。

在扫描事件处理函数中定义触发 NRF_BLE_SCAN_EVT_CONNECTED 事件,表示扫描连接成功,这时,打印扫描连接的设备 MAC 地址,编写代码如下:

```
01. /*扫描事件处理函数*/
02. static void scan_evt_handler(scan_evt_t const * p_scan_evt)
03. {
04.     ret_code_t err_code;
05.
06.     switch(p_scan_evt->scan_evt_id)
07.     {
08.         //扫描成功并且发起连接,则连接事件
09.         case NRF_BLE_SCAN_EVT_CONNECTED:
10.         {
11.             ble_gap_evt_connected_t const * p_connected =
12.                         p_scan_evt->params.connected.p_connected;
13.             //扫描会自带停止,并且连接,打印连接的匹配地址
14.             NRF_LOG_INFO("Connecting to target %02x%02x%02x%02x%02x%02x",
15.                     p_connected->peer_addr.addr[0],
16.                     p_connected->peer_addr.addr[1],
17.                     p_connected->peer_addr.addr[2],
18.                     p_connected->peer_addr.addr[3],
19.                     p_connected->peer_addr.addr[4],
20.                     p_connected->peer_addr.addr[5]
21.                     );
22.         } break;
23.         default:
24.             break;
25.     }
26. }
```

在主函数最开头定义 #define APP_BLE_OBSERVER_PRIO 3,表示蓝牙事件处理优先级为 3。

主机在蓝牙事件处理中定义 4 个处理事件:

◎ BLE_GAP_EVT_CONNECTED:连接成功事件。当协议栈触发连接成功事件后,编写LED灯指示主从设备连接成功,LED灯保持常亮。同时通过LOG打印本次的连接句柄和打印显示连接OK。

◎ BLE_GAP_EVT_DISCONNECTED:连接断开事件。当协议栈触发连接断开事件后,编写LED灯指示主从设备断开连接,通过LOG打印断开的连接句柄和断开原因。

◎ BLE_GAP_EVT_TIMEOUT:GAP连接超时事件。当主从机连接一直不成功,超过了连接事件最大的时间,则协议栈触发GAP连接超时事件,通过LOG打印连接超时。这个连接最大的时间就是GAP中的监督超时时间(连接超时时间)。

◎ BLE_GATTC_EVT_TIMEOUT:主机GATT连接超时事件。本质上不属于连接时发生的事情,而是连接中发生的事情。当正在连接的主从机由于某种原因发生断开,主机设备发起多次连接请求没有回应就会发生GATT连接超时事件。协议栈将禁用所有GATT流量并将GATT连接标记为down,应用程序必须主动使用sd_ble_gap_disconnect()完成最后的连接断开。因为协议栈可以配置为同时作为从机设备和主机设备,此时,需要有两个事件的GATTC和GATTS。

结合分析添加编写代码如下:

```
01.  static void ble_evt_handler(ble_evt_t const * p_ble_evt, void * p_context)
02.  {
03.      ret_code_t            err_code;
04.      ble_gap_evt_t const * p_gap_evt = &p_ble_evt->evt.gap_evt;
05.
06.      switch (p_ble_evt->header.evt_id)
07.      {
08.          case BLE_GAP_EVT_CONNECTED:
09.              //连接的时候指示灯亮
10.              err_code = bsp_indication_set(BSP_INDICATE_CONNECTED);
11.              NRF_LOG_INFO("conn_handle: 0x%x",
12.                           p_gap_evt->conn_handle
13.                           );//打印连接句柄
14.              APP_ERROR_CHECK(err_code);
15.              NRF_LOG_INFO("connect OK!");
16.              break;
17.
18.          case BLE_GAP_EVT_DISCONNECTED:
19.              //输出断开的连接句柄和断开的原因
20.              NRF_LOG_INFO("Disconnected. conn_handle: 0x%x, reason: 0x%x",
21.                           p_gap_evt->conn_handle,
22.                           p_gap_evt->params.disconnected.reason);
23.              break;
24.          caseBLE_GAP_EVT_TIMEOUT:
```

```
25.            //连接超时
26.            if (p_gap_evt->params.timeout.src == BLE_GAP_TIMEOUT_SRC_CONN)
27.            {
28.                NRF_LOG_INFO("Connection Request timed out.");
29.            }
30.            break;
31.        case BLE_GATTC_EVT_TIMEOUT:
32.            // GATT 超时事件,主机发起断开
33.            NRF_LOG_DEBUG("GATT Client Timeout.");
34.            err_code = sd_ble_gap_disconnect(p_ble_evt->evt.gattc_evt.conn_handle,
35.                        BLE_HCI_REMOTE_USER_TERMINATED_CONNECTION);
36.            APP_ERROR_CHECK(err_code);
37.            break;
38.        default:
39.            break;
40.    }
41. }
```

在蓝牙主机扫描信息过滤的例程基础上,修改代码后编译下载。下载完后,打开 RTT Viewer 调试助手。

准备一个从机设备,演示的连接是通过在广播包内包含 UUID 实现的,UUID 采用蓝牙串口服务的 UUID,下载从机"蓝牙串口服务"例子至从机设备。

主机扫描后在 RTT LOG 助手中的报告如图 15.1 所示,如果有匹配的广播信息,则显示连接发起的过程。

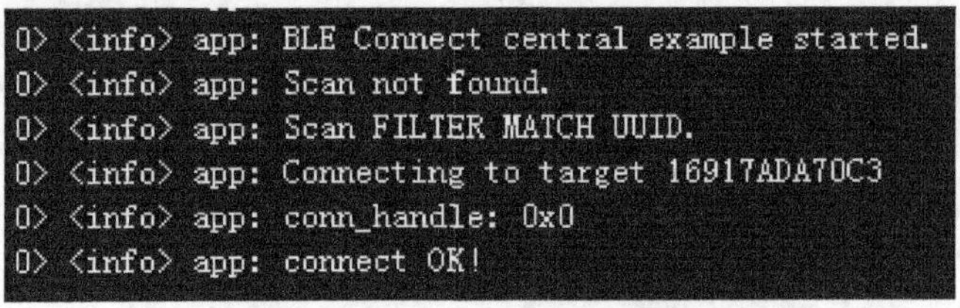

```
0> <info> app: BLE Connect central example started.
0> <info> app: Scan not found.
0> <info> app: Scan FILTER MATCH UUID.
0> <info> app: Connecting to target 16917ADA70C3
0> <info> app: conn_handle: 0x0
0> <info> app: connect OK!
```

图 15.1　RTT LOG 打印连接成功

15.3　主机静态密钥的连接

如果出现主机发起连接时从机带有静态密钥的情况,需要主从机先交换密钥,正确后才能进行后面的服务发现操作。如果交换的密钥不正确,就会断开已经发起的连接。因此本节针对这种情况,讨论主机发起连接后如何进行密钥交换。

(1) 对工程进行改造,加入配对文件库和 fds 存储等库文件。

在 nRF_BLE 工程目录中新添文件,添加工程路径 Components\ble\peer_manager 里所有的文件。

在 nRF_BLE 工程目录中新添文件，添加工程路径 Components\ble\common 里的 ble_conn_state.c 文件。

在 nRF_Libraries 工程目录中新添文件，添加工程路径 Components\libraries\fds 里的 fds.c 文件。

在 nRF_Libraries 工程目录中新添文件，添加工程路径 Components\libraries\crc16 里的 crc16.c 文件。

在 nRF_Libraries 工程目录中新添文件，添加工程路径 Components\libraries\atomic_flags 里的 nrf_atflags.c 文件。

在 nRF_Libraries 文件夹中新添文件，添加工程路径 Components\libraries\fstorage 里的 nrf_fstorage.c 文件和 nrf_fstorage_sd.c 文件。

添加完成后如图 15.2 所示。

图 15.2　工程中需要添加的文件

在工程 C/C++配置中添加上述工程文件的路径，如图 15.3 所示，添加后单击 OK 按钮。

在配置文件 sdk_config.h 文件中勾选使能。需要添加绑定管理功能，绑定功能与内存和设备管理相关，如图 15.4 所示，勾选 nRF_BLE 选项下的 PEER_MANAGER_ENABLE 和 NRF_BLE_GQ_ENABLE。

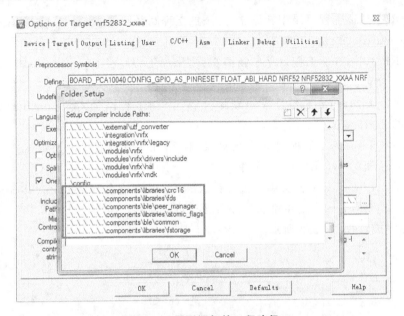

图 15.3 需要添加的工程路径

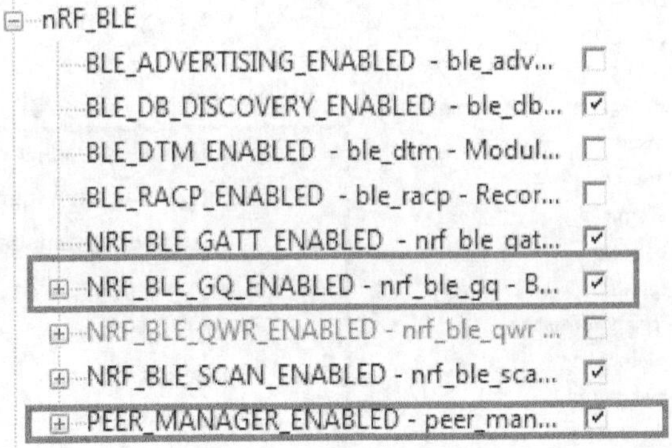

图 15.4 PEER_MANAGER_ENABLE 使能

添加 FDS 存储功能和 CRC 功能，FDS 存储功能是对存储固件必须使能的功能。CRC 功能是错误效验必须具备功能，如图 15.5 所示，勾选 nRF_Libraries 选项下的 FDS_ENABLE、CRC16_ENABLE、NRF_FSTORAGE_ENABLE。

在主函数 main.c 文件最开头，需要添加头文件，主要包含配对管理、FDS 存储的模块驱动、连接状态驱动等，如下：

```
01. #include "ble_srv_common.h"
02. #include "peer_manager.h"
03. #include "fds.h"
04. #include "ble_conn_state.h"
05. #include "ble.h"
06. #include "peer_manager_handler.h"
```

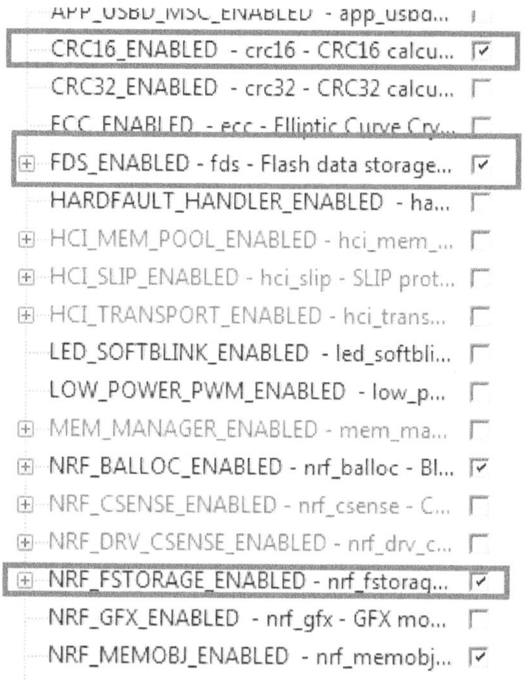

第 15 章　主机发起连接

```
APP_USBD_MSC_ENABLED - app_usbd...
CRC16_ENABLED - crc16 - CRC16 calcu... ☑
CRC32_ENABLED - crc32 - CRC32 calcu... ☐
ECC_ENABLED - ecc - Elliptic Curve Cry... ☐
FDS_ENABLED - fds - Flash data storage... ☑
HARDFAULT_HANDLER_ENABLED - ha... ☐
HCI_MEM_POOL_ENABLED - hci_mem_... ☐
HCI_SLIP_ENABLED - hci_slip - SLIP prot... ☐
HCI_TRANSPORT_ENABLED - hci_trans... ☐
LED_SOFTBLINK_ENABLED - led_softbli... ☐
LOW_POWER_PWM_ENABLED - low_p... ☐
MEM_MANAGER_ENABLED - mem_ma... ☐
NRF_BALLOC_ENABLED - nrf_balloc - Bl... ☑
NRF_CSENSE_ENABLED - nrf_csense - C... ☐
NRF_DRV_CSENSE_ENABLED - nrf_drv_c... ☐
NRF_FSTORAGE_ENABLED - nrf_fstorag... ☑
NRF_GFX_ENABLED - nrf_gfx - GFX mo... ☐
NRF_MEMOBJ_ENABLED - nrf_memobj... ☑
```

图 15.5　FDS_ENABLE 和 CRC16_ENABLE 勾选

配对过程中使用万能钥匙进入（Passkey Entry）方式。关于密钥的相关参数和原理，请参考第 3 章"蓝牙静态密钥和动态密钥"相关内容。本例中，通过编写配对管理函数 peer_manager_init()设置主从机的安全参数，同时通过配对管理注册函数 pm_register()注册一个配对事件处理函数。详细添加代码如下：

```
01. #define SEC_PARAM_BOND                  1     //绑定
02. #define SEC_PARAM_MITM                  1     //中间人保护
03. //只有键盘
04. #define SEC_PARAM_IO_CAPABILITIES       BLE_GAP_IO_CAPS_KEYBOARD_ONLY
05. #define SEC_PARAM_OOB                   0     //没有带外
06. #define SEC_PARAM_MIN_KEY_SIZE          7     //最小的密钥长度
07. #define SEC_PARAM_MAX_KEY_SIZE          16    //最大的密钥长度
08.
09. void peer_manager_init(bool erase_bonds)
10. {
11.     ble_gap_sec_params_t sec_param;
12.     ret_code_t           err_code;
13.
14.     err_code = pm_init();//配对绑定初始化
15.     APP_ERROR_CHECK(err_code);
16.     if (erase_bonds)//如果绑定了为真
```

```
17.    {
18.        err_code = pm_peers_delete();//剔除绑定
19.        APP_ERROR_CHECK(err_code);
20.    }
21.
22.    memset(&sec_param, 0, sizeof(ble_gap_sec_params_t));
23.    //用于所有安全过程的安全参数
24.    sec_param.mitm = SEC_PARAM_MITM;
25.    sec_param.io_caps = SEC_PARAM_IO_CAPABILITIES;
26.    sec_param.oob = SEC_PARAM_OOB;
27.    sec_param.min_key_size = BLE_NFC_SEC_PARAM_MIN_KEY_SIZE;
28.    sec_param.max_key_size = BLE_NFC_SEC_PARAM_MAX_KEY_SIZE;
29.    sec_param.bond = BLE_NFC_SEC_PARAM_BOND;
30.    //配对安全设置
31.    err_code = pm_sec_params_set(&sec_param);
32.    APP_ERROR_CHECK(err_code);
33.    //注册配对事件回调
34.    err_code = pm_register(pm_evt_handler);
35.    APP_ERROR_CHECK(err_code);
36. }
```

在主函数 main.c 文件中的 ble_evt_handler() 蓝牙回调事件中处理密钥的交换操作。当主机发起的连接成功后，产生 BLE_GAP_EVT_CONNECTED 事件，分配本次连接句柄，并保存连接句柄，用于判断本次密钥交换是否正确。

当从机发起密钥配对请求时，产生 BLE_GAP_EVT_AUTH_KEY_REQUEST 密钥应答事件，调用协议栈的 API 函数 sd_ble_gap_auth_key_reply() 验证认证密钥，此时主机需要知道从机的正确密钥，所以在代码里定义密钥 passkey[6] 为 123456，和从机密钥保存一致才能够正确验证。具体在蓝牙事件回调函数中添加的代码如下：

```
01. //设置静态密钥
02. #define STATIC_PASSKEY "123456"
03. uint8_t passkey[6] = STATIC_PASSKEY;
04. uint16_t conn;
05.
06. static void ble_evt_handler(ble_evt_t const * p_ble_evt, void * p_context)
07. {
08.     ret_code_t          err_code;
09.     ble_gap_evt_t const * p_gap_evt = &p_ble_evt->evt.gap_evt;
10.
11.     switch (p_ble_evt->header.evt_id)
12.     {
13.         case BLE_GAP_EVT_CONNECTED:
14.             //分配本次连接句柄
```

```
15.            err_code = ble_nus_c_handles_assign(&m_ble_nus_c,
16.                                    p_ble_evt->evt.gap_evt.conn_handle, NULL);
17.            APP_ERROR_CHECK(err_code);
18.            err_code = bsp_indication_set(BSP_INDICATE_CONNECTED);
19.            APP_ERROR_CHECK(err_code);
20.            NRF_LOG_INFO("start discovery services");//添加开始发现服务提示
21.            //本次连接的句柄进行保存
22.            conn = p_ble_evt->evt.gap_evt.conn_handle;
23.            break;
24.
25.         case BLE_GAP_EVT_AUTH_KEY_REQUEST://密钥应答
26.            {   //使用认证密钥进行验证
27.                NRF_LOG_INFO("BLE_GAP_EVT_AUTH_KEY_REQUEST");
28.                err_code = sd_ble_gap_auth_key_reply(p_gap_evt->conn_handle,
29.                                    BLE_GAP_AUTH_KEY_TYPE_PASSKEY,passkey);
30.                APP_ERROR_CHECK(err_code);
31.            } break;
32.            .....................
33.            .....................
34.         default:
35.            break;
36.     }
37. }
```

（2）编写配对事件处理函数，判断主从密钥是否验证成功。如产生 PM_EVT_CONN_SEC_FAILED 事件，表示验证失败，重新验证。如果产生 PM_EVT_CONN_SEC_SUCCEEDED 事件，表示验证成功，启动服务发现，完成服务发现。关于服务发现见第 19 章。配对事件处理函数代码如下：

```
01. static void pm_evt_handler(pm_evt_t const * p_evt)
02. {
03.     ret_code_t err_code;
04.     pm_handler_on_pm_evt(p_evt);
05.     pm_handler_disconnect_on_sec_failure(p_evt);
06.     pm_handler_flash_clean(p_evt);
07.
08.     switch (p_evt->evt_id)
09.     {
10.      case PM_EVT_CONN_SEC_FAILED:
11.            if (p_evt->params.conn_sec_failed.error ==
12.                    PM_CONN_SEC_ERROR_PIN_OR_KEY_MISSING)
13.            {
14.                //如果一方丢失了钥匙，重新连接
```

```
15.             err_code = pm_conn_secure(p_evt->conn_handle, true);
16.             if (err_code != NRF_ERROR_BUSY)
17.             {
18.                 APP_ERROR_CHECK(err_code);
19.             }
20.         }
21.         break;
22.     case PM_EVT_CONN_SEC_SUCCEEDED://如果验证成功
23.         printf("CONN_SEC_SUCCEEDED");
24.         //启动服务发现,串口客户端会等待发现完成事件
25.         err_code = ble_db_discovery_start(&m_db_disc,conn);
26.         printf("Connection 0x%x established, starting DB discovery.",
27.                 p_evt->conn_handle);
28.         APP_ERROR_CHECK(err_code);
29.         break;
30.     default:break;
31.     }
32. }
```

编写代码后,编译、下载到主机设备内。若从机设备下载了蓝牙静态密钥的例子,主机设备就可以正常进行主从设备的连接及服务的发现。

15.4 本章小结

主从设备建立连接后,会马上交流连接参数和通信参数,如果不配置连接参数和通信参数的主从设备交流,由于主从设备的连接参数和通信参数不同,则主从设备会放弃连接而断开。断开连接,并打印出断开原因是 0x13,如图 15.6 所示。

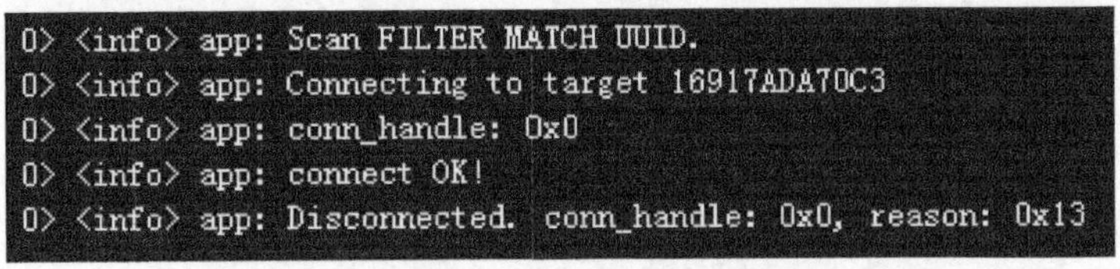

```
0> <info> app: Scan FILTER MATCH UUID.
0> <info> app: Connecting to target 16917ADA70C3
0> <info> app: conn_handle: 0x0
0> <info> app: connect OK!
0> <info> app: Disconnected. conn_handle: 0x0, reason: 0x13
```

图 15.6 RTT LOG 打印断开

在官方库函数 ble_hci.h 中定义了错误代码原因,找到 0x13 的错误码定义如下:

```
01. /* 远程用户终止连接 */
02. #define BLE_HCI_REMOTE_USER_TERMINATED_CONNECTION    0x13
```

因此需要在主机 main.c 最开头加入 NRF_BLE_GATT_DEF(m_gatt)这个 GATT 观察者函数,才能保持稳定连接不断开。下一章将探讨 GATT 相关的通信参数协商与交换。

第 16 章

主机 MTU 参数协商

16.1 MTU 参数协商原理

MTU 英文全称为：MAXIMUM TRANSMISSION UNIT（最大传输单元），指在一个 PDU 中能够传输的最大数据量（一个空中数据包所包含的数据量）。其中 PDU 为 Protocol Data Unit（协议数据单元），表示在一个传输单元中的有效传输数据。可以简单地理解，MTU 为一个有效传输的空中数据包的长度（单位：字节），参考蓝牙核心规范 5.0，vol3 卷 1780 页。

在 GATT 协议的角色概念中，客户端和服务端都可以设置 MTU 的长度。但两端的 MTU 设置可能存在不同，此时如何决定使用哪方的 MTU 参数的过程就称为 MTU Exchange，参考蓝牙核心规范 5.0 ，vol3 卷 2184 页。

MTU 交换是通过 MTU 的交换和双方确认，在主从双方设置一个 PDU 中最大能够交换的数据量。注意这个 MTU 是不可以协商的，只是通知对方，双方在知道对方的极限后会选择一个较小的值作为以后的 MTU，如主设备发出一个 150 字节的 MTU 请求，从设备回应 MTU 是 23 字节，那么双方要以较小的值 23 字节作为以后的 MTU，主从双方约定每次在做数据传输时不超过这个最大数据单元，如图 16.1 所示。

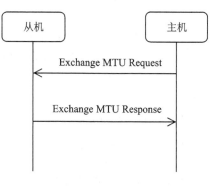

图 16.1 MTU 交换过程

整个交换过程分为主机发送 MTU 交换请求、从机应答 MTU 交换两部分，介绍如下：

1. Exchange MTU Request

客户端使用 Exchange MTU 请求通知服务器客户机的最大接收 MTU 大小，并请求服务器以其最大接收 MTU 长度响应。整个请求的数据格式如表 16.1 所列。

客户端 Rx MTU 应大于或等于默认的 ATT_MTU。此请求在客户端连接期间只能发送一次。将客户端 Rx MTU 参数设置为客户端可以接收的属性协议 PDU 的最大值。

表 16.1　Exchange MTU 请求格式

参　数	长度/字节	描　述
Attribute Opcode	1	0x02＝Exchange MTU 请求
Client Rx MTU	2	客户端接收的 MTU 长度

2. Exchange MTU Response

Exchange MTU 响应表示服务器响应被客户端发送到接收端的 Exchange MTU 请求。整个响应的数据格式如表 16.2 所列。

表 16.2　Exchange MTU 响应格式

参　数	长度/字节	描　述
Attribute Opcode	1	0x03＝Exchange MTU 响应
Sever Rx MTU	2	服务端接收的 MTU 长度

服务器 Rx MTU 应大于或等于默认的 ATT_MTU。服务器 Rx MTU 参数应设置为服务器可以接收的属性协议 PDU 的最大值。服务器和客户端应将 ATT_MTU 设置为客户端 Rx MTU 和服务器 Rx MTU 的最小值。而且要求大小相同,确保客户端可以正确地检测长属性读取的最后一个数据包。

ATT_MTU 值应该在响应被发送之后和在发送任何其他属性协议 PDU 之前的时间范围内应用于服务器;应在此响应被接收之后和发送任何其他属性协议 PDU 之前的时间范围内应用于客户端。如果客户端 Rx MTU 或服务器 Rx MTU 不正确,小于默认的 ATT_MTU 值,则 ATT_MTU 不得更改,ATT_MTU 必须使用默认的 ATT_MTU 值。

客户机使用 Exchange MTU 请求通知服务器客户机的最大接收 MTU 长度,并请求服务器以其最大接收 MTU 长度响应。在蓝牙 4.0 协议栈中,最大 MTU 长度为 23 字节。在蓝牙 4.2 和蓝牙 5.0 的协议栈中,最大的 MTU 长度为 247 字节。

因此,蓝牙 4.0 的 ATT 的默认 MTU 为 23 字节,除去 ATT 的 opcode 一个字节及 ATT 的 handle 两字节之后,剩下的 20 字节便是留给数据包的。数据包的长度太小。在蓝牙 4.2 和蓝牙 5.0 里,除去 ATT 的 opcode 一字节以及 ATT 的 handle 两字节之后,剩下的 244 字节留给数据包。

16.2　MTU 参数协商编程

16.2.1　MTU 协商协议栈接口

回到工程代码中,如何在代码中实现主机发起 MTU 协商过程？

主机在连接时,需要发起 MTU 协商,以统一主从两端的 MTU 值。不同于蓝牙 4.0 MTU 是 23 字节的定值,蓝牙 4.2 及蓝牙 5.0 的 MTU 都是可定义的。因此主机需要调用协议栈函数发起 MTU 协商。主机发起 MTU 协商的协议栈 sd 函数为 sd_ble_gattc_exchange_mtu_request(),函数的具体介绍如表 16.3 所列。

表 16.3　sd_ble_gattc_exchange_mtu_request 函数

函数:uint32_t　sd_ble_gattc_exchange_mtu_request(uint16_t conn_handle, uint16_t client_rx_mtu)
* 功能:通过向从机端发送一个 exchange MTU 请求来启动一个 ATT_MTU 交换 * 细节: 协议栈设置 ATT_MTU 最小:为客户端 RX MTU 的值和来自 BLE_GATTC_EVT_EXCHANGE_MTU_RSP 的服务端 RX MTU 值之间的最小值。但是协议栈从未设置 ATT_MTU 低于参数 BLE_GATT_ATT_MTU_DEFAULT 该操作成功后触发事件 BLE_GATTC_EVT_EXCHANGE_MTU_RSP
* 参数[in] conn_handle　　　标识要执行此连接过程的连接句柄 * 参数[in] client_rx_mtu　　客户端 RX MTU 长度 - 最小值为参数 BLE_GATT_ATT_MTU_DEFAULT - 最大值为连接使用的连接配置中的参数 ble_gatt_conn_cfg_t:的 ATT_MTU - 如果已经在另一个方向执行了 ATT_MTU 交换,则该值必须等于 sd_ble_gatts_exchange_mtu_reply 中给出的服务端 RX MTU 长度
* 返回值:NRF_SUCCESS　　　成功发送请求到服务端 * 返回值:BLE_ERROR_INVALID_CONN_HANDLE　　无效的连接句柄 * 返回值:NRF_ERROR_INVALID_STATE　　已经请求了一次无效的连接状态或 ATT_MTU 交换 * 返回值:NRF_ERROR_INVALID_PARAM　　提供的客户端 RX MTU 长度无效 * 返回值:NRF_ERROR_BUSY　　客户端程序已在进行中 * 返回值:NRF_ERROR_TIMEOUT　　GATT 过程超时,如果不重新建立联系,就不能执行新的 GATT 过程

16.2.2　GATT 初始化

代码中实现主机发起 MTU 协商的过程可以描述如下:

主机设置发起协商的 MTU 长度:在主函数 main.c 中,调用了一个 GATT 初始化函数,在这个函数中,实现两个操作:一个操作是调用 nrf_ble_gatt_init()函数,完成 GATT 的初始化进程,注册一个 GATT 处理事件回调函数;另一个操作是调用 nrf_ble_gatt_att_mtu_periph_set()函数,设置服务器端的默认 MTU 长度。编写代码段如下:

```
01. void gatt_init(void)//GATT 初始化
02. {
03.     ret_code_t err_code;
04.
05.     err_code = nrf_ble_gatt_init(&m_gatt, gatt_evt_handler);
```

```
06.    APP_ERROR_CHECK(err_code);
07.
08.    err_code = nrf_ble_gatt_att_mtu_periph_set(&m_gatt,
09.                              NRF_SDH_BLE_GATT_MAX_MTU_SIZE);
10.    APP_ERROR_CHECK(err_code);
11. }
```

16.2.3 GATT 事件派发

在主函数最开头添加观察者 observer 处理 GATT 事件。编写代码如下：

```
01. NRF_BLE_GATT_DEF(m_gatt);                 /**< GATT module instance. */
```

GATT 事件观察者在官方提供的库文件 nrf_ble_gatt.h 中已经编写好，可以直接调用。观察者注册了一个 GATT 事件的回调派发函数 nrf_ble_gatt_on_ble_evt，具体代码如下：

```
01. #define NRF_BLE_GATT_DEF(_name)
02.
03. static nrf_ble_gatt_t _name;
04. NRF_SDH_BLE_OBSERVER(_name ## _obs,
05.                      NRF_BLE_GATT_BLE_OBSERVER_PRIO,
06.                      nrf_ble_gatt_on_ble_evt, &_name)
```

回调派发函数 nrf_ble_gatt_on_ble_evt 是主机发起 MTU 协商，进行 MTU 交换的关键函数。主机和从机发生连接事件时，调用 on_connected_evt 函数。

```
01. void nrf_ble_gatt_on_ble_evt(ble_evt_t const * p_ble_evt, void * p_context)
02. {
03.     nrf_ble_gatt_t * p_gatt = (nrf_ble_gatt_t *)p_context;
04.     uint16_t         conn_handle = p_ble_evt->evt.common_evt.conn_handle;
05.     ............................
06.     ............................
07.     switch (p_ble_evt->header.evt_id)
08.     {   //主机连接事件,在连接事件里发起 MTU 协商
09.         case BLE_GAP_EVT_CONNECTED:
10.             on_connected_evt(p_gatt, p_ble_evt);
11.             break;
12.
13.             ............................
14.         //主机收到 MTU 交换应答事件,判断交换是否完成
15.         case BLE_GATTC_EVT_EXCHANGE_MTU_RSP:
16.             on_exchange_mtu_rsp_evt(p_gatt, p_ble_evt);
17.             break;
18.
```

第 16 章 主机 MTU 参数协商

```
19.         ......................
20.     }
21.     ......................
22.     ......................
23. }
```

Exchange MTU Request 更新 MTU 参数请求由主机发起，on_connected_evt 函数中，判断 att_mtu_effective 默认值为真，则发起 MTU 更新申请。MTU 更新申请调用了 SD 协议栈函数 sd_ble_gattc_exchange_mtu_request()，从机调用函数 sd_ble_gatts_exchange_mtu_reply() 回应。收到回应，协议栈将选择主机 MTU 和从机 MTU 的最小值作为统一的 MTU 值，表示 sd_ble_gattc_exchange_mtu_request() 函数执行成功，会触发 BLE_GATTC_EVT_EXCHANGE_MTU_RSP 事件。具体代码如下：

```
01. static void on_connected_evt(nrf_ble_gatt_t * p_gatt, ble_evt_t const * p_ble_evt)
02. {
03.     ret_code_t              err_code;
04.     uint16_t                conn_handle = p_ble_evt->evt.common_evt.conn_handle;
05.     nrf_ble_gatt_link_t * p_link = &p_gatt->links[conn_handle];
06.
07.     ......................
08.     ......................
09.     // 如果 att_mtu_effective 默认值大于 1，实际设置的默认值为 23
10.     if (p_link->att_mtu_desired > p_link->att_mtu_effective)
11.     {
12.         NRF_LOG_DEBUG("Requesting to update ATT MTU to %u bytes on connection 0x%x.",
13.                       p_link->att_mtu_desired, conn_handle);
14.         //调用协议栈函数，实现主机发起 MTU 更新申请
15.         err_code = sd_ble_gattc_exchange_mtu_request(conn_handle, p_link->att_mtu_desired);
16.         if (err_code == NRF_SUCCESS)
17.         {
18.             //如果发起交换成功，则 att_mtu_exchange_requested 为真。
19.             p_link->att_mtu_exchange_requested = true;
20.         }
21.     }
22.     ......................
23.     ......................
24. }
```

在回调派发函数 nrf_ble_gatt_on_ble_evt 中，触发交换 MTU 应答事件 BLE_GATTC_EVT_EXCHANGE_MTU_RSP 后，执行 on_exchange_mtu_rsp_evt(p_gatt, p_ble_evt) 函数，在主机收到从机发来的 MTU 交换应答后，判断 MTU 交换是否完成。如果发起 MTU 交换成功，完成 MTU 交换请求，则触发 NRF_BLE_GATT_EVT_

ATT_MTU_UPDATED事件。具体代码如下:

```
01. static void on_exchange_mtu_rsp_evt(nrf_ble_gatt_t * p_gatt, ble_evt_t const * p_ble_evt)
02. {
03.     uint16_t conn_handle = p_ble_evt->evt.gattc_evt.conn_handle;
04.     uint16_t server_rx_mtu = p_ble_evt->evt.gattc_evt.params.exchange_mtu_rsp.server_rx_mtu;
05.     ……………………
06.     ……………………
07.
08.     // 触发指示 ATT MTU 长度已更改的事件
09.     //仅当 ATT MTU 交换被请求时,才将事件发送到应用程序
10.     if ((p_gatt->evt_handler != NULL) && (p_link->att_mtu_exchange_requested))
11.     //如果参数 MTU 请求回应,表示 MTU 交换已经完成
12.     {
13.         nrf_ble_gatt_evt_t const evt =
14.         {
15.             .evt_id = NRF_BLE_GATT_EVT_ATT_MTU_UPDATED,//MTU 交换请求完成
16.             .conn_handle = conn_handle,
17.             .params.att_mtu_effective = p_link->att_mtu_effective,
18.         };
19.
20.         p_gatt->evt_handler(p_gatt, &evt);
21.     }
22.     p_link->att_mtu_exchange_requested = false;
23.     p_link->att_mtu_exchange_pending = false;
24. }
```

MTU更新事件的ID为NRF_BLE_GATT_EVT_ATT_MTU_UPDATED。当发生MTU更新事件,在主函数中,第一步gatt_init()初始化函数中注册的GATT处理事件回调函数内,蓝牙串口传输的最大数据长度m_ble_nus_max_data_len更新为:主从交换MTU后约定的有效的MTU值减去前导码长度OPCODE_LENGTH和句柄长度HANDLE_LENGTH,然后打印输出。这个函数功能仅为了标注数据包长度,可用于判断主机发往从机的数据是否超过最大长度。

具体代码如下所示:

```
01. #define OPCODE_LENGTH 1
02. #define HANDLE_LENGTH 2
03.
04. /* 回调函数来处理来自 GATT 的事件。 */
05. void gatt_evt_handler(nrf_ble_gatt_t * p_gatt, nrf_ble_gatt_evt_t const * p_evt)
06. {   //如果发生了 MTU 升级事件(已更新)
```

```
07.    if (p_evt->evt_id == NRF_BLE_GATT_EVT_ATT_MTU_UPDATED)
08.    {
09.        NRF_LOG_INFO("ATT MTU exchange completed.");
10.        //设置最大的传输长度值
11.        m_ble_nus_max_data_len = p_evt->params.att_mtu_effective - OPCODE_LENGTH
12.                                 - HANDLE_LENGTH;
13.        //打印主机使用的一个数据包的最大长度
14.        NRF_LOG_INFO("Ble NUS max data length set to 0x%X(%d)",
15.                     m_ble_nus_max_data_len, m_ble_nus_max_data_len);
16.    }
17. }
```

本例在"蓝牙主机发起连接"的例程基础上编写代码，修改代码后编译下载。下载完后，打开 RTT Viewer 调试助手。

准备一个从机设备，用于演示通过在广播包内包含 UUID 来实现的连接，UUID 采用蓝牙串口服务的 UUID。需要下载从机"蓝牙串口服务"例子到从机设备。

主机扫描后在 RTT LOG 助手中的报告如图 16.2 所示，如果有匹配的广播信息，则显示 MTU 交换的结果。

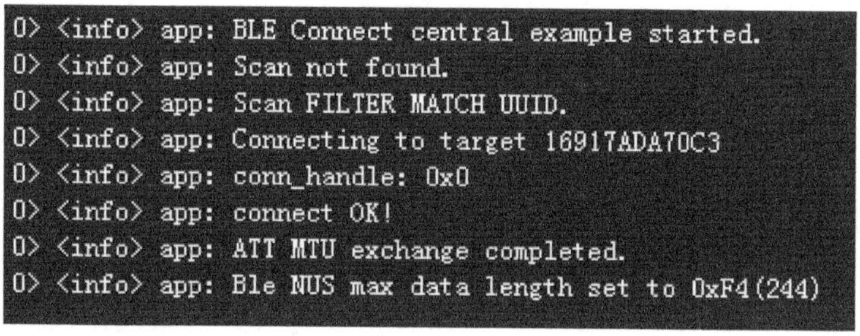

```
0> <info> app: BLE Connect central example started.
0> <info> app: Scan not found.
0> <info> app: Scan FILTER MATCH UUID.
0> <info> app: Connecting to target 16917ADA70C3
0> <info> app: conn_handle: 0x0
0> <info> app: connect OK!
0> <info> app: ATT MTU exchange completed.
0> <info> app: Ble NUS max data length set to 0xF4(244)
```

图 16.2 LOG 打印 MTU 协商完成

16.3 本章小结

主从设备建立连接后，会马上交流连接参数和通信参数。如果连接参数和通信参数不同的主从机互连，主从机会放弃连接而断开设备。打开从机"蓝牙串口服务"例子。在主函数 main.c 最开头，修改蓝牙连接参数为其他任何值，如下所示：

```
01. #define MIN_CONN_INTERVAL    MSEC_TO_UNITS(100, UNIT_1_25_MS)//最小连接间隔
02. #define MAX_CONN_INTERVAL    MSEC_TO_UNITS(200, UNIT_1_25_MS)//最大连接间隔
```

把下载修改参数例子的设备作为从机与本例的主机设备相连，主从机 MTU 交换完成后，过一段时间，会断开连接，打印出来断开原因是 0x3B。在官方库函数 ble_hci.h 中定义了错误代码原因，如图 16.3 所示，找到 0x3B 的错误码定义如下：

```
03.    /**连接时间间隔不可接受的。*/
04.    #define BLE_HCI_CONN_INTERVAL_UNACCEPTABLE        0x3B
```

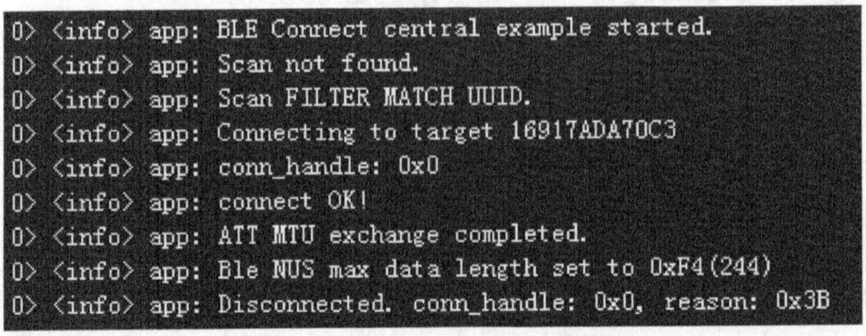

```
0> <info> app: BLE Connect central example started.
0> <info> app: Scan not found.
0> <info> app: Scan FILTER MATCH UUID.
0> <info> app: Connecting to target 16917ADA70C3
0> <info> app: conn_handle: 0x0
0> <info> app: connect OK!
0> <info> app: ATT MTU exchange completed.
0> <info> app: Ble NUS max data length set to 0xF4(244)
0> <info> app: Disconnected. conn_handle: 0x0, reason: 0x3B
```

图 16.3　LOG 打印断开原因

这表明：在主从设备 MTU 参数协商完成后，从机设备会发起连接参数更新。从机发起连接参数更新后，如果主机连接参数和从机连接参数不同，并且没有回应，会断开设备连接。下一章将讨论主机连接参数更新。

第 17 章
主机连接参数更新

17.1 连接参数更新原理

在蓝牙5.0核心规范(参考文献[3])第3卷，Part C 2059页描述了连接参数更新过程，英文表示为 Connection Parameter Update Procedure。

连接参数更新过程允许外围设备或中心设备更新已建立连接的链路层连接参数。当设备处于中心位置时，设备可以发起连接参数更新过程。当设备仅处于外围角色时，设备可以提出连接参数更新申请。当设备处于广播者或观察者角色时，设备不应支持连接参数更新过程。连接参数更新过程有两种状态：

- 如果中心和外围设备都支持连接参数请求链路层控制程序，则启动连接参数更新程序的中心或外围设备应使用蓝牙5.0核心规范B部分[第6卷]第5.1.7小节中定义的连接参数请求链路层控制程序，并提供所需的连接参数。
- 如果中心或外围设备不支持连接参数请求链路层控制程序，则启动连接参数更新过程的外围设备应使用蓝牙5.0核心规范A部分[第3卷]第4.20节中定义的L2CAP连接参数更新请求命令，并提供所需的连接参数。

外设不能在接收到的L2CAP连接参数更新响应的T间隙(conn_param_timeout)内发送L2CAP连接参数更新请求命令。当中心接受外围设备启动的连接参数更新时，应使用 TGAP(conn_param_timeout)中的所需连接参数启动蓝牙5.0核心规范[Vol 6] B部分第5.1.1小节中定义的链路层连接更新过程。如果请求的或更新的连接参数对于中心或外围设备是不可接受的，那么它可能会用错误代码0x3B断开连接(不可接受的连接参数)。设备应能容忍远程设备提供的连接参数。

nRF52xx中心设备和外围设备不支持连接参数请求链路层控制程序，因此需由从机设备(外围设备)发起连接参数更新申请，主机(中心设备)响应，决定是否采用从机的连接参数。

(1) 从机端发出请求

CONNECTION PARAMETER UPDATE REQUEST (CODE 0x12)

连接参数更新请求允许向主机请求一组新的连接参数。当主机接收到一个连接参数更新请求包时，根据其他连接参数，主机可以接受请求的参数并将请求的参数传递给控制器，也可以拒绝请求。如果主机接受请求的参数，将发送结果为0x0000的连接参数更新响应包(接受参数),否则将结果设置为 0x0001(请求被拒绝),见图 17.1。

LSB	octet 0	octet 1	octet 2	octet 3	MSB
	Code=0x12	Identifier	Length		
	Interval Min		Interval Max		
	Slave Latency		Timeout Multiplier		

图 17.1　从机请求更新包

数据字段意思:
- Interval Min(2 字节)

定义连接间隔最小值的方式如下:

connIntervalMin=Interval Min * 1.25 ms。Interval Min 范围:6~3 200 帧,其中 1 帧为 1.25 ms。范围之外的值保留供将来使用。Interval Min 最小值应小于或等于 Interval Max。

- Interval Max(2 字节)

定义连接间隔最大值的方式如下:

connIntervalMax=Interval Max * 1.25 ms。Interval Max 范围:6~3 200 帧,范围之外的值保留供将来使用。Interval Max 最大值应等于或大于 Interval Min。

- Slave Latency(2 字节)

定义从延迟参数(作为 LL 连接事件的数量)的方式如下:

connSlaveLatency=Slave Latency。从延迟字段值的范围为:0~((connSupervisionTimeout/(connIntervalMax * 2))−1)。从延迟字段应小于 500 帧。

- Timeout Multiplier(2 字节)

定义连接超时参数的方式如下:

connSupervisionTimeout=Timeout Multiplier * 10 ms

超时字段值的范围为 10~3 200。

这几个参数的详细内容见 nRF52xx 蓝牙系列书籍中册第 7 章"通用访问规范 GAP 详解"。

从机连接参数更新请求详细内容见 nRF52xx 蓝牙系列书籍中册第 8 章"蓝牙连接参数更新详解"。

(2) 主机端响应请求

CONNECTION PARAMETER UPDATE RESPONSE (CODE 0x13)

如果主控制器同意更新连接参数,主机给从机发送一个更新响应;如果主控制器拒绝更新连接参数,从机不会从主机得到任何指示。这个响应只能从 LE 主设备发送到 LE 从设备。连接参数更新响应包在主机接收到连接参数更新请求包时由主机发送。如果 LE 主机接受请求,应将连接参数更新发送给控制器,见图 17.2。

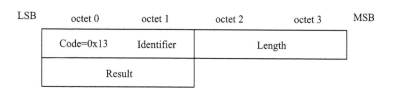

图 17.2　主机响应包

数据字段意思：

- Result(2 字节)

Result 字段表示对连接参数更新的响应请求。结果值 0x0000 表示 LE 主机接受了连接参数，0x0001 表示 LE 主机拒绝了连接参数，如表 17.1 所列。

表 17.1　Result 字段介绍

Result	描　　述
0x0000	接受连接参数
0x0001	拒绝连接参数
其他	保留

因此整个连接参数更新的发起过程如图 17.3 所示。

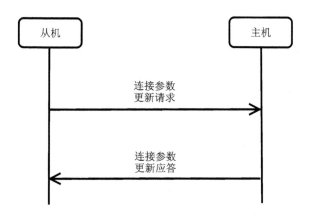

图 17.3　连接参数更新过程

17.2　主机参数更新编程

17.2.1　连接参数更新函数

对应主机端响应请求命令，在协议栈提供了一个接口函数 sd_ble_gap_conn_param_update( )，实现主机端响应请求命令的操作。这个函数具体介绍如表 17.2 所列。

表17.2　sd_ble_gap_conn_param_update 函数

函数：uint32_t, sd_ble_gap_conn_param_update(uint16_t conn_handle, ble_gap_conn_params_t const * p_conn_params)
* 功能：更新连接参数 * 细节：作为中心角色，将启动一个链路层连接参数更新过程；作为外围角色，将发送相应的 L2CAP 请求并等待中心执行该过程。在这两种情况下，无论成功还是失败，都将通过 BLE_GAP_EVT_CONN_PARAM_UPDATE 事件通知应用程序结果 * 细节：这个函数可以作为一个中心响应参数 BLE_GAP_EVT_CONN_PARAM_UPDATE_REQUEST 或启动未同意请求的过程 * 事件 BLE_GAP_EVT_CONN_PARAM_UPDATE 表示连接参数更新过程的结果 * 参数[in] conn_handle　　连接句柄 * 参数[in] p_conn_params　　指向所需连接参数的指针。如果在外围角色上提供了 NULL，则使用 GAP 服务的 PPCP 特性中的参数 * 如果在中心角色上提供 NULL 值，并且响应参数 BLE_GAP_EVT_CONN_PARAM_UPDATE_REQUEST，则外围请求将被拒绝
* 返回值：NRF_SUCCESS　　　　连接更新过程已成功启动 * 返回值：NRF_ERROR_INVALID_ADDR　　　提供的指针无效 * 返回值：NRF_ERROR_INVALID_PARAM　　提供的参数无效，请检查参数限制和约束 * 返回值：NRF_ERROR_INVALID_STATE　　正在进行的断开或连接尚未建立 * 返回值：NRF_ERROR_BUSY　　　　过程已在进行中，请等待挂起的过程完成并重试 * 返回值：BLE_ERROR_INVALID_CONN_HANDLE　　提供的连接句柄无效 * 返回值：NRF_ERROR_NO_MEM　　　没有足够的内存完成操作

17.2.2　连接参数更新应答

在蓝牙事件处理回调函数中，当从机发起连接参数更新请求后，主机产生连接参数更新应答 BLE_GAP_EVT_CONN_PARAM_UPDATE_REQUEST 事件，在该事件下添加主机处理蓝牙连接参数更新请求，以及是答应请求还是拒绝请求的程序。

编写应答连接参数更新请求的代码如下：

```
01. /**蓝牙事件处理函数
02.  * 参数[in]    p_ble_evt     蓝牙协议栈事件
03.  * 参数[in]    p_context     上下文
04.  */
05. static void ble_evt_handler(ble_evt_t const * p_ble_evt, void * p_context)
06. {
07.     ret_code_t            err_code;
08.     ble_gap_evt_t const * p_gap_evt = &p_ble_evt->evt.gap_evt;
09.
10.     switch (p_ble_evt->header.evt_id)
11.     {
12.         // 连接参数更新请求应答
```

```
13.         case BLE_GAP_EVT_CONN_PARAM_UPDATE_REQUEST:
14.             //同意连接参数更新请求
15.             err_code = sd_ble_gap_conn_param_update(p_gap_evt->conn_handle,
16.                     &p_gap_evt->params.conn_param_update_request.conn_params);
17.             //打印连接更新后的参数
18.             NRF_LOG_INFO(" min_conn_interval: %d",
19. p_gap_evt->params.conn_param_update_request.conn_params.min_conn_interval);
20.             NRF_LOG_INFO(" max_conn_interval: %d",
21. p_gap_evt->params.conn_param_update_request.conn_params.max_conn_interval);
22.             NRF_LOG_INFO(" slave_latency: %d",
23. p_gap_evt->params.conn_param_update_request.conn_params.slave_latency);
24.             NRF_LOG_INFO(" conn_sup_timeout: %d",
25. p_gap_evt->params.conn_param_update_request.conn_params.conn_sup_timeout);
26.             NRF_LOG_INFO("Agree Connection param update.");
27.             APP_ERROR_CHECK(err_code);
28.             break;
29.
30.         default:
31.             break;
32.     }
33. }
```

因此主机是否答应从机蓝牙连接参数更新请求,可以通过 sd_ble_gap_conn_param_update( )函数的第二个形式参数 p_conn_params 决定,如果在主机上配置为 NULL 值,则外围从机设备的请求将被拒绝。

编写拒绝连接参数更新请求的代码:

```
01. static void ble_evt_handler(ble_evt_t const * p_ble_evt, void * p_context)
02. {
03.     ret_code_t        err_code;
04.     ble_gap_evt_t const * p_gap_evt = &p_ble_evt->evt.gap_evt;
05.
06.     switch (p_ble_evt->header.evt_id)
07.     {
08.         // 连接参数更新请求应答
09.         case BLE_GAP_EVT_CONN_PARAM_UPDATE_REQUEST:
10.             //拒绝连接参数更新请求
11.             err_code = sd_ble_gap_conn_param_update(p_gap_evt->conn_handle,
12.                                     null);
13.             APP_ERROR_CHECK(err_code);
14.             break;
15.
16.         default:
17.             break;
18.     }
19. }
```

本例在"蓝牙 MTU 参数协商"示例的基础上进行编写，修改代码后编译下载。下载完后，打开 RTT Viewer 调试助手。

准备一个从机设备，因为本例演示的连接是通过在广播包内包含 UUID 实现的，UUID 采用蓝牙串口服务的 UUID，因此下载从机"蓝牙串口服务"例子到从机设备，同时修改默认代码中的连接参数值。

主机扫描后在 RTT LOG 助手中的报告如图 17.4 所示。如果有匹配的广播信息，则显示连接参数更新的结果，并且打印主机应答的连接参数更新参数值。

```
0> <info> app: BLE Connect central example started.
0> <info> app: Scan not found.
0> <info> app: Scan FILTER MATCH UUID.
0> <info> app: Connecting to target 16917ADA70C3
0> <info> app: conn_handle: 0x0
0> <info> app: connect OK!
0> <info> app: ATT MTU exchange completed.
0> <info> app: Ble NUS max data length set to 0xF4(244)
0> <info> app:   min_conn_interval: 80
0> <info> app:   max_conn_interval: 160
0> <info> app:   slave_latency: 0
0> <info> app:   conn_sup_timeout: 400
0> <info> app: Agree Connection param update.
```

图 17.4 LOG 打印更新连接参数

17.3 本章小结

连接更新完成后，主机就可以保持和从机的稳定连接了。但是如果蓝牙 5.0 的从机发起 PHY 参数的更新，本例的主机没有这部分回应能力，那么在这种情况下，主从设备也无法保证稳定的连接。下面进行一个简单验证。打开蓝牙 5.0 的从机"蓝牙串口服务"例子，在其 main.c 主函数的蓝牙事件回调函数中，添加如下代码：

```
01. ble_gap_phys_t const phys =
02.               {
03.                   .rx_phys = BLE_GAP_PHY_1MBPS,
04.                   .tx_phys = BLE_GAP_PHY_2MBPS,
05.               };
06.
07. static void ble_evt_handler(ble_evt_t const * p_ble_evt, void * p_context)             //蓝牙处理事件
08. {
09.     uint32_t err_code;
10.
11.     switch (p_ble_evt->header.evt_id)
12.     {
13.         case BLE_GAP_EVT_CONNECTED:
```

```
14.         NRF_LOG_INFO("Connected");
15.         err_code = bsp_indication_set(BSP_INDICATE_CONNECTED);
16.         APP_ERROR_CHECK(err_code);
17.         m_conn_handle = p_ble_evt->evt.gap_evt.conn_handle;
18.         err_code = nrf_ble_qwr_conn_handle_assign(&m_qwr, m_conn_handle);
19.         APP_ERROR_CHECK(err_code);
20.         //发起PHY参数更新
21.         err_code = sd_ble_gap_phy_update(m_conn_handle, &phys);
22.         APP_ERROR_CHECK(err_code);
23.     NRF_LOG_INFO("LL_PHY_REQ!");
24.         break;
25.
26. }
```

把修改后的从机设备和本例的主机设备互连,蓝牙5.0发起其特有的PHY参数更新请求,如果主机不是蓝牙5.0设备,或者该设备不具有PHY参数更新请求回应。那么,过一段时间后,主从设备会断开连接,主机打印出断开原因是0x22,如图17.5所示。在官方库函数ble_hci.h中定义了错误代码原因,找到0x22的错误码定义如下:

```
01. /* LMP应答超时 */
02. #define BLE_HCI_STATUS_CODE_LMP_RESPONSE_TIMEOUT        0x22
```

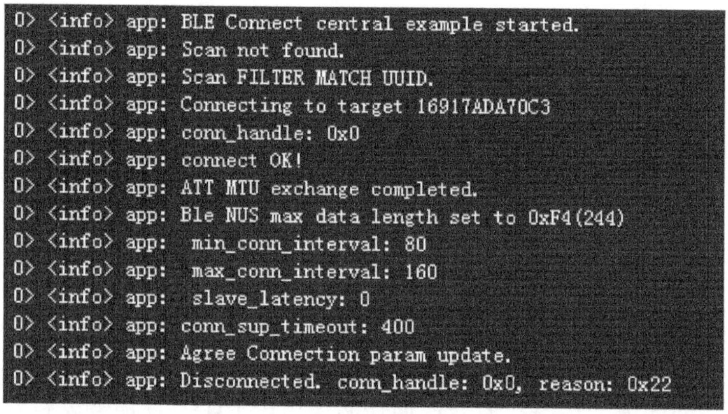

图17.5 LOG打印断开错误

LMP是The Link Manager Protocol的简称,表示连接信息协议。连接信息协议超时问题在参考文献[3]蓝牙5.0核心规范中有详细说明,见Vol 2, Part C第517页。具体是没有PHY更新应答能力。

下一章将讨论主机的PHY参数配置能力,以保证蓝牙5.0设备的正常连接。

第 18 章

主机 PHY 物理层配置

18.1 PHY 物理层的概念

BLE 无线电操作基于三个物理层,利用两个调制的方案。表 18.1 总结了每种 LE PHYs 的特性。每个传输的数据包使用一个物理层,每个物理层使用一个单一的调制方案,其中两个是未编码的。参考蓝牙 5.0 核心规范 v1 卷 Part A 第 196 页。

表 18.1 PHY 分类

PHY	调制方案	编码方案		速 度
		接入头	负 载	
LE 1M	1 Msym/s 调制	不编码	不编码	1 Mb/s
LE 2M	2 Msym/s 调制	不编码	不编码	2 Mb/s
LE Coded	1 Msym/s 调制	S=8	S=8	125 kb/s
			S=2	500 kb/s

对三种物理层简介如下:
- LE 1M:物理 PHY 调制速率为 1 Mb/s,这意味着发射机具有在一秒内传输 1 Mbit 的能力。蓝牙 4.x 系列采用的物理层 PHY 方式负载不编码。
- LE 2M:物理 PHY 调制速率为 2 Mb/s,这意味着发射机具有在一秒内传输 2 Mbit 的能力。是蓝牙 5.0 新增加的物理层 PHY,这种方式负载不编码。
- LE Code:物理 PHY 调制速率为 1 Mb/s,这意味着发射机具有在一秒内传输 1 Mbit 的能力。蓝牙 5.0 新增加的物理层 PHY,这种方式负载需要编码。负载 payload 有两种编码方案:S=8 和 S=2,其中 S 为每比特的符号数。

当 S=2 时,表示 2 个符号编码 1 bit,传输速度为 500 kb/s。

当 S=8 时,表示 8 个符号编码 1 bit,传输速度为 125 kb/s。(nRF52840 具有这种编码方式。)

LE code 方式由于采用了纠错编码的方式,提高了接收机的灵敏度,可以在较长距离范围内通信,因此在蓝牙 5.0 的长距离模式下使用。

nRF52832 具有 LE 1M 和 LE 2M 两种物理层支撑。

nRF52840 具有 LE 1M、LE 2M 和 LE Code 三种物理层支撑。

18.2 PHY 参数更新原理

18.2.1 PHY 参数更新指令

首先需理解主从设备的 PHY 参数更新的底层协议指令，在参考文献[3]蓝牙 5.0 核心规范 Vol 6，Part B 第 2597 页介绍了下面几条指令：

(1) LL_PHY_REQ 和 LL_PHY_RSP

LL_PHY_REQ 称为 PHY 参数更新请求，LL_PHY_RSP 称为 PHY 参数更新应答。LL_PHY_REQ 和 LL_PHY_RSP 的 CtrData 字段的格式 PDUs 如表 18.2 所列。

表 18.2 CtrData 字段

CtrData	
TX_PHYS（8 位）	RX_PHYS（8 位）

LL_PHY_REQ 和 LL_PHY_RSP 的 CtrData 包含两个字段：
- 设置 TX_PHYS 指示发送方希望使用的发送 PHYs。
- 设置 RX_PHYS 指示发送方希望使用的接收 PHYs。

每个字段都由指定的 8 位组成。每个字段中至少应有一位设置为 1，定义如表 18.3 所列。

表 18.3 字段含义定义

Bit 位	解释
0	发送者更喜欢使用 LE 1M PHY（可能包括其他）
1	发送者更喜欢使用 LE 2M PHY（可能包括其他）
2	发送者更喜欢使用 LE Coded PHY（可能包括其他）
3~7	保留

(2) LL_PHY_UPDATE_IND

LL_PHY_UPDATE_IND 称为 PHY 参数更新指示，表示交换后的物理层 PHY 的情况。LL_PHY_UPDATE_IND 的 CtrData 字段的格式如表 18.4 所列。

表 18.4 CtrData 字段

CtrData		
M_TO_S_PHY（8 位）	S_TO_M_PHY（8 位）	Instant（16 位）

LL_PHY_UPDATE_IND CtrData 包含三个字段：

M_TO_S_PHY：设置为指示从主节点发送到从节点的包应使用的 PHY 物理层。

S_TO_M_PHY：设置为指示从设备节点发送到主设备节点的包应使用的 PHY 物理层。

这两个字段由表 18.5 中指定的 8 位组成。如果一个 PHY 在变化，需要在对应字段中设置 1 位为 1；如果一个 PHY 保持不变，那么相应的字段对应位应设置为 0，定义如表 18.5 所列。

表 18.5　字段含义定义

Bit 位	解　释
0	LE 1M PHY 将被使用
1	LE 2M PHY 将被使用
2	LE Coded PHY 将被使用
3~7	保留

Instant：设置"瞬间值"表示 PHY Update Procedure 中的描述。

如果 M_TO_S_PHY 和 S_TO_M_PHY 字段都是零，则没有 Instant，Instant 字段保留为将来使用。

18.2.2　PHY 参数更新过程

蓝牙 PHY 参数更新过程描述如下：

(1) PHY 参数更新发起

当设备支持 PHY 更新过程时，该过程用于更改发送或接收 PHYs，或两者都更改。这个过程可以由主机请求发起，也可以由链路层自主发起。进入连接状态后，主进程或从进程都可以随时启动此过程。链路层物理层参数设置可在连接期间或连接与连接之间改变，不需被对等设备缓存。

(2) PHY 更新命令交换过程

当主机设备启动这个过程时，发送一个 LL_PHY_REQ PDU 请求，从机设备以 LL_PHY_RSP PDU 响应，主机设备用 LL_PHY_UPDATE_IND PDU 响应。

当从机设备启动这个过程时，发送一个 LL_PHY_REQ PDU 请求，主机设备以 LL_PHY_UPDATE_IND PDU 响应。

LL_PHY_REQ 和 LL_PHY_RSP 的 TX_PHYS 和 RX_PHYS 字段 PDUs 应使用指示发送链路层首选使用的物理层 PHY。如果发送方想要一个对称的连接（两个物理层是相同的），应使两个字段相同的 PHY，只指定一个物理层。LL_PHY_UPDATE_IND PDU 的 M_TO_S_PHY 和 S_TO_M_PHY 字段应指示在瞬间之后使用的物理层 PHY。

第 18 章 主机 PHY 物理层配置

（3）主从双方选择物理层 PHY 规则

① 如果由主机发起，则根据 LL_PHY_REQ 和 LL_PHY_RSP PDUs 的内容，使用以下规则确定每个方向使用的 PHY：

- 交换后 LL_PHY_UPDATE_IND PDU 的 M_TO_S_PHY 字段应由主服务器的 TX_PHYS 字段和从服务器的 RX_PHYS 字段确定；
- 交换后 LL_PHY_UPDATE_IND PDU 的 S_TO_M_PHY 字段应由主服务器的 RX_PHYS 字段和从服务器的 TX_PHYS 字段确定。

在上面的每一种情况下，适用下列规则：

- 如果在 TX_PHYS 和 RX_PHYS 字段中，至少有一个 PHY 的对应位设置为 1，则 master 主机应选择其中任何一个 PHYs 作为该方向的 PHY 物理层；
- 如果在 TX_PHYS 和 RX_PHYS 两个字段中没有相应的位设置为 1 的 PHY，则 master 主机不得改变该方向的 PHY。

② 如果从机方发起了该过程，则主机方根据从机方发送的 LL_PHY_REQ PDU 的内容，按照以下规则确定每个方向使用的 PHY：

- 交换后 LL_PHY_UPDATE_IND PDU 的 M_TO_S_PHY 字段应由从机 PDU 的 RX_PHYS 字段确定；
- 交换后 LL_PHY_UPDATE_IND PDU 的 S_TO_M_PHY 字段应由从机 PDU 的 TX_PHYS 字段确定。

上面每一种情况，适用下列规则：

- 如果至少有一个 PHY 物理层是主物理层喜欢使用的物理层，并且在从物理层的 PDU 相关字段中相应的位被设置为 1，则主机应为该方向选择其中任何一个物理层；
- 如果没有主节点喜欢使用的物理层，并且在从节点的 PDU 相关字段中相应的位未被设置为 1，则主节点不得改变该方向的物理层。

③ 下面部分不考虑是哪个设备启动了该程序。

不论上述规则如何，主设备可保持 RX 和 TX 两个方向的 PHY 不变。如果从设备在 TX_PHYS 和 RX_PHYS 字段指定一个相同的 PHY，则主机可选择向指定的 PHY 物理量，也可保持两个方向的 PHY 不变。

使任何一个 PHY 发生变化，主机设备都将通过 LL_PHY_UPDATE_IND PDU 响应。主从设备都应立即开始使用新的物理系统。如果一个主设备或从设备发送一个 LL_PHY_REQ PDU 给一个不理解该 PDU 的设备，则接收设备将发送一个 LL_UNKNOWN_RSP PDU 作为响应。

下列状态下，PHY 更新过程将完成：

- 已发送或接收 LL_UNKNOWN_RSP 或 LL_REJECT_EXT_IND PDU；
- LL_PHY_UPDATE_IND PDU，表示任何一个 PHY 都没有发送或接收；
- 主机发送一个 LL_PHY_UPDATE_IND PDU，表示主从设备中至少有一个 PHY 将要改变。在这种情况下，程序响应超时主机发送 PDU 时应该停止，接收到那个 PDU 时应该停止。

如果 PHY 更新过程已经导致一个或两个 PHYs 发生变化，或者该过程是由主机请求发起的，则控制器应在 PHY 更新过程完成时通知主机当前有效的 PHYs。否则，不通知主机这个过程已经发生。

18.3　PHY 更新的编程

18.3.1　PHY 更新协议栈接口

本节主要讨论 PHY 参数更新的编程。当主机设备启动更新过程时，发送一个 LL_PHY_REQ PDU 请求，从机设备以 LL_PHY_RSP PDU 响应，主机设备用 LL_PHY_UPDATE_IND PDU 响应。这个过程可以由主机请求发起，也可以由链路层自主发起。当从机设备启动这个过程时，发送一个 LL_PHY_REQ PDU 请求，主机设备以 LL_PHY_UPDATE_IND PDU 响应。所以 LL_PHY_UPDATE_IND 作为更新后确认的 PHY 值。

在 Nordic 底层协议栈中，提供了一个 API 函数 sd_ble_gap_phy_update，实现发起请求更新和响应更新请求。这个函数的具体介绍如表 18.6 所列。

表 18.6　sd_ble_gap_phy_update 函数

函数：uint32_t sd_ble_gap_phy_update(uint16_t conn_handle, ble_gap_phys_t const * p_gap_phys)
*功能：启动或响应一个 PHY 更新过程 细节： *此函数用于启动或响应 PHY 更新过程。如果成功执行，将始终生成一个 BLE_GAP_EVT_PHY_UPDATE 事件 *如果这个函数用来启动 PHY 更新过程，同时在 ble_gap_phys_t::tx_phys 和 ble_gap_phys_t::rx_phys 中提供的唯一选项是当前在各自的方向上活动的 PHYs，则协议栈将生成一个 BLE_GAP_EVT_PHY_UPDATE 事件，同时将不会在链接层中启动该过程 *如果 ble_gap_phys_t::tx_phys 或 ble_gap_phys_t::rx_phys 配置为 BLE_GAP_PHY_AUTO，则协议栈将根据对等体的 PHY 首选值和本地链接配置选择 PHYs。在这种情况下，PHY 更新过程将生成一个遵从参数 sd_ble_cfg_set 配置的时间约束和当前链路层数据长度的 PHY 组合 *当作为一个中心设备时，协议栈将在每个方向选择最快的公共物理层 PHY。如果该节点不支持 PHY 更新过程，则生成的 BLE_GAP_EVT_PHY_UPDATE 事件的状态将设置为 BLE_HCI_UNSUPPORTED_REMOTE_FEATURE *如果 PHY 过程因过程冲突而被对等方拒绝，状态将是 BLE_HCI_STATUS_CODE_LMP_ERROR_TRANSACTION_COLLISION 或 BLE_HCI_DIFFERENT_TRANSACTION_COLLISION。如果对等端使用无效参数响应 PHY 更新过程，则状态为 BLE_HCI_STATUS_CODE_INVALID_LMP_PARAMETERS *如果 PHY 过程由于不同的原因被对等方拒绝，状态将包含对等方指定的原因

续表 18.6

| * 参数[in] conn_handle | 连接句柄,指示请求 PHY 更新的连接 |
| * 参数[in] p_gap_phys | 指向 PHY 结构的指针 |

| * 返回值:NRF_SUCCESS　　　　成功请求更新 PHY |
| * 返回值:NRF_ERROR_INVALID_ADDR　　　提供的指针无效 |
| * 返回值:BLE_ERROR_INVALID_CONN_HANDLE　　提供的连接句柄无效 |
| * 返回值:NRF_ERROR_INVALID_PARAM　　　提供的参数无效 |
| * 返回值:NRF_ERROR_NOT_SUPPORTED　　　不支持提供调用的物理层 |
| * 返回值:NRF_ERROR_INVALID_STATE　　　没有连接被建立 |
| * 返回值:NRF_ERROR_BUSY　　程序已在进行中或此时不允许。处理挂起事件并等待挂起过程完成并重试 |

SDK 库中,对底层协议栈配置的 PHY 物理层设置定义了如下几种类型:

```
#define BLE_GAP_PHY_AUTO      0x00
/* 自动的 PHY 选择. 参考 sd_ble_gap_phy_update()函数里的介绍. */
#define BLE_GAP_PHY_1MBPS     0x01    /* 1 Mb/s PHY. */
#define BLE_GAP_PHY_2MBPS     0x02    /* 2 Mb/s PHY. */
#define BLE_GAP_PHY_CODED     0x04    /* Coded PHY. */
#define BLE_GAP_PHY_NOT_SET   0xFF    /* PHY 不进行配置 */
```

对应物理层配置 RX 和 TX 方向的 PHY 使用结构体 ble_gap_phys_t 设置首选物理层:

```
typedef struct
{
    uint8_t tx_phys;      /* 首选传输物理层,参见 BLE_GAP_PHYS. */
    uint8_t rx_phys;      /* 首选传输物理层,参见 BLE_GAP_PHYS. */
} ble_gap_phys_t;
```

18.3.2 PHY 更新配置

编写程序时,由于蓝牙 5.0 主从设备都具有 PHY 参数更新功能,如果需要主机维持稳定连接,那么需要在连接例子中进行如下步骤的配置:

(1) 配置主机首选的 RX 和 TX 物理层

主机决定的物理层配置,可以设置为协议栈中定义的几种类型,如果设置为 BLE_GAP_PHY_AUTO,那么物理层参数将由本地链接配置的从机设备的 PHYs 决定。在代码中添加如下代码段:

配置主机首选的物理层 PHY:

```
01.    ble_gap_phys_t const phys =
02.                {
03.                    .rx_phys = BLE_GAP_PHY_AUTO,
```

```
04.         .tx_phys = BLE_GAP_PHY_AUTO,
05.     };
```

(2) 主机发起 PHY 更新

如果主机需要发起 PHY 更新,则需在连接后发起。在连接事件回调函数 ble_evt_handler()中,当触发 BLE_GAP_EVT_CONNECTED 连接事件后,可以调用 API 函数 sd_ble_gap_phy_update()对 PHY 参数进行更新,更新参数采用前面定义的参数。代码如下:

主机发起更新请求:

```
01. static void ble_evt_handler(ble_evt_t const * p_ble_evt, void * p_context)
02. {
03.     ret_code_t           err_code;
04.     ble_gap_evt_t const * p_gap_evt = &p_ble_evt->evt.gap_evt;
05.
06.     switch (p_ble_evt->header.evt_id)
07.     {
08.         case BLE_GAP_EVT_CONNECTED:
09.             //连接的时候指示灯亮
10.             err_code = bsp_indication_set(BSP_INDICATE_CONNECTED);
11.             NRF_LOG_INFO("conn_handle: 0x%x", p_gap_evt->conn_handle);
12.             APP_ERROR_CHECK(err_code);
13.             //主机发起 PHY 更新请求
14.             err_code = sd_ble_gap_phy_update(p_gap_evt->conn_handle, &phys);
15.             APP_ERROR_CHECK(err_code);
16.             //打印更新请求的参数值
17.             NRF_LOG_INFO("LL_PHY_REQ!");
18.             NRF_LOG_INFO("rx_phys: %d",phys.rx_phys);
19.             NRF_LOG_INFO("tx_phys: %d",phys.tx_phys);
20.             break;
21.
22.         default:
23.             break;
24.     }
25. }
```

(3) 主机响应 PHY 更新

如果主机响应 PHY 更新,则需回应从机的 PHY 参数更新请求。在连接事件回调函数 ble_evt_handler()中,从机发起的 PHY 参数更新请求被主机收到,就会触发 BLE_GAP_EVT_PHY_UPDATE_REQUEST 事件,这时候就可以调用 API 函数 sd_ble_gap_phy_update()对 PHY 参数更新请求进行响应,更新参数采用前面定义的 PHY 参数,触发这个事件的连接句柄作为更新 PHY 的连接句柄。代码如下:

第 18 章 主机 PHY 物理层配置

主机响应更新请求：

```
01. static void ble_evt_handler(ble_evt_t const * p_ble_evt, void * p_context)
02. {
03.     ret_code_t           err_code;
04.     ble_gap_evt_t const * p_gap_evt = &p_ble_evt->evt.gap_evt;
05.
06.     switch (p_ble_evt->header.evt_id)
07.     {
08.         //发生了从机 PHY 更新请求，需要主机回应
09.         case BLE_GAP_EVT_PHY_UPDATE_REQUEST:
10.         {   //PHY 的参数更新请求回应
11.             NRF_LOG_DEBUG("PHY update request.");
12.             err_code = sd_ble_gap_phy_update(p_ble_evt->evt.gap_evt.conn_handle, &phys);
13.             APP_ERROR_CHECK(err_code);
14.             //打印主机回应的 PHY 参数值
15.             NRF_LOG_INFO("rx_phys: %d",phys.rx_phys);
16.             NRF_LOG_INFO("tx_phys: %d",phys.tx_phys);
17.         } break;
18.
19.         default:
20.             break;
21.     }
22. }
```

注意：主机设备可以同时具有主动发起 PHY 更新请求和响应从机 PHY 更新请求的能力。

准备一个从机设备，因为本例演示主机是通过扫描广播包内包含的 UUID 发起连接，发起连接的 UUID 采用蓝牙串口服务的 UUID，下载从机"蓝牙串口服务"例子至从机设备，同时如 17.2 节一样，在从机例子中添加 PHY 更新请求代码。

主机程序在蓝牙"主机连接参数更新"的例子基础上编写，同时选择 LOG 选项下打印级别为 Debug，如图 18.1 所示。修改代码后编译下载。下载完成后，打开 RTT Viewer 调试助手。

主机扫描后在 RTT LOG 助手中的报告如图 18.2 所示，如果有匹配的广播信息，则显示连接的设备、连接句柄、ATT MTU 更新、PHY 等信息，如果是主机发起 PHY 更新，则打印主机 PHY 更新请求的参数值。

如果是主机应答 PHY 更新，则如图 18.3 所示，应答后打印回应的 PHY 的值：

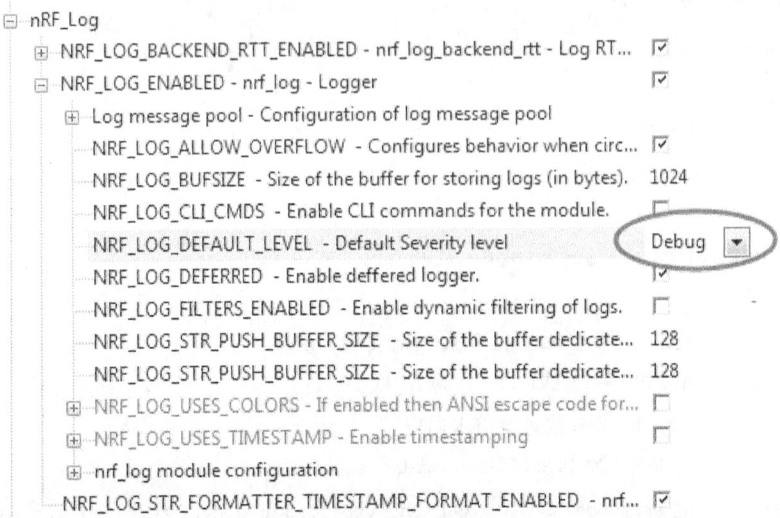

```
□ nRF_Log
    ⊕ NRF_LOG_BACKEND_RTT_ENABLED - nrf_log_backend_rtt - Log RT...  ☑
    □ NRF_LOG_ENABLED - nrf_log - Logger                              ☑
        ⊕ Log message pool - Configuration of log message pool
          NRF_LOG_ALLOW_OVERFLOW - Configures behavior when circ...  ☑
          NRF_LOG_BUFSIZE - Size of the buffer for storing logs (in bytes).  1024
          NRF_LOG_CLI_CMDS - Enable CLI commands for the module.    □
          NRF_LOG_DEFAULT_LEVEL - Default Severity level            (Debug  ▼)
          NRF_LOG_DEFERRED - Enable deffered logger.                ☑
          NRF_LOG_FILTERS_ENABLED - Enable dynamic filtering of logs.  □
          NRF_LOG_STR_PUSH_BUFFER_SIZE - Size of the buffer dedicate...  128
          NRF_LOG_STR_PUSH_BUFFER_SIZE - Size of the buffer dedicate...  128
        ⊕ NRF_LOG_USES_COLORS - If enabled then ANSI escape code for...  □
        ⊕ NRF_LOG_USES_TIMESTAMP - Enable timestamping              □
        ⊕ nrf_log module configuration
          NRF_LOG_STR_FORMATTER_TIMESTAMP_FORMAT_ENABLED - nrf...   ☑
```

图 18.1 设置打印级别

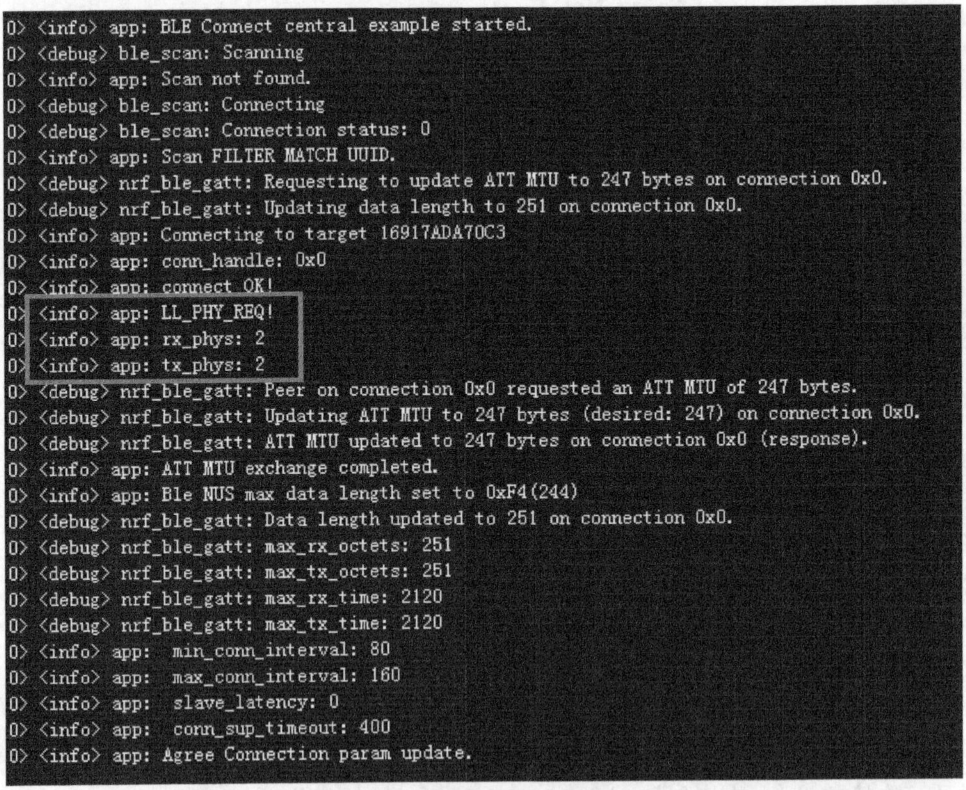

```
0> <info> app: BLE Connect central example started.
0> <debug> ble_scan: Scanning
0> <info> app: Scan not found.
0> <debug> ble_scan: Connecting
0> <debug> ble_scan: Connection status: 0
0> <info> app: Scan FILTER MATCH UUID.
0> <debug> nrf_ble_gatt: Requesting to update ATT MTU to 247 bytes on connection 0x0.
0> <debug> nrf_ble_gatt: Updating data length to 251 on connection 0x0.
0> <info> app: Connecting to target 16917ADA70C3
0> <info> app: conn_handle: 0x0
0> <info> app: connect OK!
0> <info> app: LL_PHY_REQ!
0> <info> app: rx_phys: 2
0> <info> app: tx_phys: 2
0> <debug> nrf_ble_gatt: Peer on connection 0x0 requested an ATT MTU of 247 bytes.
0> <debug> nrf_ble_gatt: Updating ATT MTU to 247 bytes (desired: 247) on connection 0x0.
0> <debug> nrf_ble_gatt: ATT MTU updated to 247 bytes on connection 0x0 (response).
0> <info> app: ATT MTU exchange completed.
0> <info> app: Ble NUS max data length set to 0xF4(244)
0> <debug> nrf_ble_gatt: Data length updated to 251 on connection 0x0.
0> <debug> nrf_ble_gatt: max_rx_octets: 251
0> <debug> nrf_ble_gatt: max_tx_octets: 251
0> <debug> nrf_ble_gatt: max_rx_time: 2120
0> <debug> nrf_ble_gatt: max_tx_time: 2120
0> <info> app: min_conn_interval: 80
0> <info> app: max_conn_interval: 160
0> <info> app: slave_latency: 0
0> <info> app: conn_sup_timeout: 400
0> <info> app: Agree Connection param update.
```

图 18.2 LOG 打印更新请求

```
0> <info> app: Connecting to target 16917ADA70C3
0> <info> app: conn_handle: 0x0
0> <info> app: connect OK!
0> <debug> nrf_ble_gatt: Peer on connection 0x0 requested an ATT MTU of 247 bytes.
0> <debug> nrf_ble_gatt: Updating ATT MTU to 247 bytes (desired: 247) on connection 0x0.
0> <debug> nrf_ble_gatt: ATT MTU updated to 247 bytes on connection 0x0 (response).
0> <info> app: ATT MTU exchange completed.
0> <info> app: Ble NUS max data length set to 0xF4(244)
0> <debug> nrf_ble_gatt: Data length updated to 251 on connection 0x0.
0> <debug> nrf_ble_gatt: max_rx_octets: 251
0> <debug> nrf_ble_gatt: max_tx_octets: 251
0> <debug> nrf_ble_gatt: max_rx_time: 2120
0> <debug> nrf_ble_gatt: max_tx_time: 2120
0> <debug> app: PHY update request.
0> <info> app: rx_phys: 2
0> <info> app: tx_phys: 2
0> <info> app: min_conn_interval: 80
0> <info> app: max_conn_interval: 160
0> <info> app: slave_latency: 0
0> <info> app: conn_sup_timeout: 400
0> <info> app: Agree Connection param update.
```

图 18.3　LOG 打印更新响应

18.4　本章小结

本章主要探讨了如何实现蓝牙 5.0 的 PHY 参数更新能力,因为 PHY 参数更新能力是蓝牙 5.0 特有的,因此如果对应,这个部分也是蓝牙 5.0 设备维持稳定连接所必需的。至此,可保证主机扫描到从机,发起连接,并且保持连接的稳定。下一章开始考虑如何实现从机服务的发现与解析。

第4篇 主机服务及组网

第 19 章 主机服务发现

前面章节,分析了主机工程的建立到主机扫描的设计;扫描到广播后过滤不需要的设备,连接需要的设备;如何保持主从设备的稳定连接。主从设备稳定连接后,主机设备解析从机设备所包含的服务。本章分析蓝牙主机如何发现与解析从机的服务,内容与从机服务紧密相连,学习之前读者先温习从机服务的组成部分。

19.1 主机对服务的发现启动

19.1.1 主服务的发现

一个从机服务的配置文件 profile 里包含了一个或者多个私有服务。如果从机设备的配置文件 profile 由多个主服务构成,那么对应的主机就有多个对应客户端配置文件,比如"ble_nus_c.c"文件就是一个客户端配置文件。主机连接后的第一步工作就是发现主服务。发现主服务后,主机进一步发现服务内的特性(特征),寻找每个特性中的特性参数(描述符),如图 19.1 所示。按照这个顺序,直到解析完所有的从机服务。解析发现的过程和客户端配置文件紧密相连。本章通过分析解析过程,进一步搭建主机客户端配置文件,实现主机连接后发现服务的功能。

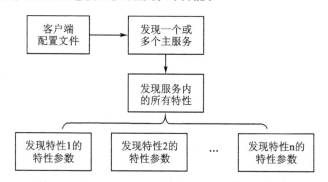

图 19.1 主机发现服务结构

Nordic 官方提供了一个协议栈底层库函数文件 ble_db_discovery.c 用于发现从机服务,编写主机工程时,必须要利用这个函数文件。这个函数文件在本书第 4 章"主机

工程的搭建"工程样例里已经添加,现只需在主函数 main.c 里调用。发现从机服务库函数文件路径如下:

ble_db_discovery.c	主机样例\components\ble\ble_db_discovery

如何发现与实现主服务的发现过程?观察协议栈初始化函数的 ble_evt_handler 蓝牙事件处理派发函数,代码如图 19.2 所示。

```
467  /**@brief Function for initializing the BLE stack.
468   *
469   * @details Initializes the SoftDevice and the BLE event interrupt.
470   */
471  static void ble_stack_init(void)
472  {
473      ret_code_t err_code;
474
475      err_code = nrf_sdh_enable_request();
476      APP_ERROR_CHECK(err_code);
477
478      // Configure the BLE stack using the default settings.
479      // Fetch the start address of the application RAM.
480      uint32_t ram_start = 0;
481      err_code = nrf_sdh_ble_default_cfg_set(APP_BLE_CONN_CFG_TAG, &ram_start);
482      APP_ERROR_CHECK(err_code);
483
484      // Enable BLE stack.
485      err_code = nrf_sdh_ble_enable(&ram_start);
486      APP_ERROR_CHECK(err_code);
487
488      // Register a handler for BLE events.
489      NRF_SDH_BLE_OBSERVER(m_ble_observer, APP_BLE_OBSERVER_PRIO, ble_evt_handler, NULL);
490  }
491
```

图 19.2 蓝牙事件回调处理

连接蓝牙后,产生 BLE_GAP_EVT_CONNECTED 事件,在该事件下添加启动 GATT 的基础数据发现函数 ble_db_discovery_start(),这个函数是 ble_db_discovery.c 库函数中提供的一个主服务发现函数。添加代码如图 19.3 所示。

```
382  static void ble_evt_handler(ble_evt_t const * p_ble_evt, void * p_context)
383  {
384      ret_code_t            err_code;
385      ble_gap_evt_t const * p_gap_evt = &p_ble_evt->evt.gap_evt;
386
387      switch (p_ble_evt->header.evt_id)
388      {
389          case BLE_GAP_EVT_ADV_REPORT:
390              on_adv_report(&p_gap_evt->params.adv_report);
391              break; // BLE_GAP_EVT_ADV_REPORT
392
393          case BLE_GAP_EVT_CONNECTED:
394              NRF_LOG_INFO("Connected to target");
395              err_code = ble_nus_c_handles_assign(&m_ble_nus_c, p_ble_evt->evt.gap_evt.conn_handle, NULL);//分配处理句柄
396              APP_ERROR_CHECK(err_code);
397
398              err_code = bsp_indication_set(BSP_INDICATE_CONNECTED);//指示灯亮
399              APP_ERROR_CHECK(err_code);
400
401              // 开始发现服务, NUS客户端等待发现结果
402              err_code = ble_db_discovery_start(&m_db_disc, p_ble_evt->evt.gap_evt.conn_handle);   连接成功就开始发现服务
403              APP_ERROR_CHECK(err_code);
404              break;
```

图 19.3 开发发现服务

第一个参数是 BLE_DB_DISCOVERY_DEF 发现观察函数注册的本次发现 m_db_disc,第二个参数是本次的连接句柄。

一旦在函数中通过 ble_db_discovery_start 启动了 GATT 基础数据的发现,协议栈会触发发现主服务等事件,并执行一些对应操作。最后一句 discovery_start 函数会

启动主服务发现,代码如图 19.4 所示。

```
910  uint32_t ble_db_discovery_start(ble_db_discovery_t * const p_db_discovery, uint16_t conn_handle)
911  {
912      VERIFY_PARAM_NOT_NULL(p_db_discovery);
913      VERIFY_MODULE_INITIALIZED();
914
915      if (m_num_of_handlers_reg == 0)
916      {
917          // No user modules were registered. There are no services to discover.
918          return NRF_ERROR_INVALID_STATE;
919      }
920
921      if (p_db_discovery->discovery_in_progress)
922      {
923          return NRF_ERROR_BUSY;
924      }
925
926      return discovery_start(p_db_discovery, conn_handle);
927  }
```

图 19.4 开始主服务发现

discovery_start 函数内部,发起库函数可开始启动主服务发现,如图 19.5 所示。

```
870  static uint32_t discovery_start(ble_db_discovery_t * const p_db_discovery, uint16_t conn_handle)
871  {
872      uint32_t err_code;
873      ble_gatt_db_srv_t * p_srv_being_discovered;
874
875      memset(p_db_discovery, 0x00, sizeof(ble_db_discovery_t));
876
877      p_db_discovery->conn_handle = conn_handle;
878
879      m_pending_usr_evt_index    = 0;
880
881      p_db_discovery->discoveries_count = 0;
882      p_db_discovery->curr_srv_ind      = 0;
883      p_db_discovery->curr_char_ind     = 0;
884
885      p_srv_being_discovered = &(p_db_discovery->services[p_db_discovery->curr_srv_ind]);
886      p_srv_being_discovered->srv_uuid = m_registered_handlers[p_db_discovery->curr_srv_ind];
887
888      NRF_LOG_DEBUG("Starting discovery of service with UUID 0x%x on connection handle 0x%x.",
889                    p_srv_being_discovered->srv_uuid.uuid, conn_handle);
890
891      err_code = sd_ble_gattc_primary_services_discover(conn_handle,
892                                                        SRV_DISC_START_HANDLE,
893                                                        &(p_srv_being_discovered->srv_uuid));
894      if (err_code != NRF_ERROR_BUSY)
895      {
896          VERIFY_SUCCESS(err_code);
897          p_db_discovery->discovery_in_progress = true;
898          p_db_discovery->discovery_pending     = false;
899      }
900      else
901      {
902          p_db_discovery->discovery_in_progress = true;
903          p_db_discovery->discovery_pending     = true;
904      }
905
906      return NRF_SUCCESS;
907  }
```

图 19.5 主服务发现

启动主服务发现,对应的发现处理过程就交给派发函数中的 ble_db_discovery_on_ble_evt 数据发现事件。在工程的 main.c 文件最开头添加数据发现派发函数,派发函数由 BLE_DB_DISCOVERY_DEF 声明,如图 19.6 所示。

ble_db_discovery_on_ble_evt 函数代码如图 19.7 所示。

数据发现事件首先需发现主服务,即触发 BLE_GAP_EVT_CONNECTED 连接事件,启动 ble_db_discovery_start,产生一个 BLE_GATTC_EVT_PRIM_SRVC_DISC_RSP 事件,即主服务发现事件。事件通过 on_primary_srv_discovery_rsp 找主服务的信息参数:UUID 和特征值,如图 19.8 所示代码。

```
85
86   BLE_NUS_C_DEF(m_ble_nus_c);                          /**< BLE NUS service client instance. */
87   NRF_BLE_GATT_DEF(m_gatt);                            /**< GATT module instance. */
88   BLE_DB_DISCOVERY_DEF(m_db_disc);    发现派发函数      /**< DB discovery module instance. */
89
```

```
87   */
88   #define BLE_DB_DISCOVERY_DEF(_name)
89   static ble_db_discovery_t _name = {.discovery_in_progress = 0,
90                                      .discovery_pending = 0,
91                                      .conn_handle = BLE_CONN_HANDLE_INVALID}; \
92   NRF_SDH_BLE_OBSERVER(_name ## _obs,
93                        BLE_DB_DISC_BLE_OBSERVER_PRIO,
94                        ble_db_discovery_on_ble_evt, &_name)
```

图 19.6 发现处理观察函数

```
910
911  void ble_db_discovery_on_ble_evt(ble_db_discovery_t * const p_db_discovery,
912                                   const ble_evt_t * const   p_ble_evt)
913  {
914      VERIFY_PARAM_NOT_NULL_VOID(p_db_discovery);
915      VERIFY_PARAM_NOT_NULL_VOID(p_ble_evt);
916      VERIFY_MODULE_INITIALIZED_VOID();
917
918      switch (p_ble_evt->header.evt_id)
919      {
920          case BLE_GATTC_EVT_PRIM_SRVC_DISC_RSP://主服务发现报告
921              on_primary_srv_discovery_rsp(p_db_discovery, &(p_ble_evt->evt.gattc_evt));
922              break;
923
924          case BLE_GATTC_EVT_CHAR_DISC_RSP://找到主服务特征值后触发特征值报告
925              on_characteristic_discovery_rsp(p_db_discovery, &(p_ble_evt->evt.gattc_evt));
926              break;
927
928          case BLE_GATTC_EVT_DESC_DISC_RSP://触发描述符查找
929              on_descriptor_discovery_rsp(p_db_discovery, &(p_ble_evt->evt.gattc_evt));
930              break;
931
932          case BLE_GAP_EVT_DISCONNECTED:
933              on_disconnected(p_db_discovery, &(p_ble_evt->evt.gap_evt));
934              break;
935
936          default:
937              break;
938      }
939  }
940
```

图 19.7 发现处理事件派发

```
521  */
522  static void on_primary_srv_discovery_rsp(ble_db_discovery_t * const p_db_discovery,
523                                           const ble_gattc_evt_t * const p_ble_gattc_evt)
524  {
525      ble_gatt_db_srv_t                * p_srv_being_discovered;
526      p_srv_being_discovered = &(p_db_discovery->services[p_db_discovery->curr_srv_ind]);
527
528      if (p_ble_gattc_evt->conn_handle != p_db_discovery->conn_handle)
529      {
530          return;
531      }
532      if (p_ble_gattc_evt->gatt_status == BLE_GATT_STATUS_SUCCESS)
533      {
534          uint32_t err_code;
535          const ble_gattc_evt_prim_srvc_disc_rsp_t * p_prim_srvc_disc_rsp_evt;
536
537          DB_LOG("Found service UUID 0x%x\r\n", p_srv_being_discovered->srv_uuid.uuid);
538
539          p_prim_srvc_disc_rsp_evt = &(p_ble_gattc_evt->params.prim_srvc_disc_rsp);
540
541          p_srv_being_discovered->srv_uuid    = p_prim_srvc_disc_rsp_evt->services[0].uuid;//uuid报告
542          p_srv_being_discovered->handle_range = p_prim_srvc_disc_rsp_evt->services[0].handle_range;
543
544          err_code = characteristics_discover(p_db_discovery,
545                                              p_ble_gattc_evt->conn_handle);//特征值发现
546
547          if (err_code != NRF_SUCCESS)
548          {
549              p_db_discovery->discovery_in_progress = false;
550
551              // Error with discovering the service.
552              // Indicate the error to the registered user application.
553              discovery_error_evt_trigger(p_db_discovery,
554                                          err_code,
555                                          p_ble_gattc_evt->conn_handle);
556
557              m_pending_user_evts[0].evt.evt_type    = BLE_DB_DISCOVERY_AVAILABLE;
558              m_pending_user_evts[0].evt.conn_handle = p_ble_gattc_evt->conn_handle;
559              //m_evt_handler(&m_pending_user_evts[0].evt);
560          }
561      }
```

图 19.8 特性发现

19.1.2 服务特性(特征)的发现

如果发现主服务特征值参数完成,则触发 BLE_GATTC_EVT_CHAR_DISC_RSP 事件,并使用 on_characteristic_Discovery_rsp 函数,发现从机设备的特征参数,函数说明如下:

(1) 特征值数量不只一个,一个服务可定义多个特征值,宏定义 BLE_GATT_DB_MAX_CHARS 定义特征值最大个数。在发现服务处理里,必须要找到全部特征值才会触发后续事件。当找到的特征值数量等于设置值 BLE_GATT_DB_MAX_CHARS 时,perform_desc_discov=true 表示找到了全部特征值,如图 19.9 所示。

```
58
59  #ifndef BLE_GATT_DB_MAX_CHARS
60  #define BLE_GATT_DB_MAX_CHARS 6    /**< The maximum number of characteristics present in a service record. */
61  #endif // BLE_GATT_DB_MAX_CHARS
62
```

图 19.9 特性(特征值)数量

(2) 在找到全部特征值后,启动查找描述符:

err_code=descriptors_discover(p_db_discovery,&raise_discov_complete);描述符和特征值一样,也有多个。如果一次查找到全部,则标志位 raise_discov_complete 为 1,并结束整个查找过程。如果没查找完,则触发 BLE_GATTC_EVT_DESC_DISC_RSP 事件,进入描述符查找函数。

图 19.10 所示为查找特征值代码。

```
563   * @param[in] p_ble_gattc_evt    Pointer to the GATT Client event.
564   */
565  static void on_characteristic_discovery_rsp(ble_db_discovery_t * const  p_db_discovery,
566                                              const ble_gattc_evt_t * const  p_ble_gattc_evt)
567  {
568      uint32_t              err_code;
569      ble_gatt_db_srv_t   * p_srv_being_discovered;
570      bool                  perform_desc_discov = false;
571
572      p_srv_being_discovered = &(p_db_discovery->services[p_db_discovery->curr_srv_ind]);
573
574      if (p_ble_gattc_evt->gatt_status == BLE_GATT_STATUS_SUCCESS)
575      {
576          const ble_gattc_evt_char_disc_rsp_t * p_char_disc_rsp_evt;
577
578          p_char_disc_rsp_evt = &(p_ble_gattc_evt->params.char_disc_rsp);
579
580          // Find out the number of characteristics that were previously discovered (in earlier
581          // characteristic discovery responses, if any).
582          uint8_t num_chars_prev_disc = p_srv_being_discovered->char_count;
583
584          // Find out the number of characteristics that are currently discovered (in the
585          // characteristic discovery response being handled).
586          uint8_t num_chars_curr_disc = p_char_disc_rsp_evt->count;
587
588          // Check if the total number of discovered characteristics are supported by this module.
589          if ((num_chars_prev_disc + num_chars_curr_disc) <= BLE_GATT_DB_MAX_CHARS)
590          {
594              else
595              {
601                  uint32_t i;
602                  uint32_t j;
603
604                  for (i = num_chars_prev_disc, j = 0; i < p_srv_being_discovered->char_count; i++, j++)
605                  {
612                      ble_gattc_char_t * p_last_known_char;
613
614                      p_last_known_char = &(p_srv_being_discovered->charateristics[i - 1].characteristic);
615
616                      // If no more characteristic discovery is required, or if the maximum number of supported
617                      // characteristic per service has been reached, descriptor discovery will be performed.
618                      if (
619                          !is_char_discovery_reqd(p_db_discovery, p_last_known_char) ||
620                          (p_srv_being_discovered->char_count == BLE_GATT_DB_MAX_CHARS)) //特征值的个数
621                      {
622                          
623                          perform_desc_discov = true;//表示找到了全部特征值
624                      }
625                      else
642  
```

图 19.10 发现特性(特征值)

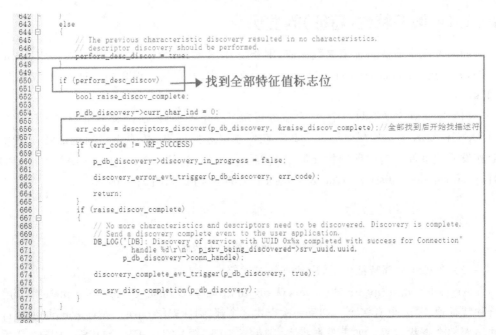

图 19.10 发现特性（特征值）（续）

发现事件派发函数中触发 BLE_GATTC_EVT_DESC_DISC_RSP 事件，使用 on_descriptor_discovery_rsp()函数，发现特征值的属性（也就是描述符）。如图 19.11 所示代码。

图 19.11 开始发现描述符

19.1.3 服务描述符的发现

进入到描述符发现函数 on_descriptor_discovery_rsp()中，描述符发现完成后，raise_discov_complete 被置位，在函数中调用发现完成事件触发函数 discovery_complete_evt_trigger，如图 19.12 所示。

发现完成事件触发函数 discovery_complete_evt_trigger()中，is_srv_found 被置为 ture，则触发 BLE_DB_DISCOVERY_COMPLETE 事件，代码如图 19.13 所示。

第 19 章　主机服务发现

```
729  static void on_descriptor_discovery_rsp(ble_db_discovery_t * const    p_db_discovery,
730                                          const ble_gattc_evt_t * const p_ble_gattc_evt)
731  {
732      const ble_gattc_evt_desc_disc_rsp_t * p_desc_disc_rsp_evt;
733      ble_gatt_db_srv_t                   * p_srv_being_discovered;
734
735      if (p_ble_gattc_evt->conn_handle != p_db_discovery->conn_handle)
736      {
740      p_srv_being_discovered = &(p_db_discovery->services[p_db_discovery->curr_srv_ind]);
741
742      p_desc_disc_rsp_evt = &(p_ble_gattc_evt->params.desc_disc_rsp);
743
744      ble_gatt_db_char_t * p_char_being_discovered =
745              &(p_srv_being_discovered->charateristics[p_db_discovery->curr_char_ind]);
746
747      if (p_ble_gattc_evt->gatt_status == BLE_GATT_STATUS_SUCCESS)
748      {
788          bool raise_discov_complete = false;
789
790          if ((p_db_discovery->curr_char_ind + 1) == p_srv_being_discovered->char_count)
791          {
792              // No more characteristics and descriptors need to be discovered. Discovery is complete.
793              // Send a discovery complete event to the user application.
794
795              raise_discov_complete = true;          没有新的特征值和描述符需要发现，则发现完成
796          }
797          else
798          {
823          if (raise_discov_complete)
824          {
825              NRF_LOG_DEBUG("Discovery of service with UUID 0x%x completed with success"
826                             " on connection handle 0x%x.",
827                             p_srv_being_discovered->srv_uuid.uuid,
828                             p_ble_gattc_evt->conn_handle);
829                                                                                     启动发现完成触发函数
830              discovery_complete_evt_trigger(p_db_discovery, true, p_ble_gattc_evt->conn_handle);
831              on_srv_disc_completion(p_db_discovery, p_ble_gattc_evt->conn_handle);
832          }
```

图 19.12　发现描述符

```
190   */
191  static void discovery_complete_evt_trigger(ble_db_discovery_t * p_db_discovery,
192                                              bool                 is_srv_found,
193                                              uint16_t             conn_handle)
194  {
195      ble_db_discovery_evt_handler_t   p_evt_handler;
196      ble_gatt_db_srv_t              * p_srv_being_discovered;
197
198      p_srv_being_discovered = &(p_db_discovery->services[p_db_discovery->curr_srv_ind]);
199
200      p_evt_handler = registered_handler_get(&(p_srv_being_discovered->srv_uuid));
201
202      if (p_evt_handler != NULL)
203      {
204          if (m_pending_usr_evt_index < DB_DISCOVERY_MAX_USERS)
205          {
206              // Insert an event into the pending event list.
207              m_pending_user_evts[m_pending_usr_evt_index].evt.conn_handle = conn_handle;
208              m_pending_user_evts[m_pending_usr_evt_index].evt.params.discovered_db =
209                  *p_srv_being_discovered;
210
211              if (is_srv_found)
212              {
213                  m_pending_user_evts[m_pending_usr_evt_index].evt.evt_type =
214                      BLE_DB_DISCOVERY_COMPLETE;
215              }
216              else
217              {
218                  m_pending_user_evts[m_pending_usr_evt_index].evt.evt_type =
219                      BLE_DB_DISCOVERY_SRV_NOT_FOUND;
220              }
221
222              m_pending_user_evts[m_pending_usr_evt_index].evt_handler = p_evt_handler;
223              m_pending_usr_evt_index++;
224
225              if (m_pending_usr_evt_index == m_num_of_handlers_reg)
226              {
227                  // All registered modules have pending events. Send all pending events to the user
228                  // modules.
229                  pending_user_evts_send();
230              }
231          }
232          else
233          {
234              // Too many events pending. Do nothing. (Ideally this should not happen.)
235          }
236      }
237  }
```

图 19.13　服务发现完成

至此，实现了连接后的基础数据发现，并且触发了蓝牙串口发现完成事件。数据发现的整个过程如下：

连接发现服务后产生 case BLE_GATTC_EVT_PRIM_SRVC_DISC_RSP（主服务发现事件）
-->on_primary_srv_discovery_rsp(p_db_discovery, &(p_ble_evt->evt.gattc_evt));
-->err_code = characteristics_discover(p_db_discovery);发现主服务的特征值后触发
-->case BLE_GATTC_EVT_CHAR_DISC_RSP:（特征值发现事件）
-->on_characteristic_discovery_rsp(p_db_discovery, &(p_ble_evt->evt.gattc_evt));发现特征值
-->判断是否特征值已经全部发现或者特征值超过了预定义的个数
-->err_code = characteristics_discover(p_db_discovery);（开始扫描描述符）触发
-->case BLE_GATTC_EVT_DESC_DISC_RSP:（描述符发现事件）-->on_descriptor_discovery_rsp(p_db_discovery, &(p_ble_evt->evt.gattc_evt));（继续发现描述符，并且判断特征值已经全部发现或者特征值超过了预定义的个数）
-->判断是否发现完毕，触发 BLE_DB_DISCOVERY_COMPLETE 事件
-->触发串口服务发现完成事件标志 BLE_NUS_C_EVT_DISCOVERY_COMPLETE

ble_db_discovery_on_ble_evt 数据发现事件派发函数负责实现这些操作。

整个主机和从机设备的连接过程可以归纳为：

① 启动主机扫描，如果发现了从机广播，则产生 BLE_GAP_EVT_ADV_REPORT 事件，开始解析 UUID，如果需要对应的 UUID，则连接对应 MAC 地址的硬件。

② 连接后触发产生 BLE_GAP_EVT_CONNECTED 事件，启动 GATT 的基础数据发现 ble_db_discovery_start。

③ 发现过程全程交给 ble_db_discovery_on_ble_evt 派发函数实现。

归纳如图 19.14 所示。

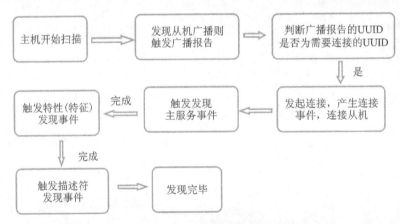

图 19.14 主机发现服务过程

在每一个发现的位置加入 LOG 打印提示，验证图 19.14 所示整个发现服务的过程，如图 19.15 所示。

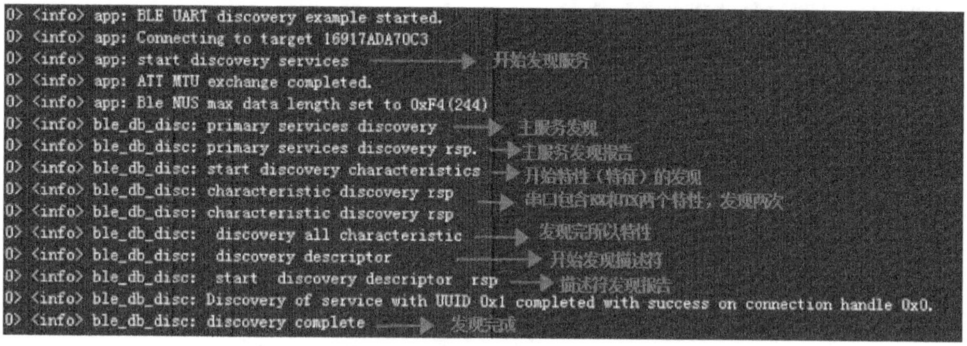

```
0> <info> app: BLE UART discovery example started.
0> <info> app: Connecting to target 16917ADA70C3
0> <info> app: start discovery services          → 开始发现服务
0> <info> app: ATT MTU exchange completed.
0> <info> app: Ble NUS max data length set to 0xF4(244)
0> <info> ble_db_disc: primary services discovery       → 主服务发现
0> <info> ble_db_disc: primary services discovery rsp   → 主服务发现报告
0> <info> ble_db_disc: start discovery characteristics  → 开始特性（特征）的发现
0> <info> ble_db_disc: characteristic discovery rsp     → 串口包含RX和TX两个特性，发现两次
0> <info> ble_db_disc: characteristic discovery rsp
0> <info> ble_db_disc:  discovery all characteristic    → 发现完所以特性
0> <info> ble_db_disc:  discovery descriptor            → 开始发现描述符
0> <info> ble_db_disc: start  discovery descriptor rsp  → 描述符发现报告
0> <info> ble_db_disc: Discovery of service with UUID 0x1 completed with success on connection handle 0x0.
0> <info> ble_db_disc: discovery complete      → 发现完成
```

图 19.15　打印服务发现过程

19.2　主机客户端配置文件的搭建

19.2.1　客户端初始化配置

主机发现过程完成后，需要确定发现的服务是否是要进行数据交换所需的服务。因此对于服务的基础 UUID、主服务 UUID，需要在主函数的客户端声明中定义。本小节将探讨客户端的初始化配置。

在 main.c 文件中，需在文件开头添加主机服务观察者函数。本例中添加串口主机客户端的观察者函数，注册回调函数 ble_nus_c_on_ble_evt，放到主机客户端文件 ble_nus_c.h 中，用于蓝牙空中数据处理。具体代码如下：

主机服务观察者：

```
01. BLE_NUS_C_DEF(m_ble_nus_c);
02.
03. #define BLE_NUS_C_DEF(_name)
04. static ble_nus_c_t _name;
05. NRF_SDH_BLE_OBSERVER(_name ## _obs,
06.                      BLE_NUS_C_BLE_OBSERVER_PRIO,
07.                      ble_nus_c_on_ble_evt, &_name)
```

在 main.c 文件中，编写私有服务客户端初始化函数，用于对应蓝牙串口从机服务。本例的主机客户端可以命名为 nus_c_init()，主要工作是初始化客户端，并声明一个蓝牙串口主机事件回调函数 ble_nus_c_evt_handler。具体代码如下：

主机客户端声明：

```
08. static void nus_c_init(void)
09. {
10.     ret_code_t      err_code;
11.     ble_nus_c_init_t init;
```

```
12.     //蓝牙串口主机事件回调
13.     init.evt_handler = ble_nus_c_evt_handler;
14.     //串口主机客户端初始化
15.     err_code = ble_nus_c_init(&m_ble_nus_c, &init);
16.     APP_ERROR_CHECK(err_code);
17. }
```

上面编写的私有服务客户端初始化函数、注册的主机串口事件回调函数,主要用于处理蓝牙串口数据传输事件。这个函数具体内容在讨论主从数据交换时编写。这个函数放在 main.c 文件中,代码如下:

主机客户端事件处理:

```
01. static void ble_nus_c_evt_handler(ble_nus_c_t * p_ble_nus_c, ble_nus_c_evt_t const *
02.                                   p_ble_nus_evt)
03. {
04. //暂时空出来
05. }
```

串口主机客户端初始化函数在 ble_nus_c.c 文件中编写,需声明主机客户端的相关参数。服务发现了一系列的主服务,服务特性、特性描述服务后,需要确定这些服务是否为需要的服务,以便后面进行数据交换。因此要正确进行主从设备的服务数据的交换,对于私有服务,主机必须在初始化客户端时声明基础 UUID,并清空一系列句柄,注册 UUID 类型、主服务 UUID 的发现模块,用于对比发现的主服务 UUID。

主机客户端初始化:

```
01. //主机需要连接的服务构造
02. uint32_t ble_nus_c_init(ble_nus_c_t * p_ble_nus_c, ble_nus_c_init_t * p_ble_nus_c_init)
03. {
04.     uint32_t        err_code;
05.     ble_uuid_t      uart_uuid;
06.     ble_uuid128_t nus_base_uuid = NUS_BASE_UUID;//基础 UUID
07.
08.     VERIFY_PARAM_NOT_NULL(p_ble_nus_c);
09.     VERIFY_PARAM_NOT_NULL(p_ble_nus_c_init);
10.     //添加基础 UUID
11.     err_code = sd_ble_uuid_vs_add(&nus_base_uuid, &p_ble_nus_c->uuid_type);
12.     VERIFY_SUCCESS(err_code);
13.     uart_uuid.type = p_ble_nus_c->uuid_type;//服务的 UUID 类型
14.     uart_uuid.uuid = BLE_UUID_NUS_SERVICE;//主服务 UUID
15.
16.     p_ble_nus_c->conn_handle = BLE_CONN_HANDLE_INVALID;//清空连接句柄
17.     p_ble_nus_c->evt_handler = p_ble_nus_c_init->evt_handler;//分配事件
18.     p_ble_nus_c->handles.nus_tx_handle = BLE_GATT_HANDLE_INVALID;//清空 TX 句柄
```

```
19.    p_ble_nus_c->handles.nus_rx_handle = BLE_GATT_HANDLE_INVALID;//清空 RX 句柄
20.
21.    return ble_db_discovery_evt_register(&uart_uuid);//用于注册 DB 发现模块的函数
22. }
```

19.2.2 数据发现初始化及回调

需要编写数据发现初始化函数 db_discovery_init(),其中设置了数据发现中断函数 db_disc_handler(),调用数据中断处理函数 ble_nus_c_on_db_disc_evt()。初始化数据发现函数后,可调用 19.1.1 小节讲的数据发现函数 ble_db_discovery_start()。数据发现初始化代码如下:

数据发现初始化:

```
01. static void db_discovery_init(void)
02. {    //数据发现初始化
03.    ret_code_t err_code = ble_db_discovery_init(db_disc_handler);
04.    APP_ERROR_CHECK(err_code);
05. }
```

注册的数据发现事件处理函数:

```
06. static void db_disc_handler(ble_db_discovery_evt_t * p_evt)
07. {
08.    ble_nus_c_on_db_disc_evt(&m_ble_nus_c, p_evt);
09. }
```

数据发现中断处理函数 ble_nus_c_on_db_disc_evt 的主要功能是:当数据发现标志 BLE_DB_DISCOVERY_COMPLETE 完成后,触发 BLE_NUS_C_EVT_DISCOVERY_COMPLETE 串口处理事件,决定主机如何和发现的从机特性相对接,解析发现的从机服务相关信息,包括解析服务 UUID 和特性 UUID、特性的空中属性。具体代码如下:

```
01. void ble_nus_c_on_db_disc_evt(ble_nus_c_t * p_ble_nus_c,
02.                               ble_db_discovery_evt_t * p_evt)
03. {
04.    ble_nus_c_evt_t nus_c_evt;
05.    memset(&nus_c_evt,0,sizeof(ble_nus_c_evt_t));
06.    uint16_t u,r,w,n;
07.    //发现的特性
08.    ble_gatt_db_char_t * p_chars = p_evt->params.discovered_db.charateristics;
09.    // 所有的发现过程已经完成 && 发现的主服务 UUID 一致 && 发现的服务 UUID 类型一致
10.    if((p_evt->evt_type == BLE_DB_DISCOVERY_COMPLETE)&&
11.    (p_evt->params.discovered_db.srv_uuid.uuid == BLE_UUID_NUS_SERVICE)&&
12.    (p_evt->params.discovered_db.srv_uuid.type == p_ble_nus_c->uuid_type))
```

```
13.     {   //打印主服务的UUID
14.         NRF_LOG_INFO("srv.uuid: 0x%2x",p_evt->params.discovered_db.srv_uuid.uuid);
15.         //发现的特征数量,串口服务两个特性
16.         for (uint32_t i = 0; i < p_evt->params.discovered_db.char_count; i++)
17.         {   //开始对服务的特性进行解析
18.             u = p_chars[i].characteristic.uuid.uuid;
19.             r = p_chars[i].characteristic.char_props.read;
20.             w = p_chars[i].characteristic.char_props.write;
21.             n = p_chars[i].characteristic.char_props.notify;
22.             //打印解析的服务特性信息
23.             NRF_LOG_INFO("scharacteristic.uuid,read,write,notify: 0x%2x,%d,%d,%d",u,r,w,n);
24.             switch (p_chars[i].characteristic.uuid.uuid)//特性下的GATT属性的UUID
25.             {
26.                 case BLE_UUID_NUS_RX_CHARACTERISTIC://如果是RX的UUID
27.                     //分配串口事件rx的操作句柄
28.                     nus_c_evt.handles.nus_rx_handle = p_chars[i].characteristic.handle_value;
29.                     break;

31.                 case BLE_UUID_NUS_TX_CHARACTERISTIC://如果是TX的UUID
32.                     //分配串口事件tx的操作句柄
33.                     nus_c_evt.handles.nus_tx_handle = p_chars[i].characteristic.handle_value;
34.                     //分配cccd的操作句柄
35.                     nus_c_evt.handles.nus_tx_cccd_handle = p_chars[i].cccd_handle;
36.                     break;
37.                 default:
38.                     break;
39.             }
40.         }
41.         if (p_ble_nus_c->evt_handler != NULL)//如果串口服务事件句柄不为空
42.         {
43.             nus_c_evt.conn_handle = p_evt->conn_handle;//分配连接句柄
44.             //触发发现服务完成事件
45.             nus_c_evt.evt_type = BLE_NUS_C_EVT_DISCOVERY_COMPLETE;
46.             //主机端结构体、包含从对等节点接收到的NUS事件数据的结构。
47.             p_ble_nus_c->evt_handler(p_ble_nus_c, &nus_c_evt);
48.         }
49.     }
50. }
```

在主函数中,需调用客户端初始化函数 nus_c_init()和数据发现初始化 db_discovery_init()函数,代码如下:

主函数中添加函数:

```
01. int main(void)
02. {
03.     // Initialize.
04.     .....................
05.     .....................
06.     buttons_leds_init();
07.     db_discovery_init();//数据发现初始化
08.     power_management_init();
09.     nus_c_init();//服务客户端初始化
10.     .....................
11.     .....................
12.     // Enter main loop.
13.     for (;;)
14.     {
15.         idle_state_handle();
16.     }
17. }
```

准备一个从机设备,本例演示发现从机串口服务,下载从机"蓝牙串口服务"例子至从机设备。

本例在本书第18章"主机 PHY 物理层配置"的例子基础上进行编写,同时选择 LOG 选项下打印级别为 Debug,修改代码后编译,下载。下载完成后,打开 RTT Viewer 调试助手。发现并且解析从机服务信息,并且通过 LOG 进行打印,如图19.16所示。

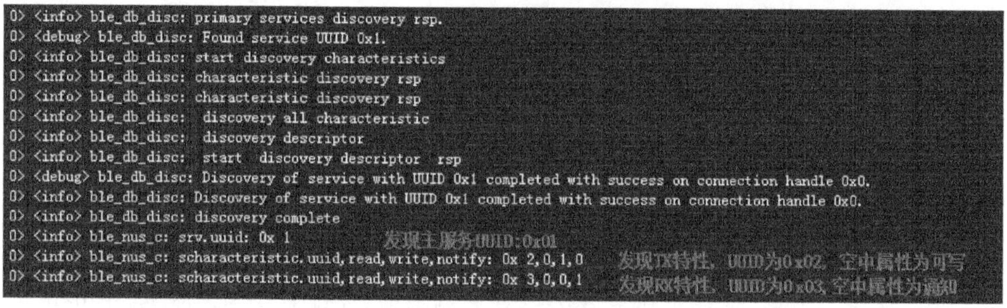

图 19.16 打印解析后发从机服务

19.3 本章小结

本章主要内容是建立主机服务客户端,编写如何启动服务发现程序,以发现从机的服务。这两个部分缺一不可。只有在主从设备连接后,主机开始发现从机服务的具体特性,才能够开始通过服务特性中的空中属性实现数据的传输。本质上蓝牙就是为了实现通信过程,因此本章是下一章数据交换的基础。

第 20 章

主机蓝牙串口数据交换

20.1 蓝牙串口数据交换原理

蓝牙串口从机设备和蓝牙串口主机设备的数据交换是在主机发现服务完成后进行的,主机发现服务完成后,相当于主机了解从机设备的空中属性规范。这时需要在主机中编写匹配从机空中属性规范的数据接口,其结构如图 20.1 所示。主机通过触发 TX 特性事件触发写操作,写数据到从机;主机通过触发 RX 特性事件接收从机的通知操作,读取从机上传数据。这些数据都可以通过串口与 PC 机交换。

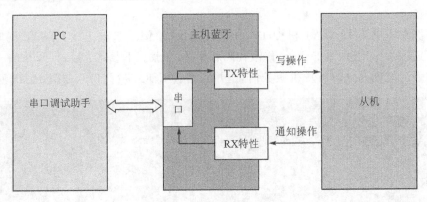

图 20.1 主机串口设备结构

如图 20.1 所示,在搭建主机蓝牙串口客户端之前,需配置串口外设。在 main.c 文件中,建立串口初始化函数 uart_init()对串口初始化。串口初始化函数代码如下:
串口初始化函数:

```
01. static void uart_init(void)
02. {
03.     ret_code_t err_code;
04.     //配置串口参数
05.     app_uart_comm_params_t const comm_params =
06.     {
07.         .rx_pin_no = RX_PIN_NUMBER,
08.         .tx_pin_no = TX_PIN_NUMBER,
```

```
09.         .rts_pin_no = RTS_PIN_NUMBER,
10.         .cts_pin_no = CTS_PIN_NUMBER,
11.         .flow_control = APP_UART_FLOW_CONTROL_DISABLED,
12.         .use_parity = false,
13.         .baud_rate = UART_BAUDRATE_BAUDRATE_Baud115200
14.     };
15.     //设置串口
16.     APP_UART_FIFO_INIT(&comm_params,
17.                        UART_RX_BUF_SIZE,
18.                        UART_TX_BUF_SIZE,
19.                        uart_event_handle,
20.                        APP_IRQ_PRIORITY_LOWEST,
21.                        err_code);
22.
23.     APP_ERROR_CHECK(err_code);
24. }
```

需在主函数 main 程序中调用串口初始化函数,把串口初始化函数放在定时器和按键等外设初始化的中间,具体代码如下:

主函数中调用串口初始化:

```
01. int main(void)
02. {
03.     log_init();
04.     timer_init();
05.     uart_init();//添加串口初始化函数
06.     buttons_leds_init();
07.     db_discovery_init();
08.     ......................
09.     ......................
10.     scan_start();

12.     // Enter main loop.
13.     for (;;)
14.     {
15.         idle_state_handle();
16.     }
17. }
```

20.2 从机到主机的数据流向

从机发送数据,主机接收数据,主机通过串口发送数据到 PC,可用串口调试助手显示。

20.2.1 使能从机通知

从机发送到主机的数据,在蓝牙过程的属性中为通知类型。整个过程交由派发函数 ble_nus_c_on_ble_evt(&m_ble_nus_c,p_ble_evt)处理。其过程如下:
在 main 主函数中调用初始化函数 nus_c_int()初始化主机,如图 20.2 所示。

```
405  static void nus_c_init(void)
406  {
407      ret_code_t      err_code;
408      ble_nus_c_init_t init;
409
410      init.evt_handler = ble_nus_c_evt_handler;
411
412      err_code = ble_nus_c_init(&m_ble_nus_c, &init);
413      APP_ERROR_CHECK(err_code);
414  }
415
416
```

图 20.2　主机串口初始化函数

其中,ble_nus_init_t 结构体中使用了定义的客户端处理事件 init.evt_handler=ble_nus_c_evt_handler,其在 nus_c_int()初始化函数里触发,代码如图 20.3 所示。

```
65   //主机需要连接的服务构造
66   uint32_t ble_nus_c_init(ble_nus_c_t * p_ble_nus_c, ble_nus_c_init_t * p_ble_nus_c_init)
67   {
68       uint32_t       err_code;
69       ble_uuid_t     uart_uuid;
70       ble_uuid128_t  nus_base_uuid = NUS_BASE_UUID;//基础UUID
71
72       VERIFY_PARAM_NOT_NULL(p_ble_nus_c);
73       VERIFY_PARAM_NOT_NULL(p_ble_nus_c_init);
74
75       err_code = sd_ble_uuid_vs_add(&nus_base_uuid, &p_ble_nus_c->uuid_type);//添加基础UUID
76       VERIFY_SUCCESS(err_code);
77
78       uart_uuid.type = p_ble_nus_c->uuid_type;//服务的UUID类型
79       uart_uuid.uuid = BLE_UUID_NUS_SERVICE;//主服务UUID
80
81       p_ble_nus_c->conn_handle            = BLE_CONN_HANDLE_INVALID;//清空连接句柄
82       p_ble_nus_c->evt_handler            = p_ble_nus_c_init->evt_handler;//分配事件
83       p_ble_nus_c->handles.nus_tx_handle  = BLE_GATT_HANDLE_INVALID;//清空TX句柄
84       p_ble_nus_c->handles.nus_rx_handle  = BLE_GATT_HANDLE_INVALID;//清空RX句柄
85
86       return ble_db_discovery_evt_register(&uart_uuid);//用于注册DB发现模块的函数
87   }
```

图 20.3　nus_c_int()初始化函数

触发 ble_nus_c_evt_handler,可触发对应各种事件的对应操作。当蓝牙串口主机发现了从机服务,触发了 BLE_NUS_C_EVT_DISCOVERY_COMPLETE 事件,则通过函数 ble_nus_c_tx_notif_enable (p_ble_nus_c)使能通知。在 main.c 文件中编写蓝牙串口事件处理函数代码如下:

蓝牙串口事件处理函数:

01. static void ble_nus_c_evt_handler(ble_nus_c_t * p_ble_nus_c,

```
02.                               ble_nus_c_evt_t const * p_ble_nus_evt)
03. {
04.     ret_code_t err_code;
05.
06.     switch (p_ble_nus_evt->evt_type)
07.     { //一旦服务发现完成,就开始分配连接句柄,同时使能通知
08.         case BLE_NUS_C_EVT_DISCOVERY_COMPLETE:
09.             NRF_LOG_INFO("Discovery complete.");
10.             //分配连接句柄
11.             err_code = ble_nus_c_handles_assign(p_ble_nus_c,
12.                                                 p_ble_nus_evt->conn_handle,
13.                                                 &p_ble_nus_evt->handles);
14.             APP_ERROR_CHECK(err_code);
15.             //使能 cccd 通知使能
16.             err_code = ble_nus_c_tx_notif_enable(p_ble_nus_c);
17.             APP_ERROR_CHECK(err_code);
18.             NRF_LOG_INFO("Connected to device with Nordic UART Service.");
19.             break;
20.
21.             //一旦接收到蓝牙事件,则开始通过串口调试助手在电脑上打印
22.         case BLE_NUS_C_EVT_NUS_TX_EVT:
23.             ble_nus_chars_received_uart_print(p_ble_nus_evt->p_data,
24.                                               p_ble_nus_evt->data_len);
25.             break;
26.
27.         case BLE_NUS_C_EVT_DISCONNECTED:
28.             NRF_LOG_INFO("Disconnected.");
29.             scan_start();
30.             break;
31.     }
32. }
```

蓝牙发现完成事件并不能直接触发 BLE_NUS_C_EVT_NUS_TX_EV 主机发现串口 TX 事件去接收从机数据,而需要通过下面的步骤实现:

在主机发现完成事件下,触发 ble_nus_c_tx_notif_enable(p_ble_nus_c)使能通知函数,如图 20.4 所示,CCCD 描述符的配置函数:

cccd_configure(p_ble_nus_c->conn_handle,p_ble_nus_c->nus_rx_cccd_handle,true);的最后一个参数为 ture。

将 cccd_configure()函数的最后一个参数 enable 设为 1,则触发 BLE_GATT_HVX_NOTIFICATION 事件,通过 sd_ble_gattc_write(conn_handle, &write_params)函数把配置的 GATTC 写参数发送到从机,使能从机。这个过程和单击手机

```
207  uint32_t ble_nus_c_tx_notif_enable(ble_nus_c_t * p_ble_nus_c)
208  {
209      VERIFY_PARAM_NOT_NULL(p_ble_nus_c);
210
211      if ( (p_ble_nus_c->conn_handle == BLE_CONN_HANDLE_INVALID)
212         ||(p_ble_nus_c->handles.nus_tx_cccd_handle == BLE_GATT_HANDLE_INVALID)
213         )
214      {
215          return NRF_ERROR_INVALID_STATE;
216      }
217      return cccd_configure(p_ble_nus_c->conn_handle,p_ble_nus_c->handles.nus_tx_cccd_handle, true);
218  }
219
```

图 20.4　通知使能函数

nRF connect APP 上的使能从机通知功能按键作用相同。代码如图 20.5 所示。

```
167  /**@brief Function for creating a message for writing to the CCCD.
168   */
169  static uint32_t cccd_configure(uint16_t conn_handle, uint16_t cccd_handle, bool enable)//CCCD配置
170  {
171      uint8_t buf[BLE_CCCD_VALUE_LEN];
172
173      buf[0] = enable ? BLE_GATT_HVX_NOTIFICATION : 0;
174      buf[1] = 0;
175
176      const ble_gattc_write_params_t write_params = {
177          .write_op = BLE_GATT_OP_WRITE_REQ,
178          .flags    = BLE_GATT_EXEC_WRITE_FLAG_PREPARED_WRITE,
179          .handle   = cccd_handle,
180          .offset   = 0,
181          .len      = sizeof(buf),
182          .p_value  = buf,
183      };
184
185      return sd_ble_gattc_write(conn_handle, &write_params);
186  }
187
```

图 20.5　CCCD 配置函数

20.2.2　接收从机数据

从机接到通知使能的数据包后,就开始通过通知的空中属性上传数据给主机了。这个过程在主机派发函数进行处理。在 main.c 函数最开头,以观察者方式调用主机串口派发函数 ble_nus_c_on_ble_evt(&m_ble_nus_c,p_ble_evt)。代码如图 20.6 所示。

```
86  BLE_NUS_C_DEF(m_ble_nus_c);              主机服务派发   /**< BLE NUS service client instance. */
87  NRF_BLE_GATT_DEF(m_gatt);                              /**< GATT module instance. */
88  BLE_DB_DISCOVERY_DEF(m_db_disc);                       /**< DB discovery module instance. */

82   */
83  #define BLE_NUS_C_DEF(_name)
84  static ble_nus_c_t _name;
85  NRF_SDH_BLE_OBSERVER(_name ## _obs,
86                       BLE_NUS_C_BLE_OBSERVER_PRIO,
87                       ble_nus_c_on_ble_evt, &_name)
```

图 20.6　串口主机观察者

ble_nus_c_on_ble_evt(&m_ble_nus_c,p_ble_evt)串口主机连接事件回调处理,以接收从协议栈 SOFTDEVICE 上发来的事件,解析事件 evt_id,这个通知使能返回的数据包产生一个 BLE_GATTC_EVT_HVX:GATT 通知事件,调用函数 on_hvx(p_ble_ nus_c,p_ble_evt)。在 ble_nus_c.c 文件中编写代码如下：

蓝牙事件回调函数：

```c
01. void ble_nus_c_on_ble_evt(ble_evt_t const * p_ble_evt, void * p_context)
02. {
03.     ble_nus_c_t * p_ble_nus_c = (ble_nus_c_t *)p_context;
04.     //判断连接句柄是否有效,蓝牙事件是否有效
05.     if ((p_ble_nus_c == NULL) || (p_ble_evt == NULL))
06.     {
07.         return;
08.     }
09.     if ((p_ble_nus_c ->conn_handle != BLE_CONN_HANDLE_INVALID)
10.         &&(p_ble_nus_c ->conn_handle != p_ble_evt ->evt.gap_evt.conn_handle)
11.         )
12.     {
13.         return;
14.     }
15.
16.     switch (p_ble_evt ->header.evt_id)
17.     {   //发送客户端通知事件
18.         caseBLE_GATTC_EVT_HVX:
19.             on_hvx(p_ble_nus_c, p_ble_evt);
20.             break;
21.         //发送客户端断开事件
22.         case BLE_GAP_EVT_DISCONNECTED:
23.             if (p_ble_evt ->evt.gap_evt.conn_handle == p_ble_nus_c ->conn_handle
24.                 && p_ble_nus_c ->evt_handler != NULL)
25.             {
26.                 ble_nus_c_evt_t nus_c_evt;
27.
28.                 nus_c_evt.evt_type = BLE_NUS_C_EVT_DISCONNECTED;
29.                 p_ble_nus_c ->conn_handle = BLE_CONN_HANDLE_INVALID;
30.                 p_ble_nus_c ->evt_handler(p_ble_nus_c, &nus_c_evt);
31.             }
32.             break;
33.
34.         default:
35.             // No implementation needed.
36.             break;
37.     }
38. }
```

on_hvx(p_ble_nus_c,p_ble_evt)函数内部完成三个操作：① 触发 BLE_NUS_C_

EVT_NUS_TX_EVT 事件；② 保存蓝牙从机通知上传的数据包中的数据；③ 保存接收数据的长度。数据和数据长度是串口从机代码中的上传函数 sd_ble_gatts_hvx (p_nus->conn_handle, &hvx_params) 发过来的。具体代码如图 20.7 所示。

```
103  static void on_hvx(ble_nus_c_t * p_ble_nus_c, ble_evt_t const * p_ble_evt)
104  {
105      // HVX can only occur from client sending.
106      if (   (p_ble_nus_c->handles.nus_tx_handle != BLE_GATT_HANDLE_INVALID)
107          && (p_ble_evt->evt.gattc_evt.params.hvx.handle == p_ble_nus_c->handles.nus_tx_handle)
108          && (p_ble_nus_c->evt_handler != NULL))
109      {
110          ble_nus_c_evt_t ble_nus_c_evt;                        //触发主机接收从机数据
111
112          ble_nus_c_evt.evt_type = BLE_NUS_C_EVT_NUS_TX_EVT;//触发TX操作，接收从机上传数据
113          ble_nus_c_evt.p_data   = (uint8_t *)p_ble_evt->evt.gattc_evt.params.hvx.data;//数据
114          ble_nus_c_evt.data_len = p_ble_evt->evt.gattc_evt.params.hvx.len;//数据长度
115
116          p_ble_nus_c->evt_handler(p_ble_nus_c, &ble_nus_c_evt);
117          NRF_LOG_DEBUG("Client sending data.");
118      }
119  }
120
```

图 20.7 on_hvx( )接收上传函数

这时触发的第二个 BLE_NUS_C_EVT_NUS_TX_EVT 事件，在主机事件处理函数中，会把保存的数据，通过 ble_nus_chars_received_uart_print 从从机发过来，主机存储的数据发送到电脑上。

20.2.3 接收数据串口打印

触发 BLE_NUS_C_EVT_NUS_TX_EVT 事件时，调用 ble_nus_chars_received_uart_print()函数实现数据在 PC 上的打印，编写代码如下：

蓝牙接收事件回调：

```
01. static void ble_nus_c_evt_handler(ble_nus_c_t * p_ble_nus_c,
02.                                   ble_nus_c_evt_t const * p_ble_nus_evt)
03. {
04.     ret_code_t err_code;
05.
06.     switch (p_ble_nus_evt->evt_type)
07.     {   //一旦服务发现完成，就开始分配连接句柄，同时使能通知
08.         case BLE_NUS_C_EVT_DISCOVERY_COMPLETE:
09.             NRF_LOG_INFO("Discovery complete.");
10.             err_code = ble_nus_c_handles_assign(p_ble_nus_c,
11.                                                 p_ble_nus_evt->conn_handle,
12.                                                 &p_ble_nus_evt->handles);
13.             APP_ERROR_CHECK(err_code);
14.             //使能 cccd 通知使能
15.             err_code = ble_nus_c_tx_notif_enable(p_ble_nus_c);
16.             APP_ERROR_CHECK(err_code);
17.             NRF_LOG_INFO("Connected to device with Nordic UART Service.");
```

```
18.          break;
19.      //一旦有接收到蓝牙事件,则开始通过串口调试助手在计算机上进行打印
20.      case BLE_NUS_C_EVT_NUS_TX_EVT:
21.          ble_nus_chars_received_uart_print(p_ble_nus_evt->p_data,
22.                              p_ble_nus_evt->data_len);
23.          break;

25.      case BLE_NUS_C_EVT_DISCONNECTED:
26.          NRF_LOG_INFO("Disconnected.");
27.          scan_start();
28.          break;
29.      }
30. }
```

ble_nus_chars_received_uart_print 函数通过调用 app_uart_put 发送数据到计算机上,如果需要验证主机发送给从机的数据是否正确,则可以设置 ECHOBACK_BLE_UART_DATA,使得数据重新发回从机。在 main.c 文件中编写代码如下:

接收蓝牙从机数据,串口打印数据:

```
01. static void ble_nus_chars_received_uart_print(uint8_t * p_data, uint16_t data_len)
02. {
03.     ret_code_t ret_val;
04.
05.     NRF_LOG_DEBUG("Receiving data.");
06.     NRF_LOG_HEXDUMP_DEBUG(p_data, data_len);
07.
08.     for (uint32_t i = 0; i < data_len; i++)
09.     {
10.         do
11.         {
12.             //串口打印接收的数据
13.             ret_val = app_uart_put(p_data[i]);
14.             if ((ret_val != NRF_SUCCESS) && (ret_val != NRF_ERROR_BUSY))
15.             {
16.                 NRF_LOG_ERROR("app_uart_put failed for index 0x%04x.", i);
17.                 APP_ERROR_CHECK(ret_val);
18.             }
19.         } while (ret_val == NRF_ERROR_BUSY);
20.     }
21.     if (p_data[data_len-1] == '\r')
22.     {
23.         while (app_uart_put('\n') == NRF_ERROR_BUSY);
24.     }
```

```
25.     if (ECHOBACK_BLE_UART_DATA)
26.     {//启动回环测试模式
27.         do
28.         {   // 把数据重新发回从机,以验证发送数据和接收数据是否相同
29.             ret_val = ble_nus_c_string_send(&m_ble_nus_c, p_data, data_len);
30.             if ((ret_val != NRF_SUCCESS) && (ret_val != NRF_ERROR_BUSY))
31.             {
32.                 NRF_LOG_ERROR("Failed sending NUS message. Error 0x%x.", ret_val);
33.                 APP_ERROR_CHECK(ret_val);
34.             }
35.         } while (ret_val == NRF_ERROR_BUSY);
36.     }
37. }
```

从从机发数据,主机接收,接收后以串口方式发送至 PC 的整个数据流过程归纳如图 20.8 所示。注意一定在发现服务完成后,即触发了 BLE_NUS_C_EVT_DISCOVERY_COMPLETE 事件后。

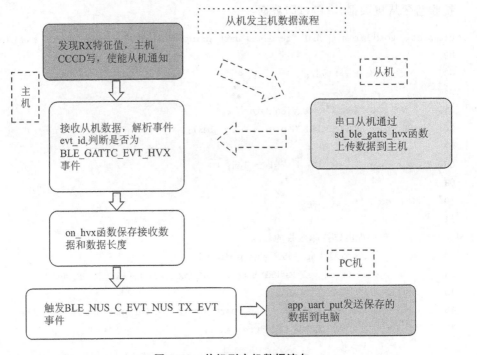

图 20.8 从机到主机数据流向

20.3 主机发送到从机的数据流向

主机发送数据到从机,首先通过 PC 机上串口调试助手发数据到主机,主机再通过

蓝牙传输给从机。这个过程的蓝牙操作属性为写。下面分析这个数据方向怎么实现的。

20.3.1 串口中断处理

PC 通过串口发给主机数据,使用串口外设中断事件处理 uart_event_handle,需在串口初始化代码中声明串口事件中断处理,如图 20.9 所示。

```
458
459   /**@brief Function for initializing the UART.
460    */
461   static void uart_init(void)
462   {
463       uint32_t err_code;
464
465       const app_uart_comm_params_t comm_params =
466       {
467           .rx_pin_no    = RX_PIN_NUMBER,
468           .tx_pin_no    = TX_PIN_NUMBER,
469           .rts_pin_no   = RTS_PIN_NUMBER,
470           .cts_pin_no   = CTS_PIN_NUMBER,
471           .flow_control = APP_UART_FLOW_CONTROL_ENABLED,
472           .use_parity   = false,
473           .baud_rate    = UART_BAUDRATE_BAUDRATE_Baud38400
474       };
475
476       APP_UART_FIFO_INIT(&comm_params,
477                          UART_RX_BUF_SIZE,
478                          UART_TX_BUF_SIZE,
479                          uart_event_handle,
480                          APP_IRQ_PRIORITY_LOW,
481                          err_code);
482
483       APP_ERROR_CHECK(err_code);
484   }
```

图 20.9　串口初始化函数

串口处理事件通过函数 app_uart_get() 接收 PC 发来的数据。如有数据发送,则直接启动 ble_nus_c_string_send(&m_ble_nus_c, data_array, index) 函数,通过蓝牙发送数据。在 main.c 文件中编写 uart_event_handle() 函数,实现接收 PC 发来的数据,然后通过蓝牙把数据发送给从机,代码如下:

```
01. void uart_event_handle(app_uart_evt_t * p_event)
02. {
03.     static uint16_t index = 0;
04.     uint32_t ret_val;
05.     switch (p_event->evt_type)
06.     {
07.         /串口数据准备完成/
08.         case APP_UART_DATA_READY:
09.             UNUSED_VARIABLE(app_uart_get(&data_array[index]));
10.             index ++ ;
```

```
11.
12.            if ((data_array[index - 1] == '\n') || (index >= (m_ble_nus_max_data_len)))
13.            {
14.
15.                do
16.                {
17.                    ret_val = ble_nus_c_string_send(&m_ble_nus_c, data_array, index);
18.                    if ((ret_val != NRF_ERROR_INVALID_STATE) && (ret_val != NRF_ERROR_RESOURCES))
19.                    {
20.                        APP_ERROR_CHECK(ret_val);
21.                    }
22.                } while (ret_val == NRF_ERROR_RESOURCES);
23.                index = 0;
24.            }
25.            break;
26.
27.        /串口通信错误/
28.        case APP_UART_COMMUNICATION_ERROR:
29.            NRF_LOG_ERROR("Communication error occurred while handling UART.");
30.            APP_ERROR_HANDLER(p_event->data.error_communication);
31.            break;
32.
33.        case APP_UART_FIFO_ERROR:
34.            NRF_LOG_ERROR("Error occurred in FIFO module used by UART.");
35.            APP_ERROR_HANDLER(p_event->data.error_code);
36.            break;
35.
38.        default:
39.            break;
40.    }
41. }
```

20.3.2 数据写入从机

通过对比,蓝牙数据发送函数 ble_nus_c_string_send(&m_ble_nus_c, data_array, index)与 CCCD 描述符配置函数 cccd_configure(p_ble_nus_c->conn_handle, p_ble_nus_c->nus_rx_cccd_handle, true)很相似,这两个函数通过 sd_ble_gattc_write(conn_handle, &write_params)函数把配置的 GATTC 写参数发送到从机,CCCD 描述符配置函数把通知使能事件作为 BUF 发送出去。这里把真正的数据发送出去,具体代码如图 20.10 所示。

```
203      串口发送
204
205    uint32_t ble_nus_c_string_send(ble_nus_c_t * p_ble_nus_c, uint8_t * p_string, uint16_t length)
206    {
207        if (p_ble_nus_c == NULL)
208        {
209            return NRF_ERROR_NULL;
210        }
211
212        if (length > BLE_NUS_MAX_DATA_LEN)
213        {
214            return NRF_ERROR_INVALID_PARAM;
215        }
216        if ( p_ble_nus_c->conn_handle == BLE_CONN_HANDLE_INVALID)
217        {
218            return NRF_ERROR_INVALID_STATE;
219        }
220
221        const ble_gattc_write_params_t write_params = {
222            .write_op = BLE_GATT_OP_WRITE_CMD,
223            .flags    = BLE_GATT_EXEC_WRITE_FLAG_PREPARED_WRITE,
224            .handle   = p_ble_nus_c->nus_tx_handle,
225            .offset   = 0,
226            .len      = length,
227            .p_value  = p_string
228        };
229
230        return sd_ble_gattc_write(p_ble_nus_c->conn_handle, &write_params);//写出去
231    }
```

图 20.10　主机写从机数据

通过 PC 调试助手把数据发给主机，主机发送给从机的数据流向流程如图 20.11 所示。

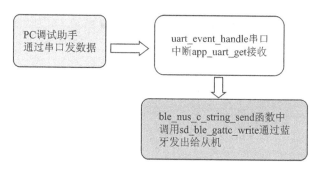

图 20.11　主机到从机数据流向

20.4　测试与小结

本实验使用两个开发板，一个开发板为主机，一个开发板为从机。打开工程，从机设备下载从机串口蓝牙实验代码，主机下载本章的主机串口程序（下载前下载好协议栈，这里就不再赘述）。

把开发板串口接好，打开两个串口调试助手，设置如图 20.12 所示，波特率为 115 200，开流控，两边串口调试助手就可以互发数据了。

本章实现了蓝牙串口主机的数据双向传输功能，蓝牙数据通过空中属性实现数据主从互传传输，再通过串口外设在 PC 上打印输出。

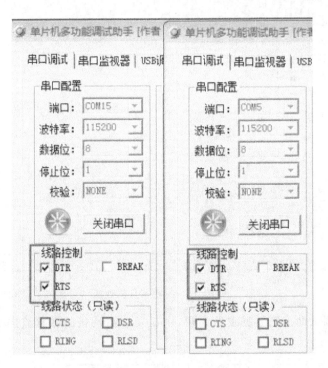

图 20.12　串口调试助手配置

第 21 章

蓝牙主机 1 拖 8 组网详解

本章讲解蓝牙主机如何和从机组网。若蓝牙协议栈不使用 mesh，只能组微微网。蓝牙 5.0 的微微网最大可以连接 20 个从机，本章将演示 1 主机连接 8 从机的例子。本例在串口主机例子的基础上，实现 1 主机和 8 从机的串口互传。通过改变最大从机数据量，可以把从机数量延伸到 20 个设备。

21.1 连接句柄概念

21.1.1 连接句柄的分配

主机与从机发生连接时会分配连接句柄。连接句柄的作用是在蓝牙数据分组时区分设备。连接句柄相当于一个"令牌"，从设备一旦和主设备发生连接，主设备就给从设备分配一个"令牌"。主设备通过这个"令牌"识别与区分从设备，如图 21.1 所示。连接句柄的分配是实现 1 主机连接多从机设备进行通信的关键。

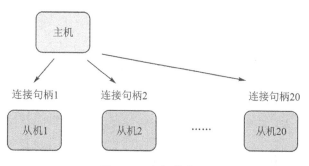

图 21.1 句柄的分配

连接句柄在主机和从机设备连接后分配。如何区分不同设备？区分不同蓝牙设备方法有很多，如名称、UUID、设备的 MAC 地址等，其中 MAC 地址相对唯一，本例通过 MAC 地址区分设备，首先演示一个设备如何分配连接句柄。

编写连接设备信息保存函数 device_stor()，用于保存本次连接的 MAC 地址和分配的连接句柄。声明一个 ble_nus_c_t 结构体类型的存储空间，在存储空间内定义 ble_gap_addr_t 类型的 addr 存储设备的 MAC 地址。代码如下：

保存设备地址和连接句柄：

```
01.   //参数 p_ble_nus_c:存储 MAC 地址和连接句柄的空间指针
02.   //参数 connect:本次连接参数
03.   void device_stor(ble_nus_c_t * p_ble_nus_c, ble_gap_evt_t const * connect)
04.   {
05.       p_ble_nus_c->addr.addr[0] = connect->params.connected.peer_addr.addr[0];
06.       p_ble_nus_c->addr.addr[1] = connect->params.connected.peer_addr.addr[1];
07.       p_ble_nus_c->addr.addr[2] = connect->params.connected.peer_addr.addr[2];
08.       p_ble_nus_c->addr.addr[3] = connect->params.connected.peer_addr.addr[3];
09.       p_ble_nus_c->addr.addr[4] = connect->params.connected.peer_addr.addr[4];
10.       p_ble_nus_c->addr.addr[5] = connect->params.connected.peer_addr.addr[5];
11.       p_ble_nus_c->conn_handle = connect->conn_handle;
12.   }
```

连接成功后，蓝牙事件回调函数 ble_evt_handler 触发 BLE_GAP_EVT_CONNECTED 事件，使用连接句柄分配函数 ble_nus_c_handles_assign()分配句柄，并通过 LOG 打印输出观察，保存本次分配的 MAC 地址和对应的连接句柄。代码如下：

连接时分配句柄并且保存 MAC 地址：

```
01.   static void ble_evt_handler(ble_evt_t const * p_ble_evt, void * p_context)
02.   {
03.       ret_code_t    err_code;
04.       ble_gap_evt_t const * p_gap_evt = &p_ble_evt->evt.gap_evt;
05.
06.       switch (p_ble_evt->header.evt_id)
07.       {
08.           case BLE_GAP_EVT_CONNECTED:
09.               //开始分配连接句柄
10.               err_code = ble_nus_c_handles_assign(&m_ble_nus_c,
11.                                  p_ble_evt->evt.gap_evt.conn_handle,
12.                                  NULL);
13.               APP_ERROR_CHECK(err_code);
14.
15.               //添加开始发现连接句柄的服务
16.               err_code = ble_db_discovery_start(&m_db_disc,
17.                                  p_ble_evt->evt.gap_evt.conn_handle);
18.               //打印该连接句柄的 MAC 地址
19.               printf("Connecting to target %02x%02x%02x%02x%02x%02x",
20.                                  p_gap_evt->params.connected.peer_addr.addr[0],
21.                                  p_gap_evt->params.connected.peer_addr.addr[1],
22.                                  p_gap_evt->params.connected.peer_addr.addr[2],
23.                                  p_gap_evt->params.connected.peer_addr.addr[3],
```

```
24.                    p_gap_evt->params.connected.peer_addr.addr[4],
25.                    p_gap_evt->params.connected.peer_addr.addr[5]
26.                );
27.            //打印该连接句柄
28.            printf("Connection 0x%x established, starting DB discovery.",
29.                    p_gap_evt->conn_handle);
30.            //存储该连接句柄及对应的 MAC 地址
31.            device_stor(&m_ble_nus_c,p_gap_evt);
32.            APP_ERROR_CHECK(err_code);
33.            break;
34.            ................................
35.            ................................
36.        }
37.    }
```

21.1.2 从机设备的识别

连接时分配了连接句柄,并与设备 MAC 地址对应起来,此时从机发过来的信息就可以通过连接句柄区分。但如何确定主机发送信息发送到了指定的从设备?

为了解决这个问题,在主机发送信息时,需确定准备发送至的从设备信息。因为连接句柄是顺序分配的,而每次设备连接上的顺序不同,从设备连接句柄可能是动态的。比如第一个先连接的从机设备,句柄是 0x00,设备下次连接是第二个连接上的,连接句柄就是 0x01,因此,句柄并不能直接定义某个设备。但设备的 MAC 地址不变。MAC 地址和每次分配的句柄对应在一起,主机发送信息时可以先发送 MAC 地址,再发送数据。这样就可以确定主机发送给哪个从机设备了。

本例在蓝牙串口主机程序上修改,采用串口输入设备的 MAC 地址。串口输入的 MAC 地址需要和连接设备的 MAC 地址比较;相符,则找到对应 MAC 地址的连接句柄。

编写输入地址和当前连接设备地址的比较函数,MAC 地址的长度为 BLE_GAP_ADDR_LEN,对比相等则返回为 1,不相等为 0。具体代码如下:

比较串口输入地址和连接的设备地址:

```
01. //参数 con_addr:连接设备的地址
02. //参数 uart_addr:串口调试助手输入的地址
03. uint8_t compare_addr(uint8_t con_addr[BLE_GAP_ADDR_LEN],
04.                     uint8_t  uart_addr[BLE_GAP_ADDR_LEN])
05. {
06.    for(uint8_t i=0;i<BLE_GAP_ADDR_LEN;i++)
07.    {
08.        if(con_addr[i]!=uart_addr[i])return 1;
09.    }
```

如果输入的地址与存储的连接设备的 MAC 地址相符,则把符合要求的 MAC 地址对应的连接句柄赋值给本次输入。如无法找到相应的 MAC 地址,则返回无效连接句柄。无效连接句柄为 BLE_CONN_HANDLE_INVALID。编写连接句柄分配函数,具体代码如下:

设置连接句柄:

```
01. //参数 p_ble_nus_c:本次连接结构
02. //参数 addr:输入的地址
03. uint16_t  set_con_handle(ble_nus_c_t * p_ble_nus_c,uint8_t * addr)
04. {
05.   if((p_ble_nus_c->addr.addr[0] != 0x00) &&
06.     (p_ble_nus_c->conn_handle != BLE_CONN_HANDLE_INVALID))
07.   {
08.     //表示输入的地址和存储地址相等
09.     if(compare_addr(&p_ble_nus_c->addr.addr[0],addr) == 0)
10.     {
11.       return p_ble_nus_c->conn_handle;//分配存储的地址对应的句柄
12.     }
13.   }
14.   //返回无效的连接句柄,连接句柄为 16 位
15.   return BLE_CONN_HANDLE_INVALID;
16. }
```

PC 通过串口把数据发送给主机,蓝牙主机写数据到蓝牙从机中去。若发送数据帧结尾为\n 或者发送数据长度为最大值,主机数据开始写入从机。输入信息帧结构可为:MAC 地址+有效数据+\n,数据长度小于最大值。在串口中断函数 uart_event_handle 中添加连接句柄分配函数 set_con_handle(),判断如果句柄有效,则开始传输数据。添加的代码如下:

通过输入信息来判断句柄:

```
01. void uart_event_handle(app_uart_evt_t * p_event)
02. {
03.   static uint8_t data_array[BLE_NUS_MAX_DATA_LEN + 2 * BLE_GAP_ADDR_LEN];
04.   static uint16_t index = 0;
05.   uint32_t ret_val;
06.   uint8_t addr[BLE_GAP_ADDR_LEN];
07.   uint16_t con_handle;
08.
09.   switch (p_event->evt_type)
10.   {
```

```
11.        /*如果有数据串口接收*/
12.        case APP_UART_DATA_READY:
13.            UNUSED_VARIABLE(app_uart_get(&data_array[index]));
14.            index++;
15.        //如果串口数据超过最大数据量或者出现换行符,则开始写数据
16.            if ((data_array[index-1] == '\n')||(index >= (m_ble_nus_max_data_len)))
17.            {
18.        //发送的数据包含连接设备的MAC地址,则可以分配连接句柄
19.            con_handle = set_con_handle(&m_ble_nus_c,data_array);
20.            printf("send con_handle 0x%x",con_handle);
21.        //如果不是无效句柄
22.            if(con_handle != BLE_CONN_HANDLE_INVALID)
23.            {
24.              do
25.              {    //开始写数据
26.                  ret_val = ble_nus_c_string_send(&m_ble_nus_c, data_array, index);
27.                  if((ret_val != NRF_ERROR_INVALID_STATE)
28.                      && (ret_val != NRF_ERROR_RESOURCES))
29.                  {
30.                      APP_ERROR_CHECK(ret_val);
31.                  }
32.              } while (ret_val == NRF_ERROR_RESOURCES);
33.            }
34.            index = 0;
35.            }
36.            break;
37.        ......................
38.        ......................
39.        }
40. }
```

本实验使用两个开发板,一个为主机,一个为从机。在代码文件中,打开工程,下载从机串口实验,下载本章的主机程序(下载前下载好协议栈,这里不再赘述)。

把开发板串口接好,打开两个串口调试助手,设置如图21.2所示,波特率为115 200,开流控,这时两个串口助手就可以互传数据了,主机设备串口调试助手勾选"hex发送",从机设备串口调试助手勾选"hex显示"。在主机连接时,会提示连接的从机MAC地址和对应分配的连接句柄,按照"MAC地址+有效数据+\n"格式发送数据,其中"\n"符号的hex值为0A。如图21.2所示,主机发送了E3240CE93DF2202004080A00,从机端接收 E3240CE93DF2202004080A,其中 E3240CE93DF2 为 MAC 地址,20200408为数据,0A为换行符。

图 21.2 区分从机

21.2 多从机设备的区分

一个设备连接分配连接句柄,可推广到多个设备上。因此在上节的基础上继续讲解蓝牙主机串口实例。

21.2.1 观察者函数的添加

对应多个从机设备(服务端),单个从机设备的回调派发函数需要改变。在 main.c 文件的最开头,添加多服务端发现观察者函数。区别于单个服务客户端发现观察者函数,多定义一个_cnt 用来区分不同的服务端。编写程序如下:

多服务端发现观察者:

```
01. BLE_DB_DISCOVERY_ARRAY_DEF(m_db_disc, NRF_SDH_BLE_CENTRAL_LINK_COUNT);
02.
03. #define BLE_DB_DISCOVERY_ARRAY_DEF(_name, _cnt)
04. static ble_db_discovery_t _name[_cnt] = {MACRO_REPEAT(_cnt, DB_INIT)};
05.
06. NRF_SDH_BLE_OBSERVERS(_name ## _obs,
07.                      BLE_DB_DISC_BLE_OBSERVER_PRIO,
08.                      ble_db_discovery_on_ble_evt, &_name, _cnt)
```

继续在主函数 main.c 文件的最开头,添加多服务端观察者函数。多服务端观察者函数是在单服务观察者函数基础上,添加参数_cnt 来区分不同的服务端。使用处理串口蓝牙主机服务事件。编写代码如下:

多服务端观察者:

```
01. BLE_NUS_C_ARRAY_DEF(m_ble_nus_c, NRF_SDH_BLE_CENTRAL_LINK_COUNT);
02.
03. #define BLE_NUS_C_ARRAY_DEF(_name, _cnt)
```

```
04.
05.  static   ble_nus_c_t   _name[_cnt];
06.  NRF_SDH_BLE_OBSERVERS(_name ## _obs,
07.                        BLE_NUS_C_BLE_OBSERVER_PRIO,
08.                        ble_nus_c_on_ble_evt, &_name, _cnt)
```

服务发现观察者函数和服务观察者函数中的_cnt定义的服务端数量，可以在协议栈初始函数中定义。如果是8个从机，在sdk_config.h文件中，修改如图21.3所示的两个参数，分别定义为8。

#define NRF_SDH_BLE_CENTRAL_LINK_COUNT   8
#define NRF_SDH_BLE_TOTAL_LINK_COUNT   8

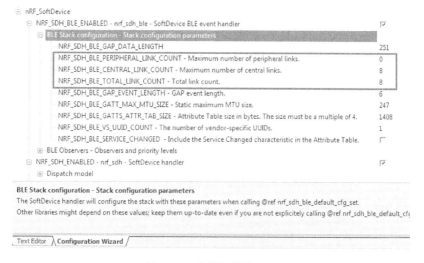

图21.3　主从机数量配置

如果继续增加从机数量，除修改这两个参数外，还需注意修改RAM空间大小。修改方法参考本书第10章"主机工程搭建"中关于RAM空间的配置内容。

21.2.2　多服务发现和句柄分配

多从机连接后，需要进行不同的从机服务发现，发现不同从机后需解析不同从机的特性，因此在主函数main.c文件中编写服务事件处理函数，解析不同的从机服务。区别于单串口主机服务例子，多串口主机程序中通过&m_ble_nus_c[p_evt->conn_handle]形式，用句柄进行区分，并解析。这样可以保持主机客户端文件ble_nus_c.c不做任何改变。具体代码如下：

服务事件发现处理：

```
01. //发现处理事件需要区分不同的句柄
02. static void db_disc_handler(ble_db_discovery_evt_t * p_evt)
03. {
```

```
04.
05.         NRF_LOG_DEBUG("call to ble_lbs_on_db_disc_evt for instance %d and link 0x%x!",
06.                      p_evt->conn_handle,
07.                      p_evt->conn_handle);
08.         ble_nus_c_on_db_disc_evt(&m_ble_nus_c[p_evt->conn_handle], p_evt);
09. }
```

在 21.1 节连接句柄的基础上，完善句柄分配功能。连接句柄会进行多次分配，通过不同的句柄，实现以 &m_ble_nus_c[p_gap_evt->conn_handle] 为形式，分配每次连接句柄对应的从机设备的 MAC 地址。修改 ble_evt_handler 蓝牙事件回调函数，编写代码如下：

多从机连接句柄的分配：

```
01. static void ble_evt_handler(ble_evt_t const * p_ble_evt, void * p_context)
02. {
03.     ret_code_t          err_code;
04.     ble_gap_evt_t const * p_gap_evt = &p_ble_evt->evt.gap_evt;
05.
06. //  ble_gap_evt_connected_t const * p_connected =
07. //                      p_ble_evt->evt.gap_evt.connected.p_connected;
08.
09.     switch (p_ble_evt->header.evt_id)
10.     {
11.         case BLE_GAP_EVT_CONNECTED:
12.
13.             APP_ERROR_CHECK_BOOL(p_gap_evt->conn_handle <
14.                                  NRF_SDH_BLE_CENTRAL_LINK_COUNT);
15.
16.             //分配不同的连接句柄
17.             err_code = ble_nus_c_handles_assign(&m_ble_nus_c[p_gap_evt->conn_handle],
18.                                                 p_gap_evt->conn_handle,
19.                                                 NULL);
20.             APP_ERROR_CHECK(err_code);
21.             //开始发现服务,需要分配不同的句柄
22.             err_code = ble_db_discovery_start(&m_db_disc[p_gap_evt->conn_handle],
23.                                               p_gap_evt->conn_handle);
24.             APP_ERROR_CHECK(err_code);
25.             //打印 MAC 地址
26.             printf("Connecting to target %02x%02x%02x%02x%02x%02x",
27.                    p_gap_evt->params.connected.peer_addr.addr[0],
28.                    p_gap_evt->params.connected.peer_addr.addr[1],
29.                    p_gap_evt->params.connected.peer_addr.addr[2],
```

```
30.                 p_gap_evt->params.connected.peer_addr.addr[3],
31.                 p_gap_evt->params.connected.peer_addr.addr[4],
32.                 p_gap_evt->params.connected.peer_addr.addr[5]
33.             );
34.     //打印MAC地址对应的连接句柄
35.     printf("Connection 0x%x established, starting DB discovery.",
36.             p_gap_evt->conn_handle);
37.         device_stor(&m_ble_nus_c[p_gap_evt->conn_handle],p_gap_evt);

39.     if (err_code != NRF_ERROR_BUSY)
40.     {
41.         APP_ERROR_CHECK(err_code);
42.     }
43.     //配置一个主设备的LED灯,并且打开,表示主设备连接上了
44.     bsp_board_led_on(CENTRAL_CONNECTED_LED);
45.     //如果设备连接的数目等于总的连接设备数目
46.     if (ble_conn_state_central_conn_count() ==
47.                                 NRF_SDH_BLE_CENTRAL_LINK_COUNT)
48.     {    //则关闭扫描指示灯
49.         bsp_board_led_off(CENTRAL_SCANNING_LED);
50.     }
51.     else
52.     {
53.         //如果没有到最大数目,则扫描指示灯继续闪烁
54.         bsp_board_led_on(CENTRAL_SCANNING_LED);
55.         //继续开始扫描
56.         scan_start();
57.     }
58.     break;
```

21.3 主从通信信道的搭建

分配完从机设备的连接句柄后,可建立主机设备和从机设备数据交换的双向通道。本例的双向通道建立是在蓝牙串口主机的例子上修改。

21.3.1 主机到从机通信信道

在主机给从机发送信息时,需确定准备发送的从设备信息。在蓝牙串口主机程序上建立信道,采用串口输入设备的MAC地址。串口输入的MAC地址和连接设备的MAC地址比较。如果相等,可获得对应MAC地址的连接句柄。

获得连接句柄后,在指定的连接句柄的信道中发送数据信息。PC通过串口把数

据发送给主机，蓝牙主机写数据到指定连接句柄的蓝牙从机设备中。当串口调试助手中输入"\n"或者输入字节数超过最大值时，主机开始写入从机。

整个输入信息帧结构可由"MAC 地址＋有效数据＋\n"组成。编写串口中断处理函数 uart_event_handle，具体代码如下：

串口中断处理：

```
01. void uart_event_handle(app_uart_evt_t * p_event)
02. {
03.     static uint8_t data_array[BLE_NUS_MAX_DATA_LEN + 2 * BLE_GAP_ADDR_LEN];
04.     static uint16_t index = 0;
05.     uint32_t ret_val;
06.     uint16_t con_handle;
07.     //不同连接设备的 MAC 地址
08.     uint8_t addr[BLE_GAP_ADDR_LEN];
09.     switch (p_event->evt_type)
10.     {
11.         case APP_UART_DATA_READY:
12.
13.             UNUSED_VARIABLE(app_uart_get(&data_array[index]));
14.
15.             index++;
16.             if((data_array[index-1] == '\n') || (index >= (m_ble_nus_max_data_len)))
17.             {
18.                 //当输入设备的 MAC 地址和连接设备的 MAC 地址一致时，找到对应句柄
19.                 con_handle = set_con_handle(&m_ble_nus_c[0], data_array);
20.                 printf("send con_handle 0x%x", con_handle);
21.                 NRF_LOG_DEBUG("Ready to send data over BLE NUS");
22.                 NRF_LOG_HEXDUMP_DEBUG(data_array, index);
23.                 if(con_handle != 0xFFFF)
24.                 {
25.                     do
26.                     {
27.                         //在这个连接句柄下发送数据
28.                         ret_val = ble_nus_c_string_send(&m_ble_nus_c[con_handle],
29.                                                         data_array, index);
30.                         if ((ret_val != NRF_ERROR_INVALID_STATE) &&
31.                             (ret_val != NRF_ERROR_RESOURCES))
32.                         {
33.                             APP_ERROR_CHECK(ret_val);
34.                         }
35.                     } while (ret_val == NRF_ERROR_RESOURCES);
36.                 }
37.                 index = 0;
```

```
38.              }
39.              break;
40.         default:
41.              break;
42.     }
43. }
```

21.3.2　从机到主机通信信道

从机以通知形式上传数据。主机接收数据过来后会触发 BLE_NUS_C_EVT_NUS_TX_EVT 事件,可直接根据触发该事件的从机蓝牙服务,打印该服务的设备 MAC 地址,通过地址判断发送数据的从机,在 PC 上打印串口输出服务的数据。修改蓝牙串口事件处理函数代码如下:

蓝牙串口事件处理:

```
01. static void ble_nus_c_evt_handler(ble_nus_c_t * p_ble_nus_c,
02.                                   ble_nus_c_evt_t const * p_ble_nus_evt)
03. {
04.     ret_code_t err_code;
05.
06.     switch (p_ble_nus_evt->evt_type)
07.     {
08.         ............................
09.         ............................
10.         case BLE_NUS_C_EVT_NUS_TX_EVT:
11.             //打印数据前,先打印设备 MAC 地址,区分数据来自于哪个设备
12.             printf("ADDR:%02X%02X%02X%02X%02X%02X\r\n",
13.                     p_ble_nus_c->addr.addr[0],
14.                     p_ble_nus_c->addr.addr[1],
15.                     p_ble_nus_c->addr.addr[2],
16.                     p_ble_nus_c->addr.addr[3],
17.                     p_ble_nus_c->addr.addr[4],
18.                     p_ble_nus_c->addr.addr[5]
19.                     );
20.             //打印数据
21.             ble_nus_chars_received_uart_print(p_ble_nus_evt->p_data,
22.                                               p_ble_nus_evt->data_len);
23.             break;
24.
25.     }
26. }
```

程序编写完毕后,编译保存。

21.4 测试与小结

本实验最少需要使用三个开发板,一个为主机,最少两个从机。在代码文件中,打开工程,下载从机串口实验,然后下载本章的 1 带多主机程序(下载前下载好协议栈,这里不再赘述)。

接好开发板串口,打开两个串口调试助手,设置波特率为 115 200。主机设备串口调试助手勾选"hex 发送",从机设备串口调试助手勾选"hex 显示",如图 21.4 所示。在主机连接时,会提示连接的从机 MAC 地址和对应分配的连接句柄,数据按照"MAC 地址＋有效数据＋\n"格式进行发送,其中"\n"符的 hex 值为 0A。

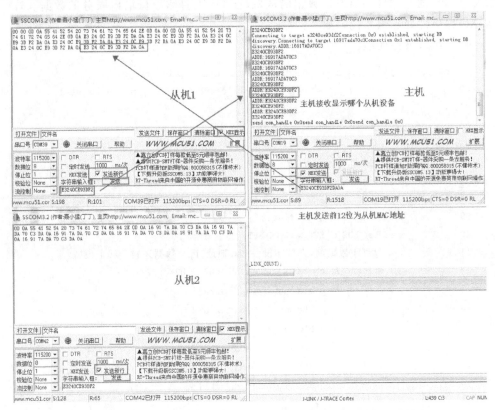

图 21.4　1 主机带多从机串口数据传输

① 主机发送了 E3240CE93DF2DA0A,从机 1 端接收 E3240CE93DF2DA0A,其中 E3240CE93DF2 为 MAC 地址,DA 为数据,0A 为换行符。

② 主机发送了 16917ADA70C3DA0A,从机 2 端接收 16917ADA70C3DA0A,其中 16917ADA70C3 为 MAC 地址,DA 为数据,0A 为换行符。

③ 当从机发送数据给主机,主机先打印发送的从机 MAC 地址,再打印数据。

第22章 蓝牙主从一体

前面的章节中讲解了如何建立蓝牙从机和主机例子，本章将和大家探讨一个蓝牙设备如何配置才可以同时作为主设备和从设备使用，具有这种能力的节点设备称为主从一体设备。

主从一体提供了扩展BLE蓝牙模块的能力，自从一个被称为"链路层拓扑"的功能被添加到蓝牙规范中后，就允许蓝牙设备同时作为主设备和从设备，在任何角色组合中发挥作用。

因为之前的章节讲解了蓝牙从机串口服务和蓝牙主机串口服务，本章将以蓝牙主机串口为基础，加入蓝牙从机串口服务，实现主从一体串口的功能。

22.1 设计目标的分析

设计一个系统，作为主从一体串口，既可以作为主机接收从机串口蓝牙发来的数据，也可以作为从机把数据传递给其他主机设备，如手机等节点，从而起到一个中继节点的作用，如图22.1所示的结构。这时主从一体模块就相当于一根无形的线。

图 22.1 主从一体设备

22.2 nRF52832蓝牙主从一体工程的搭建

22.2.1 工程服务文件的添加

主从一体代码以主机串口蓝牙工程为基础，添加从机功能，并且实现从机与主机直接的角色切换。首先在主机串口蓝牙工程基础上添加如下工程文件：

(1) 在 nRF_BLE 目录下添加 ble_advertising.c 文件、ble_conn_params.c 文件、ble_conn_state.c 文件、ble_link_ctx_manager.c 文件、nrf_ble_qwr.c 文件,如图 22.2 所示。ble_advertising.c 为从机广播实现函数文件。ble_conn_params.c 文件和 ble_conn_state.c 为从机连接与连接参数更新函数文件。ble_link_ctx_manager.c 为获得上下文的链接函数文件。nrf_ble_qwr.c 为回调机制中的队列功能实现函数文件。

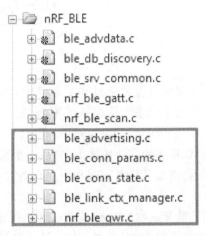

图 22.2　nRF_BLE 目录下添加文件

文件所在的路径如表 22.1 所列。

表 22.1　nRF_BLE 目录下添加文件路径

文件名称	路径
ble_advertising.c	\components\ble\ble_advertising
ble_conn_params.c	\components\ble\common
ble_conn_state.c	\components\ble\common
ble_link_ctx_manager.c	\components\ble\ble_link_ctx_manager
nrf_ble_qwr.c	\components\ble\nrf_ble_qwr

(2) 在 nRF_BLE_Services 目录下添加从机服务函数文件 ble_nus.c,如图 22.3 所示。

图 22.3　nRF_BLE_Services 目录下添加文件

文件所在的路径如表 22.2 所列。

(3) 在 nRF_Libraries 目录下添加存储配置文件 nrf_atflags.c、nrf_fstorage.c 和 nrf_fstorage_sd.c,这三个文件与内部存储相关,如图 22.4 所示。

表 22.2 nRF_BLE_Services 目录下添加文件路径

文件名称	路径
ble_nus.c	\components\ble\ble_services\ble_nus

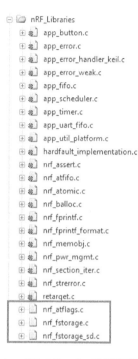

图 22.4 nRF_Libraries 目录下添加文件

文件所在的路径如表 22.3 所列。

表 22.3 nRF_Libraries 目录下添加文件路径

文件名称	路径
nrf_atflags.c	\components\libraries\fstorage
nrf_fstorage.c	\components\libraries\fstorage
nrf_fstorage_sd.c	\components\libraries\fstorage

22.2.2 工程文件路径的添加

添加完文件后,需要在工程选项中添加文件路径,如图 22.5 所示,打开 options for Target,选择 C/C++ 选项卡,单击打开 include Paths。

添加如图 22.6 所示文件路径。

这些添加的文件,需要在工程的主函数中引用。在 main.c 文件开头,添加 include 引用头文件,如下所示:

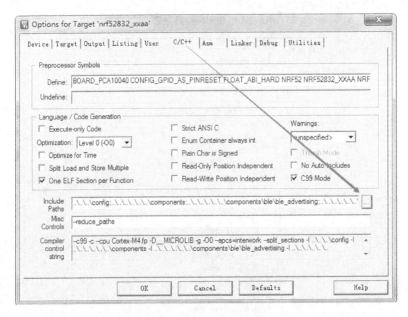

图 22.5 选择 C/C++选项卡

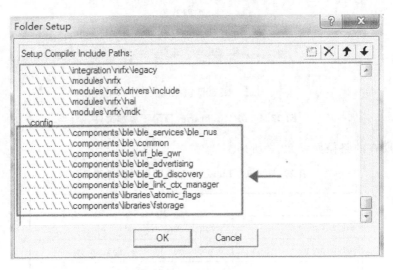

图 22.6 添加文件夹路径

```
01. #include "ble_advertising.h"
02. #include "ble_conn_params.h"
03. #include "nrf_ble_qwr.h"
04. #include "nrf_fstorage.h"
05. #include "nrf_soc.h"
06. #include "ble_nus.h"
```

22.3 从机服务和主机服务的共存

主从一体设备中,如何实现设备既作为主机又作为从机,关键的问题是主机和从机事件的切换。首先把主机服务配置文件和从机服务配置文件搭建起来,初始化两种服务文件,建立主机扫描后发起连接部分、从机广播后被连接部分,当两个类型的服务配置文件建立后,开始处理蓝牙事件,决定数据流向。

首先,本例的主函数详细代码如下:

```
01. int main(void)
02. {
03.     // Initialize.
04.     log_init();
05.     timer_init();
06.     uart_init();
07.     buttons_leds_init();
08.     db_discovery_init();
09.     power_management_init();
10.     ble_stack_init();
11.     gatt_init();
12.     gap_params_init();//添加的 GAP 初始化
13.     conn_params_init();//添加的连接参数初始化
14.     nus_c_init();
15.     services_init();//添加从机服务初始化
16.     advertising_init();//添加广播初始化
17.
18.     // Start execution.
19.     printf("BLE UART central example started.\r\n");
20.     NRF_LOG_INFO("BLE UART central example started.");
21.     //scan_start();
22.     adv_scan_start();//修改为广播和扫描同时开始
23.     // Enter main loop.
24.     for (;;)
25.     {
26.         idle_state_handle();
27.     }
28. }
```

代码中,需要添加如下几个函数:

第 12 行:添加 GAP 初始化函数,用于设置从机的广播名称、连接间隔等参数。

第 13 行:添加连接参数初始化函数 conn_params_init(),用于从机中更新连接参数。

第 15 行:添加从机服务初始化函数 services_init(),实现从机服务的初始化和派发。

第 16 行:添加广播初始化函数 advertising_init(),实现广播的初始化。

第 22 行:把 scan_start() 改成 adv_scan_start() 函数,开机后,不仅进行扫描,同时进行广播。

下面就对这几个函数展开说明。

GAP 初始化的声明与定义,是在 main 函数之前,定义 gap_params_init 函数。关于 GAP 初始化的功能和编写要求,可参考 nRF52xx 蓝牙系列书籍中册第 7 章"通用访问规范 GAP 详解"的章节。代码具体如下:

```
01. #define DEVICE_NAME              "Nordic_UART"
02. #define MIN_CONN_INTERVAL        MSEC_TO_UNITS(20, UNIT_1_25_MS)
    #define MAX_CONN_INTERVAL        MSEC_TO_UNITS(75, UNIT_1_25_MS)
    #define SLAVE_LATENCY            0
    #define CONN_SUP_TIMEOUT         MSEC_TO_UNITS(4000, UNIT_10_MS)
03.
04. static void gap_params_init(void)//GAP 初始化
05. {
06.     uint32_t               err_code;
07.     ble_gap_conn_params_t  gap_conn_params;
08.     ble_gap_conn_sec_mode_t sec_mode;
09.
10.     BLE_GAP_CONN_SEC_MODE_SET_OPEN(&sec_mode);
11.     err_code = sd_ble_gap_device_name_set(&sec_mode,
12.                                           (const uint8_t *) DEVICE_NAME,
13.                                           strlen(DEVICE_NAME));
14.     APP_ERROR_CHECK(err_code);
15.
16.     memset(&gap_conn_params, 0, sizeof(gap_conn_params));
17.
18.     gap_conn_params.min_conn_interval = MIN_CONN_INTERVAL;
19.     gap_conn_params.max_conn_interval = MAX_CONN_INTERVAL;
20.     gap_conn_params.slave_latency     = SLAVE_LATENCY;
21.     gap_conn_params.conn_sup_timeout  = CONN_SUP_TIMEOUT;
22.
23.     err_code = sd_ble_gap_ppcp_set(&gap_conn_params);
24.     APP_ERROR_CHECK(err_code);
25. }
```

添加连接参数初始化函数 conn_params_init,用于从机更新连接参数,代码具体如下:

```
01. #define FIRST_CONN_PARAMS_UPDATE_DELAY    APP_TIMER_TICKS(5000)
```

```
02. #define NEXT_CONN_PARAMS_UPDATE_DELAY      APP_TIMER_TICKS(30000)
03. #define MAX_CONN_PARAMS_UPDATE_COUNT     3
04.
05. static void conn_params_error_handler(uint32_t nrf_error)
06. {
07.     APP_ERROR_HANDLER(nrf_error);
08. }
09. static void conn_params_init(void)
10. {
11.     ret_code_t              err_code;
12.     ble_conn_params_init_t cp_init;
13.
14.     memset(&cp_init, 0, sizeof(cp_init));
15.
16.     cp_init.p_conn_params = NULL;
17.     cp_init.first_conn_params_update_delay = FIRST_CONN_PARAMS_UPDATE_DELAY;
18.     cp_init.next_conn_params_update_delay = NEXT_CONN_PARAMS_UPDATE_DELAY;
19.     cp_init.max_conn_params_update_count = MAX_CONN_PARAMS_UPDATE_COUNT;
20.     cp_init.start_on_notify_cccd_handle = BLE_CONN_HANDLE_INVALID;
21.     cp_init.disconnect_on_fail = true;
22.     cp_init.evt_handler = NULL;   // Ignore events.
23.     cp_init.error_handler = conn_params_error_handler;
24.
25.     err_code = ble_conn_params_init(&cp_init);
26.     APP_ERROR_CHECK(err_code);
27. }
```

配置从机服务初始化 services_init 函数，完成以下工作：

① 从机服务队列的设置，如果只有一个从机服务，可以不用设置该参数。

② 声明从机服务的串口服务回调函数。

③ 声明从机服务初始化。

实现从机服务的初始化后，串口服务就可以同主机服务一起被调用，具体代码如下：

```
01. static void services_init(void)//服务初始化
02. {
03.     uint32_t            err_code;
04.     ble_nus_init_t      nus_init;
05.     nrf_ble_qwr_init_t qwr_init = {0};
06.
07.     // Initialize Queued Write Module.
08.     qwr_init.error_handler = nrf_qwr_error_handler;
09.
```

```
10.    //    err_code = nrf_ble_qwr_init(&m_qwr, &qwr_init);
11.    //    APP_ERROR_CHECK(err_code);
12.
13.        for (uint32_t i = 0; i<NRF_SDH_BLE_TOTAL_LINK_COUNT; i++)
14.        {
15.            err_code = nrf_ble_qwr_init(&m_qwr[i], &qwr_init);
16.            APP_ERROR_CHECK(err_code);
17.        }
18.
19.        //初始化从机串口服务和回调函数
20.        memset(&nus_init, 0, sizeof(nus_init));
21.        nus_init.data_handler = nus_data_handler;
22.
23.        err_code = ble_nus_init(&m_nus, &nus_init);
24.        APP_ERROR_CHECK(err_code);
25.    }
```

从机服务建立后，则设置广播，广播是从机被主机发现的前提条件，初始化广播设置如 nRF52xx 蓝牙系列书籍中册第 9 章"蓝牙广播初始化分析"的描述，具体代码如下：

```
01. static void advertising_init(void)
02. {
03.     uint32_t               err_code;
04.     ble_advertising_init_t init;
05.
06.     memset(&init, 0, sizeof(init));
07.
08.     init.advdata.name_type = BLE_ADVDATA_FULL_NAME;
09.     init.advdata.include_appearance = false;
10.     init.advdata.flags = BLE_GAP_ADV_FLAGS_LE_ONLY_LIMITED_DISC_MODE;
11.
12.     init.srdata.uuids_complete.uuid_cnt = sizeof(m_adv_uuids)/sizeof(m_adv_uuids[0]);
13.     init.srdata.uuids_complete.p_uuids = m_adv_uuids;
14.
15.     init.config.ble_adv_fast_enabled = true;
16.     init.config.ble_adv_fast_interval = APP_ADV_INTERVAL;
17.     init.config.ble_adv_fast_timeout = APP_ADV_DURATION;
18.     init.evt_handler = on_adv_evt;
19.
20.     err_code = ble_advertising_init(&m_advertising, &init);
21.     APP_ERROR_CHECK(err_code);
22.     ble_advertising_conn_cfg_tag_set(&m_advertising, APP_BLE_CONN_CFG_TAG);
23. }
```

编译一个广播和扫描同时运行的函数 adv_scan_start,可以同时开启广播和扫描。按照顺序,把广播开始函数 ble_advertising_start 写到 scan_start 函数之后,设置开始广播为快速广播,具体代码如下:

```
01. static void adv_scan_start(void)
02. {
03.     ret_code_t err_code;
04. 
05.     //检测如果没有 flash 操作
06.     if (! nrf_fstorage_is_busy(NULL))
07.     {
08.         scan_start();//开始扫描
09. 
10.         //打开扫描的 LED 灯
11.         bsp_board_led_on(CENTRAL_SCANNING_LED);
12. 
13.         //同时开始广播
14.         err_code = ble_advertising_start(&m_advertising, BLE_ADV_MODE_FAST);
15.         APP_ERROR_CHECK(err_code);
16.     }
17. }
```

22.3.1 协议栈参数的配置

在这个服务中添加了一个独立的 128 位服务,需要修改协议栈的配置,下面代码中有两处需要修改:

```
01. static void ble_stack_init(void)
02. {
03.     ret_code_t err_code;
04. 
05.     err_code = nrf_sdh_enable_request();
06.     APP_ERROR_CHECK(err_code);
07.     //配置协议栈参数需要修改
08.     uint32_t ram_start = 0;
09.     err_code = nrf_sdh_ble_default_cfg_set(APP_BLE_CONN_CFG_TAG, &ram_start);
10.     APP_ERROR_CHECK(err_code);
11. 
12.     //使能协议栈
13.     err_code = nrf_sdh_ble_enable(&ram_start);
14.     APP_ERROR_CHECK(err_code);
15. 
16.     // 注册的蓝牙事件回调函数需要修改
17.     NRF_SDH_BLE_OBSERVER(m_ble_observer, APP_BLE_OBSERVER_PRIO, ble_evt_handler,
                            NULL);
18. }
```

直接在 sdk_config.h 中配置协议栈参数，可用配置导航 Configuration Wizard 完成配置，如图 22.7 所示。

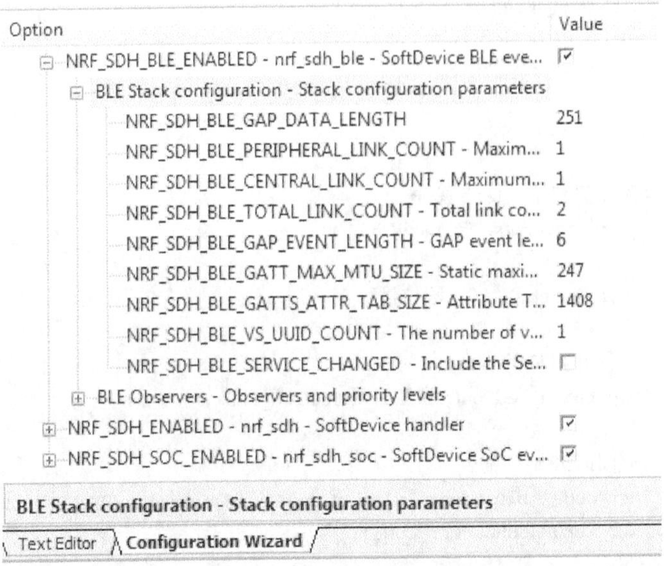

Option	Value
□ NRF_SDH_BLE_ENABLED - nrf_sdh_ble - SoftDevice BLE eve...	☑
□ BLE Stack configuration - Stack configuration parameters	
NRF_SDH_BLE_GAP_DATA_LENGTH	251
NRF_SDH_BLE_PERIPHERAL_LINK_COUNT - Maxim...	1
NRF_SDH_BLE_CENTRAL_LINK_COUNT - Maximum...	1
NRF_SDH_BLE_TOTAL_LINK_COUNT - Total link co...	2
NRF_SDH_BLE_GAP_EVENT_LENGTH - GAP event le...	6
NRF_SDH_BLE_GATT_MAX_MTU_SIZE - Static maxi...	247
NRF_SDH_BLE_GATTS_ATTR_TAB_SIZE - Attribute T...	1408
NRF_SDH_BLE_VS_UUID_COUNT - The number of v...	1
NRF_SDH_BLE_SERVICE_CHANGED - Include the Se...	☐
⊞ BLE Observers - Observers and priority levels	
⊞ NRF_SDH_ENABLED - nrf_sdh - SoftDevice handler	☑
⊞ NRF_SDH_SOC_ENABLED - nrf_sdh_soc - SoftDevice SoC ev...	☑

BLE Stack configuration - Stack configuration parameters
Text Editor \ **Configuration Wizard** /

图 22.7　修改配置文件

协议栈参数配置简要说明如下：

NRF_SDH_BLE_PERIPHERAL_LINK_COUNT　　　设置为 1
NRF_SDH_BLE_CENTRAL_LINK_COUNT　　　设置为 1

这两个参数代表了 1 个可使用中心主机设备进行连接的链路即作为主机连接 1 路从机，1 个可使用外部从机设备进行连接的链路，作为从机可以接 1 个主机。

NRF_SDH_BLE_TOTAL_LINK_COUNT　　　设置为 2

表示链路中总的设备数量为 2 个。

NRF_SDH_BLE_VS_UUID_COUNT　　　设置为 1

表示添加 128 位从机服务 UUID 的数量为 1。

其他参数可以不做修改。

下面继续配置协议栈初始化中的蓝牙事件回调函数，其作用是处理不同角色下蓝牙设备对应的操作，比如：如果作为主机则调用主机回调处理函数 on_ble_central_evt(p_ble_evt)，如果作为从机则调用从机回调处理函数 on_ble_peripheral_evt(p_ble_evt)，具体代码如下：

```
01. static void ble_evt_handler(ble_evt_t const * p_ble_evt, void * p_context)
02. {
03.     uint16_t conn_handle = p_ble_evt ->evt.gap_evt.conn_handle;
04.     uint16_t role = ble_conn_state_role(conn_handle);
05.
06.     //不同角色下所做的处理
```

```
07.    if (role == BLE_GAP_ROLE_PERIPH || ble_evt_is_advertising_timeout(p_ble_evt))
08.    {
09.        on_ble_peripheral_evt(p_ble_evt);
10.    }
11.    else if ((role == BLE_GAP_ROLE_CENTRAL) || (p_ble_evt->header.evt_id == BLE_GAP
       _EVT_ADV_REPORT))
12.    {
13.        on_ble_central_evt(p_ble_evt);
14.    }
15. }
```

22.3.2 服务的使能和 RAM 空间的设置

配置完主函数后,需要在 sdk_config.h 文件中使能设置的服务、蓝牙功能,可以在配置向导 configuration wizard 中勾选。勾选 nRF_BLE 下的如下选项:

BLE_ADVERTISING_ENABLED　　蓝牙广播使能
BLE_DB_DISCOVERY_ENABLED　　蓝牙主机数据发现使能(之前工程已经勾选的)
NRF_BLE_CONN_PARAMS_ENABLED　　蓝牙连接参数使能
NRF_BLE_GATT_ENABLED　　初始化 GATT 使能
NRF_BLE_QWR_ENABLED　　初始化队列使能

具体如图 22.8 所示。

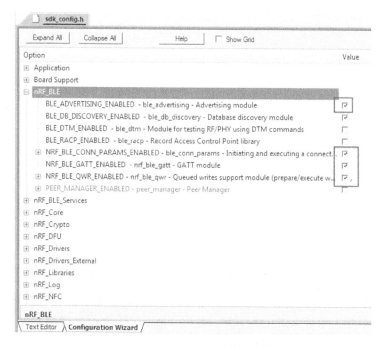

图 22.8　nRF_BLE 下的勾选项

在 nRF_Libraries 下勾选 NRF_FSTORAGE_ENABLED 内部存储使能,如图 22.9 所示。

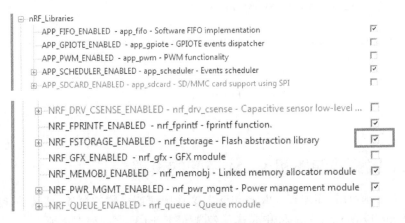

图 22.9　nRF_Libraries 下勾选项

在 nRF_BLE_Services 下,勾选从机服务使能 BLE_NUS_ENABLED,如图 22.10 所示。

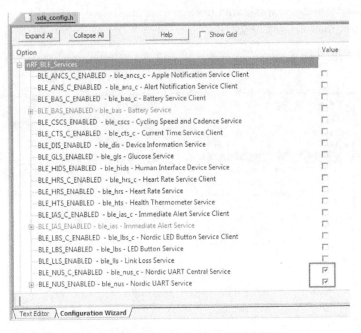

图 22.10　nRF_BLE_Services 下的勾选项

添加完成后,编译会提示服务内存 RAM 不足,这是因为增加一个独立的 128 位 UUID 服务,需要占用更多 RAM 空间。此时 LOG 打印会提示需要增加 RAM 空间,如图 22.11 所示,把内存空间从 0x200029F0 增加到 0x20003980。

RAM 设置修改如图 22.12 所示。

```
0> <warning> nrf_sdh_ble: Insufficient RAM allocated for the SoftDevice.
0> <warning> nrf_sdh_ble: Change the RAM start location from 0x200029F0 to
0x20003980.
0> <warning> nrf_sdh_ble: Maximum RAM size for application is 0xC680.
0> <error> nrf_sdh_ble: sd_ble_enable() returned NRF_ERROR_NO_MEM.
0> <error> app: Fatal error
```

图 22.11　提示内存不足

即 Strart 起始位 0x200029F0 ＋ 0xF90 ＝ 0x20003980；应用空间减少到：Size 0xD610－0xF90＝0xC680；

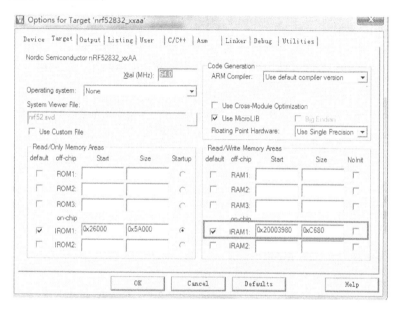

图 22.12　工程 RAM 配置

完成以上配置，整个从机服务和主机服务就可以同时运行了。编译下载到设备中，会发现设备同时进行从机广播和主机扫描。使用手机可以扫描到从机广播，并且发起连接。选取一个开发板下载从机串口程序，可以测试主从一体设备的主机功能，观察到从机设备被主从一体设备正常发现并且连接。

22.4　主从一体数据传输流向

22.4.1　从机设备传输数据到主从一体设备

PC 端用串口调试助手接收通过从机串口发送的数据，主从一体设备接收数据，再发送到手机 APP 上。整个数据流在程序中如何实现的？

开发者需要整理数据传输流程，用图 22.13 表示。

① PC 串口调试助手发送的数据，通过从机蓝牙设备发射出去，这个过程由从机端

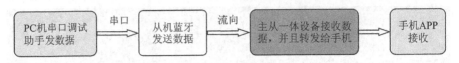

图 22.13　主机到主从一体数据流向

的从机蓝牙串口程序实现。

② 主从一体设备以主机角色接收从机发送的蓝牙数据，需在 ble_nus_c_evt_handler 蓝牙主机接收回调函数中触发 BLE_NUS_C_EVT_NUS_TX_EVT 事件进行转发操作。把作为主机接收到的数据，存入一个指针中，再作为从机把指针中的数据发给手机，

作为主机接收到的数据为本次主机接收事件下的 p_ble_nus_evt->p_data 参数值声明一个 data_array 指针存储。调用从机上传函数 ble_nus_data_send()转发给手机，具体代码如下：

```
01. static void ble_nus_c_evt_handler(ble_nus_c_t * p_ble_nus_c, ble_nus_c_evt_t const
                                     * p_ble_nus_evt)
02. {   ble_nus_evt_t      * nus_init;
03.     ret_code_t err_code;
04.
05.     switch (p_ble_nus_evt->evt_type)
06.     {
07.         ……………………………………
08.         ……………………………………
09.         case BLE_NUS_C_EVT_NUS_TX_EVT:
10.         ble_nus_chars_received_uart_print(p_ble_nus_evt->p_data, p_ble_nus_evt-
                >data_len);
11.         //需要转发的数据长度
12.         length = (uint16_t) p_ble_nus_evt->data_len;
13.         //需要转发的数据
14.         data_array = p_ble_nus_evt->p_data;
15.         //做为主机接收的数据---》到作为从机转发送给手机
16.         ble_nus_data_send(&m_nus, data_array,&length,m_conn_handle);
17.         break;
18.         ……………………………………
19.         ……………………………………
20.     }
21. }
```

此过程就完成了一个方向的单向数据转发。

22.4.2　主从一体设备传输数据到从机设备

手机 APP 发送数据到主从一体设备，主从一体设备发给从机设备，从机设备通过串口调试助手打印输出,这样一个数据流程如何实现?

① 手机数据发送给主从一体设备后,主从一体设备转发给从机,这个过程中,主从一体设备作为从机与手机通信,应该在从机接收回调函数中触发数据转发过程。从机接收回调函数为 nus_data_handler,主从一体设备作为从机接收数据时,触发 BLE_NUS_EVT_RX_DATA 接收事件,再把设备作为主机,转发数据给从机蓝牙设备。通过函数 ble_nus_c_byte_send()实现主机串口发数据给从机设备,如图 22.14 所示。

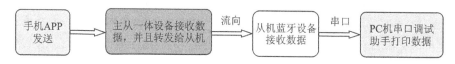

图 22.14 主从一体到从机数据流向

② 从机端接收蓝牙数据,在 PC 串口助手上打印数据,这个工作由从机串口蓝牙设备实现。

具体代码如下:

```
01. static void nus_data_handler(ble_nus_evt_t * p_evt)
02. //串口中断操作,主从一体作为从机,接收主机发来的数据,不打印,改为传给下一个从机
03. {
04.
05.     static uint8_t data_array2[BLE_NUS_MAX_DATA_LEN];
06.     static uint8_t index = 0;
07. //  uint8_t i;
08.     if (p_evt->type == BLE_NUS_EVT_RX_DATA)
09.     {
10.         uint32_t err_code;
11.         for (uint32_t  i = 0; i < p_evt->params.rx_data.length; i++)
12.         {
13.             do
14.             {
15.                 //屏蔽掉 err_code = app_uart_put(p_evt->params.rx_data.p_data[i]);
16.                 //把接收手机 APP 发来的数据,转发给从机设备
17.                 err_code = ble_nus_c_byte_send(&m_ble_nus_c,p_evt->params.rx_data.p_data[i]);
18.                 if ((err_code != NRF_SUCCESS) && (err_code != NRF_ERROR_BUSY))
19.                 {
20.                     NRF_LOG_ERROR("Failed receiving NUS message. Error 0x%x. ", err_code);
21.                     APP_ERROR_CHECK(err_code);
22.                 }
23.             } while (err_code == NRF_ERROR_BUSY);
24.         }
25.     }
```

至此就完成了手机APP经过主从一体设备到从机设备的单向数据转发的过程。结合主从一体的建立过程,开发者可以自由设计主从设备。

22.5 下载与调试

本实验使用两个开发板,一个主从一体设备,一个为从机,同时需要一个手机参与。下面描述时把主从开发板称为C开发板,从机开发板称为P开发板。

在C开发板上下载主从一体串口代码、协议栈S132和应用程序。在P开发板上下载从机蓝牙串口代码和协议栈S132。在手机端,安装蓝牙串口nRF_UART APP。

把开发板串口接好,打开P开发板连接的串口调制助手,设置波特率为115 200,开流控,如图22.15所示。

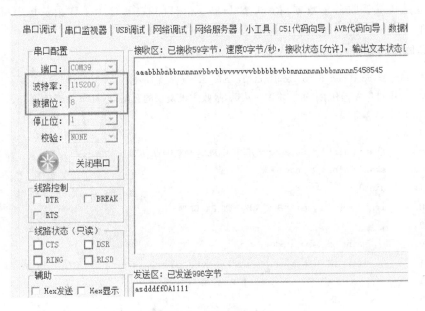

图22.15 串口调试助手

程序正常下载后,C开发板和P开发板互联,再用手机APP和C开发板发起连接。这时通过P开发板发送的数据,就可以在APP上接收,同时APP发送的数据也可以在P开发板上接收。实现一个中继互传的功能。

第 23 章

蓝牙 MESH 组网

2017 年 7 月 19 号,蓝牙技术联盟正式宣布蓝牙技术开始全面支持 MESH 网状网络。最新的蓝牙 MESH 组网技术,使得网络节点之间可以相互中继和路由,组成一张无通信死角的网络,实现蓝牙无线信号全覆盖,突破了传统蓝牙距离短的弊端。如以蓝牙 MESH 技术为基础的智能家居无线互联网络。蓝牙 MESH 技术是一种相对于其他传统短距离通信来说具有更低复杂度、更低功耗、低成本的双向无线通信技术。通过蓝牙 MESH 技术组建家庭网络,可以把各种家电设备互联,方便主人管理家电设备。同时加入传感器节点,采集家居内的数据,比如温度、湿度、光照等。

设备之间相互组网,无论用户在任何位置,只需要连接上其中一个设备,即可控制和管理整个网络,突破了传统蓝牙连接数量少的弊端,如 BLE 只能支持 20 个设备、WIFI 只能支持十几个设备。MESH 功能定位成为包括智能家居和工业物联网在内的各大新领域及新应用的主流低功耗无线通信技术,不仅可提供多对多的设备传输,还特别提高了构建大范围网络覆盖的通信效能,适用于需要为数以万计设备连通交互的物联网解决方案。蓝牙 Mesh 非常适合在安装了高密度照明以及大量物联网传感器的商用或工业环境中使用。

23.1 蓝牙 MESH 开发平台的搭建

23.1.1 软硬件平台的搭建

在使用 nRF5 SDK 进行蓝牙 MESH 组网时,首先要考虑哪些 Nordic 设备可以支持蓝牙 MESH。目前能支持蓝牙的硬件开发平台和对应的协议栈如表 23.1 所列。

表 23.1 支持的硬件开发平台

SoC	Boards	SoftDevices
nRF52840_xxAA	PCA10056	S140 v6.0.0/v6.1.0/v6.1.1 S133 v7.0.0(experimental)
nRF52832_xxAA	PCA10040	S132 v5.0.0/v6.0.0/v6.1.0/v6.1.1 S113 v7.0.0/(experimental)

续表 23.1

SoC	Boards	SoftDevices
nRF52810_xxAA(limited support)	PCA10040e	S112 v6.0.0/v6.1.0/v6.1.1 S113 v7.0.0(experimental)
nRF51422_xxAC(deprecated support)	PCA10028	S130 v2.0.1

能够支持 Mesh 开发的软件平台包括 SEGGER Embedded Studio、MDK KEIL 和 IAR,目前官方只提供 SEGGER Embedded Studio 工程包,如需使用 KEIL,则要自己移植,移植过程可参考如下链接。

https://devzone.nordicsemi.com/blogs/1180/creating-a-keil-project-for-a-bluetooth-mesh-examp/

本章将主要讲解应用 SEGGER Embedded Studio 如何实现下载一个 MESH 组网实例。

首先安装软件平台,安装最新版本的 SEGGER Embedded Studio 软件,安装后如图 23.1 所示。

最新版本的下载地址为:

https://wwdouw.segger.com/products/development-tools/embedded-studio/

图 23.1 SEGGER Embedded Studio

安装后打开软件注册,否则试用期过后将无法使用。这个软件免费开放注册,并且只有最新版才能够注册。

按下 F7→Activate Your Free License,弹出如图 23.2 所示框图。

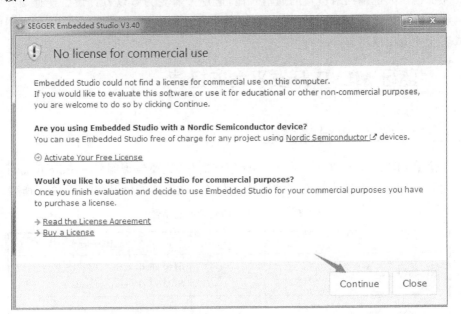

图 23.2 注册提示

单击 Continue 弹出注册信息框,按照要求填写相关信息,如图 23.3 所示。

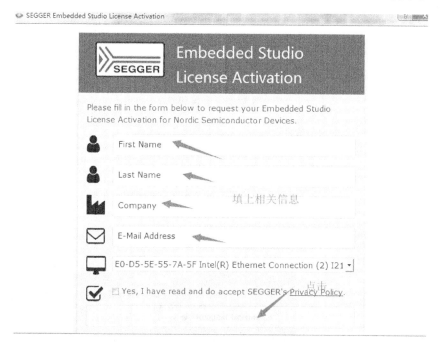

图 23.3 填写注册信息

提交后,会收到包含 License 的邮件,把邮件中的 license 复制至图 23.4 所示空白处即可。

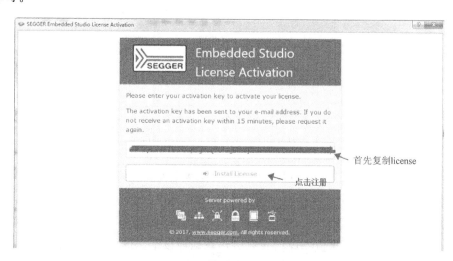

图 23.4 复制 license

23.1.2 MESH 工程文件的编译

官方提供了 MESH 工程开发包,将以这个开发包为主讲解。下载两个开发包,放到同一个文件夹,如图 23.5 所示。(作者写本章节的时间点更新的最新版本为 mesh 3.2.0。)

图 23.5　开发包

其中:nRF5_SDK_15.3.0_a53641a:为 SDK 的支持包

nrf5_SDK_for_Mesh_v3.2.0:为 MESH 的支持包

这两个开发包的下载地址为:

https://www.nordicsemi.com/Products/Low-power-short-range-wireless/nRF52832

打开的网页如图 23.6 所示,可以下载最新的蓝牙 SDK 包和 MESH 开发包:

图 23.6　开发包下载界面

解压 nRF5_SDK_15.0.0_a53641a.zip 压缩包到路径 H:mesh3.2\nRF5_SDK_15.3.0_59ac345。因为这个版本的 MESH 工程包需要链接 SDK_15.3 的工程文件,所以要先设置好工程的 SDK_ROOT,否则会出现编译报错。例如,boards.h 头文件找不到等问题。打开任意一个 MESH 工程,单击环境 Embedded Studio for ARM→Tools→Options→Building→Global macros→增加全局的路径定义,如图 23.7 所示。加入路径 SDK_ROOT=H:\mesh 3.2.0\nRF5_SDK_15.3.0_59ac345。

这方面的官方说明可参考链接:

第 23 章　蓝牙 MESH 组网

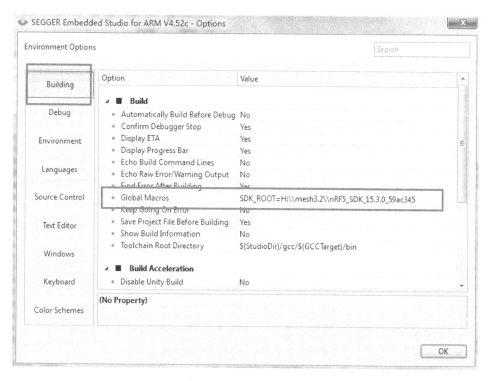

图 23.7　加入 SDK 路径

http://infocenter.nordicsemi.com/index.jsp?topic=％2Fcom.nordic.infocenter.meshsdk.v2.1.1％2Fmd_doc_getting_started_how_to_build.html

注意：路径不要包含中文，路径不要过长，否则会编译出错。

打开工程时，在 SEGGER Embedded Studio 中选择 File→Open Solution 选择示例工程文件，打开工程目录 examples 里的 emProject 工程，编译工程。如果出现图 23.8 所示的错误，则说明读者放置的工程文件路径里包含了中文。

图 23.8　包含中文路径提示错误

23.2　MESH 网络的实例测试

23.2.1　MESH 网络角色

和 BLE 低功耗蓝牙中存在主机、从机角色相同，MESH 网络中也有对应的角色。MESH 网络中的设备被称为节点（Node），而非 MESH 网络中的设备称为"未经启动配置的设备"。将未经启动配置的设备转换为节点的过程称为"启动配置"。

启动配置是一个安全的过程,原本未经启动配置的设备经过启动配置后会拥有一系列加密密钥,并被启动配置的设备识别。

启动的设备可以是 Provisioner(配置角色),或者是 Provisionee(节点角色)。其中 Provisionee(节点角色)分为 Client(客户端)和 Servers(服务端)。Provisioner(配置角色)用于配置这些设备的端。同时要注意,传统的 BLE 低功耗设备并不能直接兼容 MESH 网络,而如果想把手机等具有 BLE 的设备加入 MESH 网络中,需加入 Proxy(代理节点)。

Provisioner(配置角色)启动配置用于为新设备提供加入网络所需的信息。在配置过程中,为新设备提供了一个网络密钥、一个地址和一个设备密钥。该密钥是一个专用密钥,仅用于 Provisioner(配置者)和 Provisionee(被配置者)之间的私有通信(例如,在配置程序之后配置设备时)。

节点(Node)是已经启动配置(Provision)并成为 MESH 网络中一员的设备。节点具有与其产品类型相关的功能,也可具有与网络本身操作相关的功能并在其中扮演特定角色。这取决于其所支持的 MESH 网络特性。所有节点都能在网络中发送并接收 MESH 消息,此外还可以选择性地支持一个或多个其他网络特性,如下所列:

- 中继(Relay)特性:通过广播承载层接收并重新发送 MESH 消息,以构建更大规模网络的能力。
- 代理(Proxy)特性:在 GATT 和广播承载层之间接收并重新发送 MESH 消息的能力。
- 低功耗(Low-Power)特性:能够以明显较低的接收端占空比在 MESH 网络中运行。通过将无线电接收器启用时间最小化可实现节点功耗的降低,只有在绝对必要时才启动接收器。低功耗节点(LPN)通过与好友(Friend)节点建立友谊(Friendship)关系来实现这一点。
- 好友(Friend)特性:通过存储发往 LPN 的消息,仅在 LPN 明确发出请求时才转发来帮助 LPN 运行的能力。

要了解"友谊"是如何帮助 LPN 降低功耗的,可以先从传感器开始。传感器是一个很好的例子,它可以利用"友谊",并被用作 LPN。传感器通常将绝大部分时间用于传输数据,且很少需要接收数据。传感器可能只有在温度超出一系列预设的限制时才会发送温度读数,而这种情况每天可能只会发生两次。正是这种不频繁的数据传输才使得此类设备的能耗使用维持在较低水平。

23.2.2 MESH 实例测试

测试一个 MESH 组网控制 LED 灯的实例,打开官方 MESH 工程包,选择 example 路径下 light_switch 工程,如图 23.9 所示。

打开 light_switch 工程,发现多个文件夹,如图 23.10 所示,这些文件夹内容如下:

第 23 章 蓝牙 MESH 组网

图 23.9 MESH 点灯工程

图 23.10 工程文件夹内

① client 文件夹,MESH 网络中客户端节点工程。
② img 文件夹,离线说明的一些图片和文本。
③ include 文件夹,多个工程包共同使用的文件。
④ provisioner 文件夹,MESH 网络中配置端节点工程。
⑤ server 文件夹,MESH 网络中服务端节点工程。

如上所述,文件夹是 MESH 网络中节点的工程包,本节将对这几个工程一一进行测试,最后两个代理节点的工程,需要手机 APP 加入。

首先,组成最简单的 MESH 配置网络,需要 4 块开发板进行测试(最少 3 块),分别作为配置节点 1 个、客户端节点(主机端)1 个、服务端节点(从机端)2 个,测试过程如下:

(1) 下载 client 主机端程序到一个开发板中,工程目录如图 23.11 所示,包含

•349•

nrf52832 和 nrf52840 两个芯片的工程,可根据开发板类型选择。

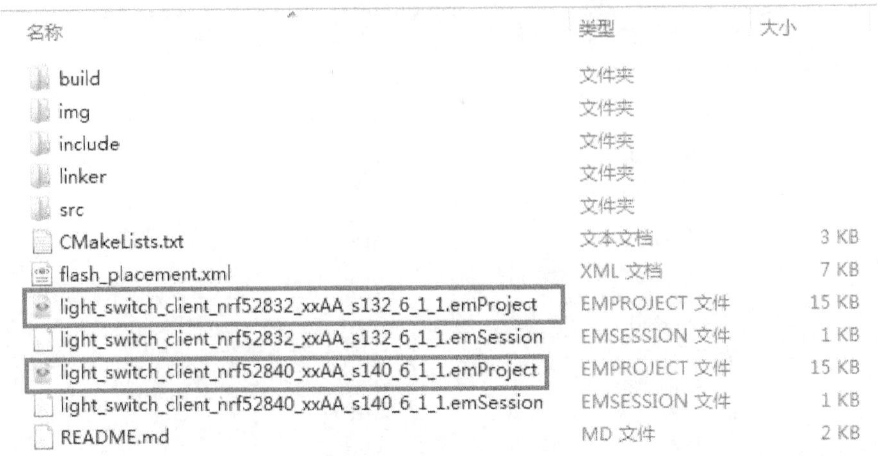
名称
类型
大小
build
文件夹
img
文件夹
include
文件夹
linker
文件夹
src
文件夹
CMakeLists.txt
文本文档
3 KB
flash_placement.xml
XML 文档
7 KB
light_switch_client_nrf52832_xxAA_s132_6_1_1.emProject
EMPROJECT 文件
15 KB
light_switch_client_nrf52832_xxAA_s132_6_1_1.emSession
EMSESSION 文件
1 KB
light_switch_client_nrf52840_xxAA_s140_6_1_1.emProject
EMPROJECT 文件
15 KB
light_switch_client_nrf52840_xxAA_s140_6_1_1.emSession
EMSESSION 文件
1 KB
README.md
MD 文件
2 KB

图 23.11　客户端工程

打开工程后,SEGGER 工程如图 23.12 所示:

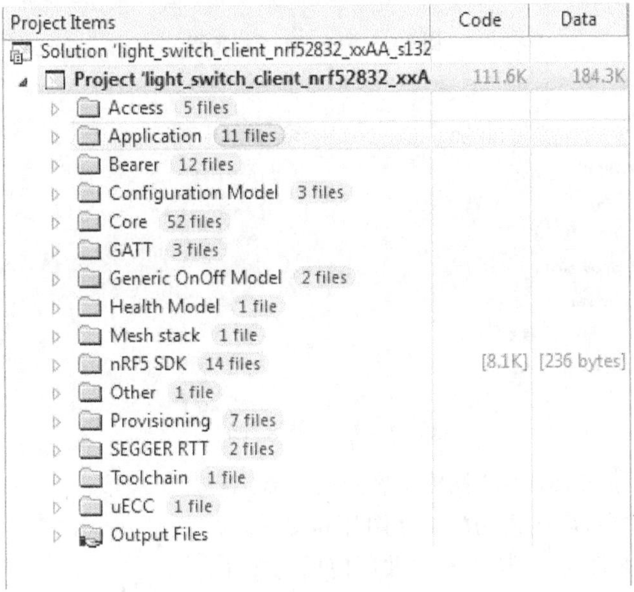
Project Items
Code
Data
Solution 'light_switch_client_nrf52832_xxAA_s132
Project 'light_switch_client_nrf52832_xxA
111.6K
184.3K
Access 5 files
Application 11 files
Bearer 12 files
Configuration Model 3 files
Core 52 files
GATT 3 files
Generic OnOff Model 2 files
Health Model 1 file
Mesh stack 1 file
nRF5 SDK 14 files
[8.1K]
[236 bytes]
Other 1 file
Provisioning 7 files
SEGGER RTT 2 files
Toolchain 1 file
uECC 1 file
Output Files

图 23.12　工程目录

单击 Bulid→Build light_control_client,编译工程,如图 23.13 所示。

由于 SEGGER Embedded Studio 目前开发使用需要注册。如果之前搭建时没有注册,会提出使用的是无注册的,如图 23.14 所示,单击 Accept 后,回到搭建软件平台的地方申请注册。

编译后,如果一切正常,提示如图 23.15 所示。

编译完成后,连接仿真器,单击 Target→Connect J-Link,如图 23.16 所示。

第 23 章　蓝牙 MESH 组网

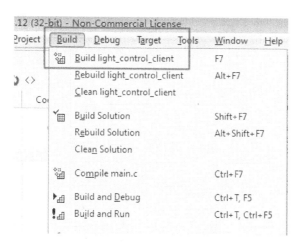

图 23.13　重新编译工程

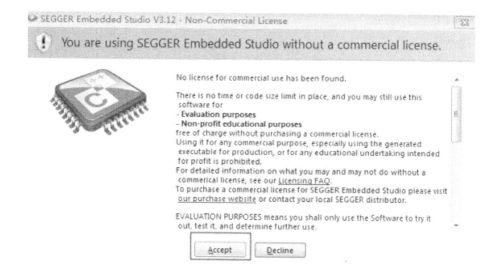

图 23.14　注册提示

图 23.15　编译完成提示

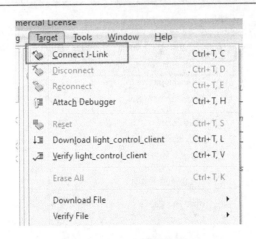

图 23.16 连接仿真器

成功连接仿真器后,在输出框内输出通过 USB 接口连接仿真,图 23.17 显示连接 CortexM4 内核。

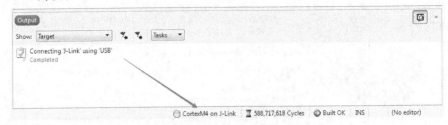

图 23.17 仿真器连接成功提示

连接仿真器后,先删除全部芯片内容,单击 Target→Erase All,删除全部,如图 23.18 所示。

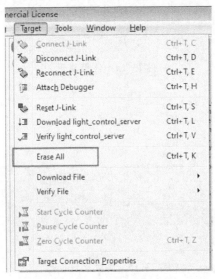

图 23.18 擦除全部

选择 Debug→Go,单击下载运行,如图 23.19 所示。

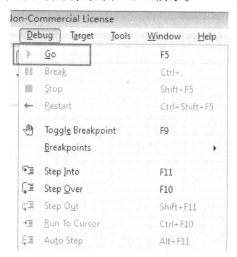

图 23.19 选择 go 运行

下载完成后,进入 Debug 界面,如图 23.20 所示。

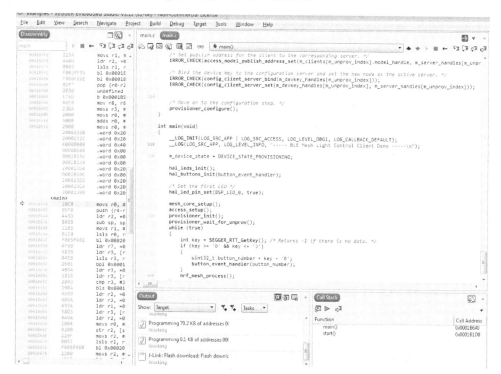

图 23.20 仿真界面

重新单击一次 Debug→Go,开始全速运行,如图 23.21 所示。
运行时,下方的输出界面如图 23.22 所示。

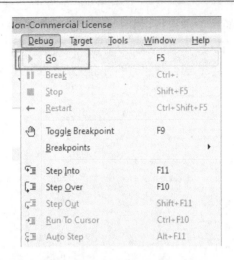

图 23.21 单击 Go 全速运行

图 23.22 全速运行界面

(2) 下载 Sever 配置端程序到两个开发板中,工程目录如图 23.23 所示,包含 nrf52832 和 nrf52840 两个芯片的工程,根据设备选择对应工程。

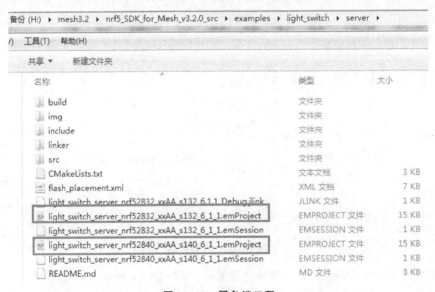

图 23.23 服务端工程

编译和下载过程和 Client 客户端相同，编译后提示如图 23.24 所示。

```
Debug Terminal
<t:          0>, main.c,  206, ----- BLE Mesh Light Switch Server Demo -----
<t:          0>, mesh_softdevice_init.c,  117, Initializing SoftDevice...
<t:          0>, mesh_softdevice_init.c,   75, Enabling BLE...
<t:         16>, mesh_softdevice_init.c,  109, sd_ble_enable: app_ram_base should be adjusted to 0x20002DA0
<t:        559>, main.c,  182, Initializing and adding models
<t:       5419>, main.c,  238, Device UUID : 005955AA00000000E4EF1DFD4191FDF3
```

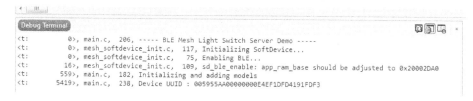

图 23.24　全速运行界面

(3) 最后下载 Provisioner 配置端程序到一个开发板中，工程目录如图 23.25 所示，包含 nrf52832 和 nrf52840 两个芯片的工程，根据设备选择对应工程。

备份 (H:) ▸ mesh3.2 ▸ nrf5_SDK_for_Mesh_v3.2.0_src ▸ examples ▸ light_switch ▸ provisioner ▸

(V)　工具(T)　帮助(H)

共享 ▾　新建文件夹

名称	类型	大小
build	文件夹	
img	文件夹	
include	文件夹	
linker	文件夹	
src	文件夹	
CMakeLists.txt	文本文档	3 KB
flash_placement.xml	XML 文档	7 KB
light_switch_provisioner_nrf52832_xxAA_s132_6.1.1_Debug.jlink	JLINK 文件	1 KB
light_switch_provisioner_nrf52832_xxAA_s132_6_1_1.emProject	EMPROJECT 文件	15 KB
light_switch_provisioner_nrf52832_xxAA_s132_6_1_1.emSession	EMSESSION 文件	1 KB
light_switch_provisioner_nrf52840_xxAA_s140_6_1_1.emProject	EMPROJECT 文件	15 KB
light_switch_provisioner_nrf52840_xxAA_s140_6_1_1.emSession	EMSESSION 文件	1 KB
README.md	MD 文件	4 KB

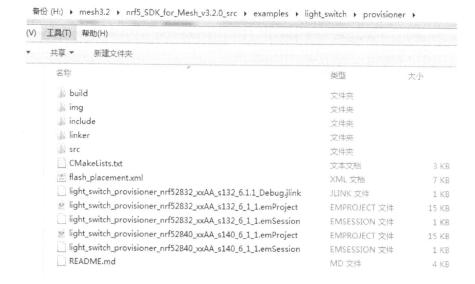

图 23.25　配置端工程

编译和下载过程和 client 客户端相同，编译后提示如图 23.26 所示。

```
Debug Terminal
<t:          0>, main.c,  579, ----- BLE Mesh Light Switch Provisioner Demo -----
<t:      14777>, main.c,  516, Initializing and adding models
<t:      14791>, main.c,  163, Unable to add flash manager for app data
<t:      14794>, main.c,  560, Setup defaults: Adding keys, addresses, and bindings
<t:      14935>, provisioner_helper.c,  354, netkey_handle: 0
<t:      14945>, main.c,  608, <start>
<t:      15316>, main.c,  109, Flash write complete
<t:      15383>, main.c,  596, Starting application ...
<t:      15385>, main.c,  597, Provisoned Nodes: 0, Configured Nodes: 0 Next Address: 0x0100
<t:      15389>, main.c,  599, Dev key : 11DB7D885465096BA2C6601DA7000598
<t:      15392>, main.c,  600, Net key : BD8C984F53B4C0F14D832FCD08FA0515
<t:      15395>, main.c,  601, App key : 62C22C9AA4ECEC96D210D53468829537
<t:      15398>, main.c,  602, Press Button 1 to start provisioning and configuration process.
<t:     933467>, main.c,  476, Button 1 pressed
<t:     933469>, main.c,  378, Waiting for Client node to be provisioned ...
```

图 23.26　配置端准备配置

客户端和服务端已经下载好后,按下配置端开发板的按键1,启动配置过程,如图23.27所示开始进行配置。

```
Debug Terminal
<t:    5249162>, node_setup.c,   450, Setting publication address for the health server to 0x0001
<t:    5256453>, main.c,   350, Config client event
<t:    5256455>, node_setup.c,   267, opcode status field: 0
<t:    5256458>, node_setup.c,   417, App key bind: 0x1001 client on element 0x0101
<t:    5258833>, main.c,   350, Config client event
<t:    5258835>, node_setup.c,   267, opcode status field: 0
<t:    5258837>, node_setup.c,   417, App key bind: 0x1001 client on element 0x0102
<t:    5261534>, main.c,   350, Config client event
<t:    5261536>, node_setup.c,   267, opcode status field: 0
<t:    5261538>, node_setup.c,   295, Set: on/off client: 0x0101   pub addr: 0xC003
<t:    5287285>, main.c,   350, Config client event
<t:    5287287>, node_setup.c,   267, opcode status field: 0
<t:    5287290>, node_setup.c,   295, Set: on/off client: 0x0102   pub addr: 0xC002
<t:    5421841>, main.c,   350, Config client event
<t:    5421844>, node_setup.c,   267, opcode status field: 0
<t:    5421847>, main.c,   263, Configuration of device 0 successful
<t:    5421850>, provisioner_helper.c,   303, Scanning For Unprovisioned Devices
<t:    5421911>, main.c,   109, Flash write complete
```

图23.27 配置端开始配置

配置成功后,客户端,按按键1点亮LED1,按按键2熄灭LED1,控制第1个服务端时LED1做同样的操作。客户端,按按键3点亮LED2,按按键4熄灭LED2,控制第2个服务端时LED1做同样的操作。

服务端按按键1,服务端开发板LED1亮,同时反馈到客户端,如果客户端接了仿真器或者SEEGER开发环境,可以输出服务端返回的信息,如图23.28所示。

```
Debug Terminal
<t:    1160221>, main.c,   155, OnOff server: 0x0103, Present OnOff: 0
<t:    1193079>, main.c,   155, OnOff server: 0x0103, Present OnOff: 1
<t:    1212391>, main.c,   155, OnOff server: 0x0103, Present OnOff: 0
<t:    1230538>, main.c,   155, OnOff server: 0x0103, Present OnOff: 1
<t:    1248709>, main.c,   155, OnOff server: 0x0103, Present OnOff: 0
<t:    1266447>, main.c,   155, OnOff server: 0x0103, Present OnOff: 1
<t:    1290606>, main.c,   155, OnOff server: 0x0103, Present OnOff: 0
<t:    1309786>, main.c,   155, OnOff server: 0x0103, Present OnOff: 1
<t:    1324293>, main.c,   155, OnOff server: 0x0103, Present OnOff: 0
<t:    1339850>, main.c,   155, OnOff server: 0x0103, Present OnOff: 1
<t:    1359801>, main.c,   155, OnOff server: 0x0103, Present OnOff: 0
<t:    1376489>, main.c,   155, OnOff server: 0x0103, Present OnOff: 1
<t:    1400513>, main.c,   155, OnOff server: 0x0103, Present OnOff: 0
<t:    1417083>, main.c,   155, OnOff server: 0x0103, Present OnOff: 1
```

图23.28 客户端提示信息

23.2.3 代理节点的加入

什么是代理节点?代理节点有什么作用?低功耗蓝牙(Bluetooth Low Energy)是一项相当成功的无线技术,如今已经很难找到不支持低功耗蓝牙的智能手机或平板电脑了,可以说它是可穿戴技术兴起的关键因素。目前有数十亿支持低功耗蓝牙的设备已投入使用。这些设备都能成为蓝牙MESH网络的一员吗?低功耗蓝牙设备只要具有正确的低功耗蓝牙功能和一些附加软件,就能加入蓝牙MESH网络中。以智能手机为例,可能只需要一个可以与蓝牙 MESH 网络对话的普通应用程序(APP)就足够了。

非 MESH 低功耗蓝牙设备成为蓝牙 MESH 网络成员的过程中,代理节点是关键。代理节点的根本目的是执行承载层转换。它能够实现从广播承载层到 GATT 承载层的转换,反之亦然。因此,不支持广播承载层的设备可通过 GATT 连接收发各类蓝牙 MESH 消息。

节点可通过在特性字段中设置代理特性位(Proxy Feature bit)表示自身可用作代理节点。特性字段是所有节点都具有的成分数据状态的一部分。

代理节点(Proxy Node)可实施称为 MESH 代理服务的 GATT 服务,即本文中的"代理服务器(Proxy Server)"。MESH 代理服务包含两个 GATT 特性:MESH 代理数据输入和 MESH 代理数据输出。代理客户端(Proxy Client)使用 GATT Write Without Response 子程序,将代理协议 PDU 写入 MESH 代理数据输入特性,并从 GATT 通知中的 MESH 代理数据输出特性接收代理协议 PDU。这就是互联 GATT 设备通过代理节点在蓝牙 MESH 网络中进行数据交换的机制。

下面测试代理节点的功能,通过代理服务端和代理客户端,与手机 APP 互联,实现手机控制代理节点和配置节点的功能。测试该例子需要 3 块开发板,一部手机。

(1) Proxy_Server 代理服务端(从机)的测试。手机上安装提供的 MESH APP 软件,名称为 nRF Mesh 如图 23.29 所示图标。

图 23.29 MESH APP 图标

打开 APP,第一次 APP 在 Network 下是空白的,表示目前没有网络,这时,单击 Scanner 选项,开始扫描 MESH 代理节点的广播,如图 23.30 所示。

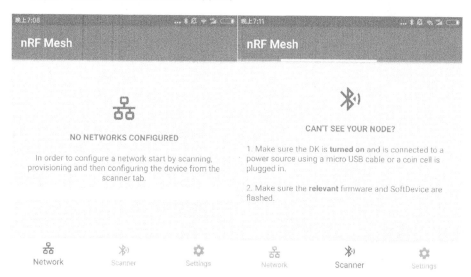

图 23.30 开始扫描节点

如果程序下载成功,会在 Scanner 中扫描到 MESH 广播,如图 23.31 所示。

图 23.31　扫描到 MESH 服务端广播

选择扫描的广播信号,单击进入后,显示 MESH 广播的相关信息,单击 IDENTI-FY 认证,单击 PROVISION 进行配置,如图 23.32 所示。

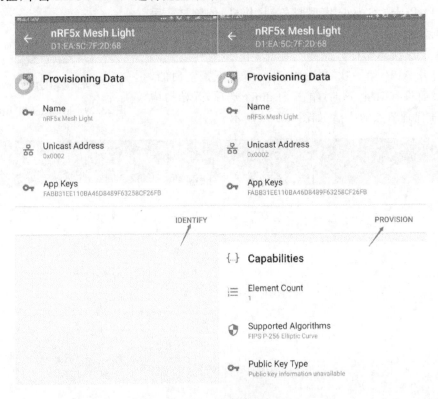

图 23.32　配置网络

手机开始配置节点,这时手机 APP 取代前面的 Provisioner 配置节点的功能,配置显示如图 23.33 所示,如果显示配置完成,单击 OK 按钮。

第 23 章　蓝牙 MESH 组网

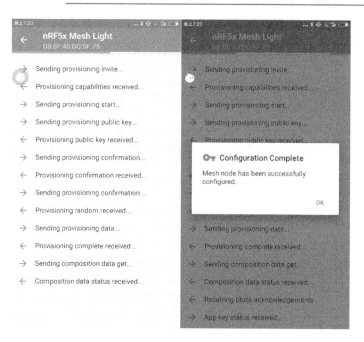

图 23.33　节点配置成功

配置完成后,在 Network 内显示配置好的 MESH 节点,如图 23.34 所示,这时单击 CONFIGUER,进入节点配置界面。

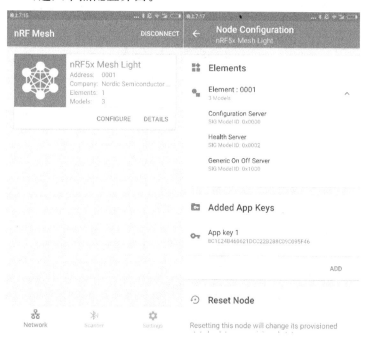

图 23.34　进入节点配置界面

节点配置界面里,选择在元素 Elements 里配置服务模型,如图 23.34 右侧所示,Element:0001 里有 3 个模型,分别为配置服务、健康服务、控灯服务。首先选择控灯服务 Generic On Off Seriver,单击打开,进入到模型配置中,绑定密钥,单击图 23.35 中的 BIND KEY,绑定密钥。这时就可以用 ON 和 OFF 控制服务代理节点的 LED 灯的亮灭了,如图 23.35 右侧所示。

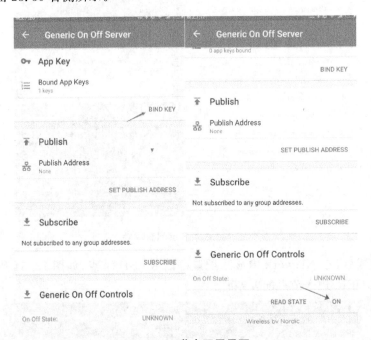

图 23.35　节点配置界面

如果连接了 SEGGER 或者 RTT,可以跟踪输出如图 23.36 所示信息。

```
第07章 MESH部分--proxy_server.mht
<t:    11386750>, proxy.c,   607, RX
<t:    11386755>, proxy.c,   549, RX GATT PDU type 0x0, len 24
<t:    11386766>, app_onoff.c,   204, msg: SET: 0
<t:    11387587>, main.c,  115, Setting GPIO value: 0
<t:    11402961>, proxy.c,   615, TX complete
<t:    11435412>, proxy.c,   607, RX
<t:    11435417>, proxy.c,   549, RX GATT PDU type 0x0, len 24
<t:    11435427>, app_onoff.c,   204, msg: SET: 1
<t:    11436249>, main.c,  115, Setting GPIO value: 1
<t:    11451623>, proxy.c,   615, TX complete
<t:    11459742>, proxy.c,   607, RX
<t:    11459748>, proxy.c,   549, RX GATT PDU type 0x0, len 24
<t:    11459758>, app_onoff.c,   204, msg: SET: 1
<t:    11460579>, main.c,  115, Setting GPIO value: 1
<t:    11475954>, proxy.c,   615, TX complete
<t:    11484073>, proxy.c,   607, RX
<t:    11484078>, proxy.c,   549, RX GATT PDU type 0x0, len 24
<t:    11484088>, app_onoff.c,   204, msg: SET: 0
<t:    11484910>, main.c,  115, Setting GPIO value: 0
<t:    11500284>, proxy.c,   615, TX complete
<t:    11548955>, proxy.c,   607, RX
<t:    11548960>, proxy.c,   549, RX GATT PDU type 0x0, len 24
<t:    11548970>, app_onoff.c,   204, msg: SET: 0
<t:    11549792>, main.c,  115, Setting GPIO value: 0
<t:    11565166>, proxy.c,   615, TX complete
<t:    11621947>, proxy.c,   607, RX
<t:    11621952>, proxy.c,   549, RX GATT PDU type 0x0, len 24
<t:    11621962>, app_onoff.c,   204, msg: SET: 1
<t:    11622784>, main.c,  115, Setting GPIO value: 1
<t:    11638158>, proxy.c,   615, TX complete
```

图 23.36　SEGGER 信息跟踪

第 23 章　蓝牙 MESH 组网

设置完一个服务节点,可以继续扫描配置下一个服务节点,如图 23.37 所示,烧写两个 MESH 节点,为后续分组实验做准备。

图 23.37　加入两个服务端节点

(2) Proxy_Client 代理客户端(主机)的测试,选择扫描的广播信号,单击进入后,显示 MESH 广播的相关信息,单击 PROVISION,单击 IDENTIFY,手机开始配置节点,这时手机 APP 取代 Provisioner 配置节点的功能,配置显示如图 23.38 所示,如果显示配置完成,就单击 OK 按钮。

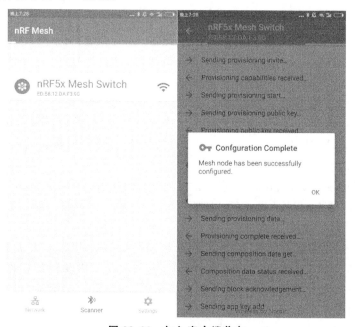

图 23.38　加入客户端节点

Clinet 节点配置有三个因素，其中 Element：0004 和 Element：0005 分别有一个控灯的模型，可以分组配置，如图 23.39 所示。

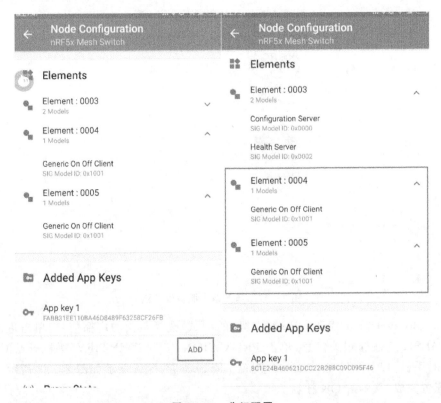

图 23.39　分组配置

添加 APP keys 密钥，如图 23.39 所示，单击 ADD 添加密钥，配置因素 4 和因素 5，注意，把分组的两个 Sever 服务端节点设置组地址，打开连接的 Sever 节点配置端，设置里面的 Group Adress，如图 23.40 所示，组地址必须以 C 开头，为 16 位地址，分别设置两个 Sever 服务端节点为不同的组，地址分别为 C001 和 C002。

设置完后，回到 Clinet 节点配置中，单击设置因素 3，设置因素 3 的 Publish Address 为 0xc001，同时绑定 key 密钥。单击设置因素 4，设置因素 4 的 Publish Address 为 0xc002，同时绑定 key 密钥，如图 23.41 所示。

设置好分组后，按下 Clinet 节点开发板的 KEY1 按键，可以点亮 Sever 1 节点开发板的 LED1 灯；按下 Clinet 节点开发板的 KEY2 按键，可以关闭 Sever 1 节点开发板的 LED1 灯。

按下 Clinet 节点开发板的 KEY3 按键，可以点亮 Sever 2 节点开发板的 LED1 灯，按下 Clinet 节点开发板的 KEY4 按键，可以关闭 Sever 2 节点开发板的 LED1 灯。从而实现了客户端同时控制不同的两个服务端设备的功能，这个功能可以依次扩展分组，或者一个分组多个因素模型。

总结：本章首先以建立基础开发环境入手，让读者首先把基础 MESH 点灯组网的例程运行起来,熟悉 MESH 网络中的节点概念,以及不同节点的定义;同时普及 MESH 的协议栈及 MESH 配置的概念。

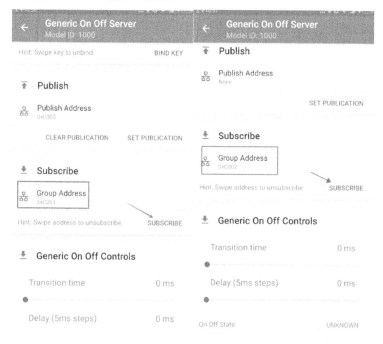

图 23.40　服务端节点设置分组

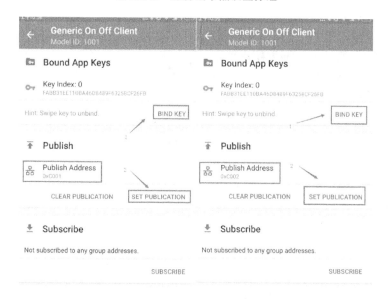

图 23.41　客户端设分组地址

参考文献

[1] Bluetooth SIG. IAS_SPEC_V10. 2011-06-21.

[2] Bluetooth SIG. LLS-V1.0.1-(Link-Loss-Service). 2015-07-14.

[3] Bluetooth SIG. Bluetooth Core Specification Version 5.0. 2016-12-6.

[4] Nordic Semiconductor ASA. getting_started_nRF5SDK_keil. 2020-04-02.

[5] Nordic Semiconductor ASA. getting_started_NCS_nRF52. 2020-04-02.

[6] Nordic Semiconductor ASA. nRF52832 Product Specification v1.4. 2017-10-10.

[7] Nordic Semiconductor ASA. s132_SDS_V6.0. 2018-03-20.

[8] Nordic Semiconductor ASA. s132_SDS_V6.1. 2018-08-23.

[9] 金纯,李娅萍,曾伟. 低功耗蓝牙技术开发指南[M]. 北京:国防工业出版社,2016.

[10] Robin Heydon. 低功耗蓝牙开发权威指南[M]. 陈灿峰,刘嘉,译. 北京:机械工业出版社,2014.

[11] 欧阳骏,陈子龙,黄宁淋. 蓝牙4.0 BLE开发完全手册:物联网开发技术实战[M]. 北京:化学工业出版社,2013.

[12] 周立功. ARM嵌入式系统基础教程.[M]. 2版. 北京:北京航空航天大学出版社,2018.

[13] Wan Qing, Liu Jianghua. Smart-Home Architecture Based on Bluetooth Mesh Technology[J]. Advances in Social Science,RSWC2017,2018,2.

[14] Bluetooth SIG. Mesh Profile V1.0.1. 2019-01-21.

[15] Bluetooth SIG. Mesh Model V1.0.1. 2019-01-21.

[16] Bluetooth SIG. Mesh Device Properties V1.2. 2019-12-17.